| Air Navigation Test Preparation |

공중항법 문제집

이 강 희 편집/해설

비행연구원

■ 공중항법 문제집(4판)
초판발행 1996년 10월 15일
4판 1쇄 2024년 1월 26일
편집자 이강희
펴낸곳 비행연구원
정가 17,000원
등록번호 1996년 6월 12일 제17-174호
홈페이지/e-mail www.flightin.com / flight-in@hanmail.net
YouTube 비행연구원
ISBN 978-89-87015-96 5 93550

Published by Flight Institute in Korea Copyright ⓒ 2024 Flight Institute
이 책의 저작권은 이강희와 비행연구원에 있습니다.
저작권법의 보호를 받는 저작물이므로 무단 복제 및 전재를 금합니다.

■ 머리말 ■

항공전자의 발달은 경량 항공기라 할지라도 항속거리가 크게 향상되었다. 항법의 목적은 출발 공항에서 도착 공항까지 최단 비행경로로 안전하게 비행할 수 있는 능력이다. 최근에 널리 보급되고 있는 위성항법장치(GNSS)는 사용자에게 무제한의 정밀 항법 정보를 제공한다. 실제 항법에 대한 기본 지식 없이도 장비의 사용 능력만 충분히 숙달한다면 어렵지 않게 장거리 목적지까지 정확하게 찾아갈 수 있다. 첨단항법 장비의 보급으로 복잡한 산술적 계산이 필요한 항법 이론에 대해서 소홀히 할 수 있지만, 기본 과정에서는 항법에 관한 논리적 사고를 바탕으로 한 기초 지식을 갖추어야 한다. 실제 FAA를 포함한 다른 국가에서도 항법에 대한 기초 지식을 바탕으로 첨단 항법장비의 사용 능력을 갖출 수 있도록 기본 과정에서 항법에 대한 기초 지식을 강조하고 있다.

전문 조종사는 세계를 향한 항공로 개척과 함께 새로 개발된 각종 시스템에 익숙해 있어야 한다. 일부 대규모 공항시설은 고성능 항공기를 위한 시설이지만, 같은 활주로를 활용하는 일반항공 조종사들로 동일 시설들에 관해서 잘 알고 있어야 한다.

이번 개정판에서는 자격증 시험을 위한 대비와 함께 교육 목적을 달성할 수 있도록 구성하였다. 학과시험이 컴퓨터로 진행되면서 컬러 공항표지와 표지판 그리고 야간 등화시설에 대비할 수 있도록 시각적 활용도를 높였다. 또한, 항공종사자 학과시험을 대비하는 예비 항공인들이 공중항법 문제집을 참고한다는 점을 고려하여 시험 대비와 함께 더 많은 항공지식을 쌓을 수 있도록 구성했다. 최신 항공기 조종실은 Glass Cockpit으로 출시되거나 개량되는 추세를 반영하여 Gamin 1000 PFD에 관해서 소개했다.

항공정보 지침서(AIM)에 수록된 항행안전시설과 공중항법에 관한 항공교통과 절차에 관한 일부 내용이 중복될 수 있다. 또한, 공중항법의 한 과정으로 계기비행 관련 일부 문제가 출제될 수 있으므로 사업용이나 운송용 과정을 대비하는 응시자는 "계기비행 문제집"을 참고할 것을 권고한다. 계기비행은 "계기한정(IFR rating)"으로 명확하게 분리되어 학습하고 출제되어야 한다. 항공도는 비행을 계획하는 단계부터 참고해야 하는 필수 간행물 중 하나이다. VFR 항공도와 공항표지 및 표지판 그리고 등화시설은 공항을 이용하는 모든 조종사와 관제사에게 필수 지식 및 정보라는 점을 고려해서 "운항정보 및 절차(항공교통, 통신, 및 정보)에서도 중복해서 다루었다.

이 책이 완성될 수 있도록 많은 조언과 자료들을 제공해 주신 분들께 깊은 감사와 함께 공중항법 문제집이 제도권 내에서 정착될 수 있도록 계속 연구 노력할 것이다. 항공종사자 여러분들의 많은 격려와 성원을 부탁드리고, 모든 항공종사자의 안전 비행과 원하는 바를 성취하시길 기원한다.

이강희

■■ 차 례 ■■

◉ 제1장 공중항법 개요 • 5
　　　　[기출문제 및 예상문제] • 13
◉ 제2장 계기 시스템 • 25
　　　　[기출문제 및 예상문제] • 34
◉ 제3장 추측항법과 무선항법 • 55
　　　　[기출문제 및 예상문제] • 72
◉ 제4장 계산반 • 97
　　　　[기출문제 및 예상문제] • 120
◉ 제5장 항공생리, 항공의사결정(ADM) • 135
　　　　[기출문제 및 예상문제] • 138
◉ 제6장 항공도와 공항표지 및 등화시설 • 161
　　　　[기출문제 및 예상문제] • 166
◉ 심화학습 문제 • 209
　　　　[심화학습 문제 정답] • 241

【참고자료】
- 운항정보 및 절차(항공교통, 통신, 정보) 문제집
- 계기비행 문제집
- Aeronautical Information Manual(AIM)
- 항공정보지침서(AIM) I, II, III(전자책-번역본)
- 항법개론(2판)
- VFR 항공도 범례집(전자책)
- 비행착각(flight illusion)
- 조종사의 책무
- 조종사와 항공교통관제사 표준교재(국토교통부-무료배포)
- 공중항법 표준교재(국토교통부-무료배포)
  (https://www.kaa.atims.kr/pubs/textbook/1/opinionAttachListAction.do)

[제1장] 공중항법 개요

[1] 항법의 정의
항법이란 항로 선상에서 정확한 방향결정 능력으로 항공기를 신속 정확하게 지표면의 어느 한 지점에서 다른 지점으로 항행해 가는 기술이다.

[2] 항법 단계
① 비행 전 계획수립 단계: 항로의 선정과 현재 그리고 예보된 기상정보를 바탕으로 비행계획을 수립하여 조종실 업무를 최소화한다.
② 비행 중 항로 유지: 풍향풍속, 진기수방위(true heading; TH)와 진대기속도(TAS), 항적과 대지속도(GS) 등을 산출하여 도착예정시간을 산출한다.

[3] 항법의 3요소
① 항공기의 위치 결정: 무풍에서 항공기의 위치 오차는 거의 발생하지 않으나 바람의 존재는 위치 오차를 발생시키는 주요인이다. 풍향풍속은 고도와 지역의 형태에 따라 다르기 때문에 정확한 기상예보를 바탕으로 항공기의 위치를 결정할 수 있어야 한다.
   ※ 항행 위치 오차의 주요 원인: 풍향풍속, 조종사의 인위적 요인, 계기의 고유오차
② 기수방위 결정: 시계비행 항공도 상의 진항로 (true course; TC)를 바탕으로 풍향풍속을 적용하여 바람 수정각(wind correction angle; WCA) 그리고 진기수방위(TH)를 결정한다. 비행 중 수립된 항행기록부와 항공도를 비교하여 원하는 항로를 유지하고 있는지 계속 확인해야 한다.
③ 도착예정시간 산출: 주어진 조건에서 도착예정시간(estimated time of arrival; ETA)을 산출할 수 있어야 한다. 기상변화 등의 요인으로 변경이 불가피할 때는 도착예정시간을 수정하거나 적절한 조치를 할 수 있어야 한다.
※ 항법의 5대 요소로 시간, 속도, 거리, 방위, 위치로 분류하기도 한다.

[4] 항법의 종류
항공기의 항법은 지상의 지형지물을 확인하면서 목적지를 찾아가는 초보적인 항법부터 대륙을 횡단하는데 필요한 초정밀 위성항법장치(GPS/GNSS)까지 다양하게 발달했다. 특히 위성항법장치는 특정 장비만 갖추면 사용자에서 무제한으로 항법 정보를 제공한다는 점에서 미래 주요 항법장비로 자리 잡아가고 있다. 이외에도 무선항법이 오랜 세월 동안 공중항법 장비로 사용됐고 현재도 주요 항법장비로 활용되고 있다.

(1) 지문항법(pilotage)
육상 및 해안 지역에서 시계비행(VFR)으로 지상 목표물(지형지물)을 확인하면서 기수방위(heading)를 결정해 가는 항법이다.
 ※ 기수방위 결정 방법: 지상목표(지형지물)-항공기 위치 확인, 위치선-자기 위치 확인

(2) 추측항법(dead reckoning navigation)
해상, 운상 또는 현저한 지형지물이 없는 지방, 야간, 시정이 나쁠 때 항공기의 계기를 사용하여 지표에 대한 항적(track)과 대지속도(GS)를 결정하여 경과시간부터 위치를 결정하면서 비행하는 방법이다.

(3) 무선항법(radio navigation)
VOR, NDB, TACAN 등의 지상 항행안전시설에서 송출하는 전파의 방향을 측정하거나 이들 전파를 이용한 위치선(line of position)을 활용하여 항공기의 위치를 결정한다.
 • 통달범위: 150~200NM
 • 가용 탑재장비: VOR, ADF, DME, TACAN

(4) 로란항법(long range navigation; LORAN)
주무선국에서 송출한 펄스파를 보조무선국에 도달 시간차를 측정하여 얻어진 위치선의 조합으로 항공기의 위치를 확인하는 방법으로 장거리 항법을 위한 정밀한 항법 시스템을 제공한다. 2010년 10월부터 로란항법 서비스는 중단되었다.

(5) 도플러(doppler) 레이더 항법
항공기 레이더 반사파의 도플러 효과를 이용하여 편류와 대지속도(drift and ground speed)를 확인할 수 있다.
 • 설상 및 해상 장거리 비행에서 측풍 편류 수정이 불가능할 때 활용된다.
 • 방향 정보는 항공기의 나침반(compass)을 활용한다.

(6) 천문항법(celestial navigation)
천문 관측으로 위치선과 실제 위치를 산출하는 방법으로 주로 장거리 해상 비행할 때 이용하는 항법이다. 현대 공중항법에서는 사용되지 않는다.

(7) 그리드 항법(Grid navigation)
자오선 대신에 Grid(인공자오선)와 나침반 자이로를 사용하여 대권을 비행하는 방법이다. 그리드 항법은 자기 나침반 사용이 어려운 극지방에서 대권항로 비행에 유리하고 다수의 항공기를 동일 항로로 비행하기 위한 대권항로에 적용된다.

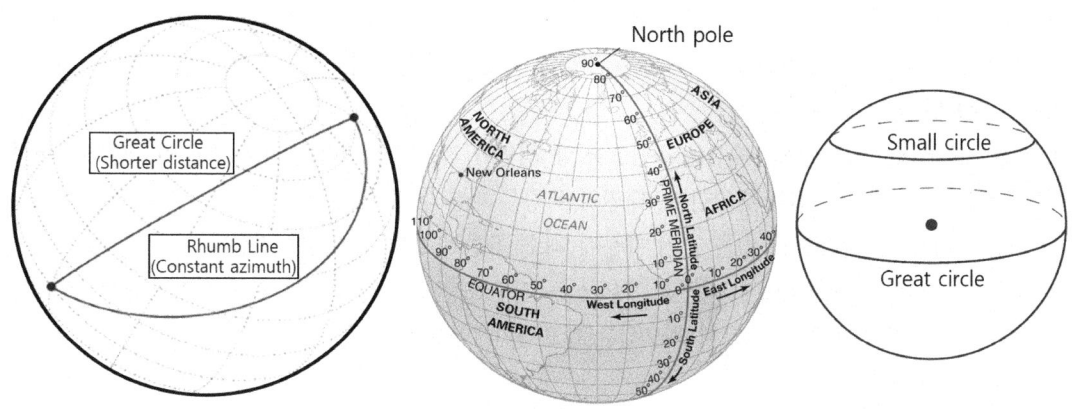

[그림1-1] 위도, 경도, 대권, 소권, 항정선

(8) 관성항법(INS)
자이로의 공간강체 특성을 이용한 독립 항행보조장치(self-contained navigation aid)이다. 기본 원리는 자이로의 특성을 이용하여 평면상에서 전후/좌우/상하 방향의 가속도를 검출할 수 있는 가속도계 장치를 설치하여 검출치를 컴퓨터로 속도와 편류각을 계산하여 비행하는 방법이다.

(9) 위성항법(GNSS)
인공위성을 기초로 한 일종의 무선항법으로 항공기의 정확한 위치와 속도 정보를 제공한다. GPS와 같은 위성항법은 최소한 3개 이상의 위성이 필요하고 적절한 장비를 갖춘 모든 이용자에게 무제한으로 제공된다.

[5] 항법 요소
항법은 지구의 모형으로부터 위치, 방향, 거리, 시간을 산출할 수 있고 이들 요소가 항법의 주요소들이다.

(1) 지구 모양과 크기
지구는 적도의 지름이 극의 지름보다 약 1/300 정도가 크지만, 원형으로 고려된다. 따라서 항법에 사용되는 지구는 완전한 구체로 간주한다.
  ※ 지표면: 산정과 해저 사이의 최대 차-12NM, 적도 지름/6887.91NM,
   극지방 지름/6864.57NM(두 지름의 차이 약 23.34NM)
  ※ 편율: 1/295

(2) 용어
① 좌표: 평면상에 서로 교차하는 두 직선의 임의 위치는 두 직선으로부터 거리로 표시할 수 있다. 위치는 좌표로 표시되고 적도와 그리니치 천문대를 통과하는 본초자오선(prime meridian)으로부터 측정한 방위각과 거리로 나타낸다.
② 극(poles): 지구 축을 중심으로 상하 끝의 표면에 위치하고 북극(north pole)과 남극(south pole)으로

구분된다.
③ 적도(equator): 남극과 북극으로부터 동일 거리에 있는 대권으로 지구 중심을 통과하고 지축에 수직을 이루는 지표면 상의 대권이다.
④ 대권(great circle): 지구의 중심을 절단했을 때 평면이 지표면과 접하는 원을 대권이라 한다. 대권은 어느 위치에서나 지구 중심을 통과한다. 대권의 특징은 다음과 같다.
- 대권은 가장 큰 반경(radius)을 갖기 때문에 최소 곡선이고 거의 직선에 가깝다.
- 두 지점 사이의 최단거리이다. 대권의 호(arc)는 지구 표면을 통과해서 두 지점 사이의 최단거리이다.
- 대권은 무수히 존재할 수 있으며 자오선은 대표적인 대권이다.
- 적도는 대권이다.
- 두 지점 사이의 최단거리 비행은 대권항로를 비행하는 것이다.

⑤ 소권(small circle): 지구의 중심을 통과하지 않는 평면이 지구 표면과 접하는 원이며 이 또한 무수히 많이 존재할 수 있다. 적도를 제외한 위도와 평행한 것은 모두 소권이다.
⑥ 자오선(meridian): 양극을 통과하는 대권으로 각 자오선을 포함하는 평면은 지구 중심과 양극 지축을 포함한다.
   ※ 본초자오선: 영국의 그리니치를 통과하는 자오선으로 경도 측정의 기준이 된다.
⑦ 경도(longitude): 본초자오선부터 동서로 0°에서부터 180°까지를 측정하여 동경 또는 서경으로 구분한다.
⑧ 위도(latitude): 적도부터 남쪽 또는 북쪽으로 0°에서부터 90°까지 측정하여 북위 또는 남위로 구분한다.
※ 위도선과 평행선: 위도선은 동일 위도의 지점을 연결한 선이다. 위도선은 직각으로 자오선과 교차하는 평행선이 된다. 임의의 평행선 사이의 거리는 같지만 임의 자오선 사이의 거리는 위도에 따라 달라지므로 거리를 측정할 때 주의해야 한다.
⑨ 항정선(Rhumb line; R/L): 지구상의 두 점을 연결하는 선이 자오선과 동일 각도로 교차하는 곡선이다. 항정선은 다음과 같은 특징이 있다.
- 항정선은 두 지점을 연결하는 선이다.
- 항정선이 두 지점 사이의 최단거리는 아니지만, 항법이 쉽다.
- 자오선과 적도는 항정선인 대권의 대표적인 예이다.
- 모든 위도와 경도는 서로 직각으로 교차하고 위도와 평행선은 항정선이다.

⑩ 픽스(fix)는 지상 위치이다. 픽스는 위치선의 교차점이 될 수 있다.
⑪ 위치선(line of position; LOP)은 가용한 모든 지상 위치를 연결하는 선이다. 대부분은 직선으로 그려지지만 DME와 레이더 통달거리는 원호 LOP가 될 수 있다.
⑫ 대지위치(ground position)는 바람에 의한 편류를 고려한 지상의 위치를 지정한다.
⑬ 공중위치(air position; AP)는 항법 계획 단계에서 바람의 영향을 고려하지 않았을 때 항공기의 현재 위치이다. 바람이 없다면 대지위치와 공중위치는 일치한다.
⑭ 예상상공시간(estimated time overhead; ETO)은 항공기가 웨이포인트 또는 픽스 상공에 수직으로 도달할 것으로 예상하는 시간이다.
⑮ 예상도착시간(estimated time of arrival; ETA)은 항공기가 최초접근픽스(initial approach fix; IAF) 직상공에 도착 또는 통과할 것으로 예상하는 시간이다.

⑯ 예상경과시간(estimated lapsed time; EET)은 항공기가 지정 웨이포인트 또는 픽스에서 다른 웨이포인트까지 비행하는데 소요되는 시간이다.
⑰ 실제상공시간(actual time overhead; ATO)은 항공기가 웨이포인트 또는 픽스 상공에 수직으로 도달할 것으로 예상하는 시간이다.
⑱ 실제도착시간(actual time of arrival; ATA)은 항공기가 목적지에 실제 도착한 시간이다.
⑲ 경과시간(estimated time; ET)은 항공기가 한 위치에서 다른 위치까지 비행하는데 소요되는 실제 시간(actual time)이다.
⑳ 추측위치(dead reckoning position(DR or DRP)는 속도, 기수방위 그리고 바람 정보를 바탕으로 계산된 대지위치(ground position)이다. IRS/INS의 경우는 외부 고정 참고들이 사용되지 않기 때문에 DR 위치는 IRS/INS에서 얻어진 위치라는 것이 반드시 명시되어야 한다.
㉑ 오차원(circle of error)은 항공기가 DR 위치를 중심으로 그려진 원으로부터 어느 한 지점에 있을 것으로 예상하는 원이다. DRP의 정확성은 IRS로부터 얻어진 위치를 제외하고 마지막 픽스 이후 경과시간에 달려 있다. 오차원의 크기는 기수방위, TAS 그리고 풍향풍속에 관한 가용한 정보에 달려 있다. DR 위치에서 오차는 피할 수 없지만, 마지막 픽스로부터 시간이 길어질수록 반경은 증가한다.
㉒ 최대확률위치(most probable position; MPP)는 항공기가 위치해 있을 것으로 판단되는 위치이다. 가장 정확한 LOP를 향하도록 한다.

(3) 변경(Dlo), 변위(DL) 및 중분위도(Lm) 산출
① 변경(difference of longitude; Dlo): 두 지점을 통과하는 자오선이 적도 위에서 이루는 호의 각거리를 의미하고 다음과 같이 산출한다.
 • 두 지점의 경도 방향이 같을 때(동경-동경, 서경-서경)는 큰 값에서 작은 값을 뺀다.
   (예) 160°E, 120°E일 때 변경은 Dlo = 160 - 120 = 40°E
   (예) 090°W, 140°W일 때 변경은 Dlo = 140 - 90 = 50°W
 • 두 지점의 경도 방향이 다를 때는 두 경도를 더한다. 그러나 두 경도의 합이 180° 이상일 때는 360°에서 빼주면 된다.
   (예) 60°E, 90°W 일 때 Dlo = 60 + 90 = 150
   (예) 140°W, 60°E 일 때 Dlo = 360 - (140+60) = 160
   ※ 경도 명이 다를 때는 동경 또는 서경 부호를 생략한다.
② 변위(difference of latitude; Dl): 임의 두 지점을 통과하는 위도선을 잘라낸 자오선 상의 각거리를 의미한다.
 • 두 지점의 위도 방향이 같을 때(북위-북위, 남위-남위)는 큰 값에서 작은 값을 빼준다.
   (예) 북위 53°, 북위 26° 일 때 Dl = 53 - 26 = 27
 • 두 지점의 위도 방향이 다를 때(북위-남위)는 두 값을 더한다.
   (예) 북위 53°, 남위 26° 일 때 Dl = 53 + 26 = 79
   (예) 북위 27°, 남위 36° 일 때 Dl = 27 + 36 = 63
   ※ 변위는 북위 또는 남위의 부호를 생략한다.

③ 중분위도(mid latitude; Lm): 두 지점 간의 중간에 있는 위도를 의미한다.
  • 적도를 기준으로 동일 위치에 있는 두 지점(북위-북위, 남위-남위) 사이의 중분위도(Lm)는 두 위도 합의 1/2 값이다.
    (예) 북위 24°, 북위 60°의 중분위도는 Lm = (24 + 60) ÷ 2 = 북위 42°
  • 적도를 기준으로 서로 다른 위치에 있는 두 지점(북위-남위) 사이의 중분위도(Lm)는 두 위도 차의 1/2 값이며 값이 큰 쪽의 부호를 붙인다.
    (예) 북위 24°, 남위 60°의 중분위도는 Lm = (60 - 24) ÷ 2 = 남위 18°

(4) 거리(distance)
① 육상마일(SM): 육상마일(1SM=1760 yards=5280feet), 육상 또는 소형기 속도계에 활용된다.
② 해상마일(NM): 위도 1분 길이
③ 국제해상마일(INM): 해상마일 평균, 미터법 표시(1NM=1852m=6076.1피트)
 (예) 위도 1분은 1NM, 1도는 60NM이 된다. 따라서 항공기가 위도를 따라 20°를 비행했을 때 비행한 거리는 1200NM(20 × 60)이 된다.
※ 경도의 거리는 위도에 따라 다르므로 1° 거리는 고위도로 갈수록 짧아지고, 북위 90°와 남위 90°가 되는 양극(pole)에서 거리는 "0"이 된다.

(5) 속도(speed)
속도는 비행한 거리를 시간으로 나누어 계산하고 속도의 표기는 단위 시간에 대한 마일(mile)이다. 측정 단위가 NM이면 노트(knot)이고, SM 또는 km이면 SM/h(KPH)로 표기한다.

(6) 방향(direction)
항법에 활용되는 방위는 진방위(TB; true bearing), 자방위(magnetic bearing; MB), 나방위(compass bearing; CB)가 있으며 거리와 관계없이 어느 한 지점부터 다른 지점까지 수평면상의 방향이다.
① 진방위(TB): 진북(true north; TN)을 기준으로 시계방향으로 360°까지 측정된다.
② 자방위(MB): 지구의 자북(magnetic north; MN)을 기준으로 표시하는 방위이다.
③ 나방위(CB): 나침반(compass)은 설치 환경에 따라 오차가 발생할 수 있고 나침반이 지시하는 방위각을 나타낸다.

(7) 항로/코스(course)
조종사가 비행하고자 하는 수평면상의 예정 이동 방향으로 진항로(true course; TC), 자항로(magnetic course; MC), 나항로(compass course; CC)가 있다.
① 대권항로(great circle course): 지표면 상의 두 지점 사이의 최단거리인 대권의 호(arc)를 항로로 선정함으로써 2,000NM 이상의 장거리 항법에 활용된다.
② 항정선 항로(Rhumb line course): 지구상의 두 지점을 연결하는 선이 자오선과 동일 각도로 교차하는 곡선을 이용한 항로이다.

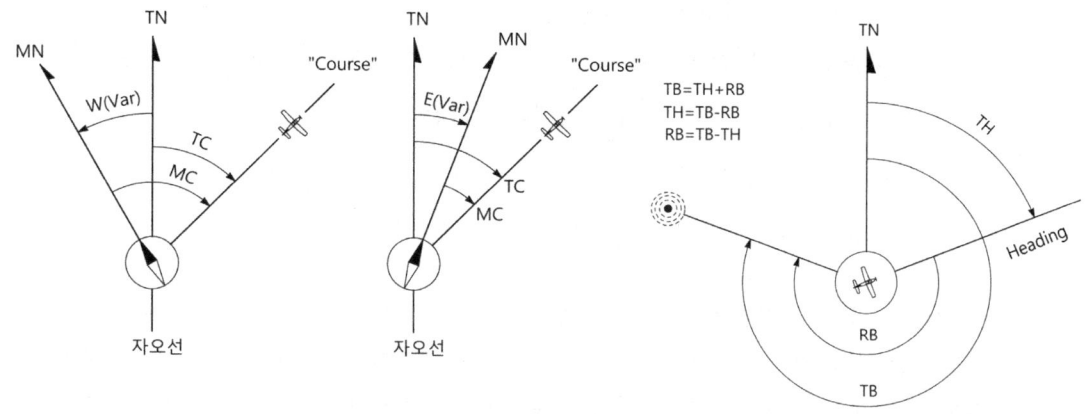

[그림1-2] 편각과 상대방위각

※ 동일 방위로 비행이 가능하여 항법이 용이하지만, 비행거리 연장 및 장거리 항법에서는 비경제적이다.
③ 기수방위(heading): 비행기가 실제로 향하고 있는 수평면상의 방위로 항공기의 기수가 실제 헤딩이다. 항공도 상에서 결정한 것을 진기수방위(TH)라 하고 진북과 자북의 편각(variation)을 적용했을 때 얻어지는 기수방위가 자기수방위(MH)이다. 자차(deviation)를 적용하여 얻은 기수방위가 나기수방위(compass heading; CH)이다.
④ 항적(track; TR): 항공기의 실제 이동 방위를 나타낸다.
⑤ 상대방위각(relative bearing; RB): 항공기의 기수를 기준으로 송신소까지 시계방향으로 측정한 방위를 나타낸다.

[6] 시간(time)

(1) 시간
평균 태양일은 진태양일의 1년간의 평균 태양일로 1시간은 1/24을 기준으로 한다.
① 표준시: 세계표준시는 평균 태양이 본초자오선 정중시를 12:00로 정한 시각을 세계표준시로 정하고 국가 및 지방에 따라 세계표준시가 다르기 때문에 지방 표준시(local mean time)가 별도로 지정된다.
※ 지방 표준시(local mean time; LMT)는 자오선을 기준으로 15° 단위로 1시간씩 가감된다. 예를 들어 15°E는 +1시간, 15°W는 -1시간씩 증감된다.
② 시간과 경도 관계
  시간 아크   24시간 = 360°, 1시간 = 15°, 1분 = 15', 1초 = 15"
  아크 시간   360°= 24시간, 1°= 4분, 1' = 4초, 1" = 1/15초

(2) 시간대(time zone)
① 표준시간대(standard time zone): 세계의 1구역은 15° 경도 폭으로 24구역으로 구분되고, 각 구역은 중간 자오선에서 지방시(LMT)를 사용한다.

② 시각대: 각 구역은 15° 또는 1시간 폭으로 분할(서/+12, 동/-12시간)하고 지방 시각대에 "±" 시각 부호를 사용함으로써 UTC(GMT)를 얻을 수 있다. 영국의 그리니치의 서쪽 시각대는 "+"이고, 동쪽은 "-"부호이다.

```
UTC  ⇨  LMT  ⇨  UTC
     E(+)      E(-)
     W(-)      W(+)
```

③ 날짜 변경선(date line): 서쪽으로 비행할 때 시각대를 통과할 때마다 1시간씩 감소하고 반대로 동쪽으로 갈수록 1시간씩 증가한다. 따라서 180° 자오선을 기준으로 날짜를 가감함으로써 이 같은 불편을 해소한다.

④ 시간 환산(time conversion): 현재의 LMT(지방시)를 UTC(표준시)로 환산하려면 전환계수를 적용한다. 시각대가 15° 폭으로 분할되어 있으므로 지방 경도를 15°로 나누어 전환계수를 구할 수 있다. 지방 경도를 15°로 나눈 나머지가 7° 30′보다 크면 전환계수를 반올림한다.

(예) 경도 137° 15′W에서의 지방시가 15일 20:00이다. 전환계수와 UTC는?

137°15′ ÷ 15 = 9(2° 15′) 서쪽 또는 "+"가 된다. 따라서 전환계수는 +9가 된다.

UTC = 2000 + 9 = 2900 - 2400 = 0500, 즉 16일 0500가 된다.

(예) 경도 68° 21′E에서의 LMT가 30일 0700이다. 전환계수와 UTC를 구하라.

68°21′ ÷ 15 = 4(8° 21′), 나머지가 7° 30′ 이상이므로 전환계수는 5가 되고 동경이므로 감해주어야 한다.

UTC = 0700 - 5 = 0200, 따라서 30일 0200가 된다.

※ GMT(Greenwich Mean Time)
※ UTC(Universal Time Coordinated= Zulu Time)
※ LMT(Local Mean Time)
※ GMT와 UTC는 실무적으로 같다.

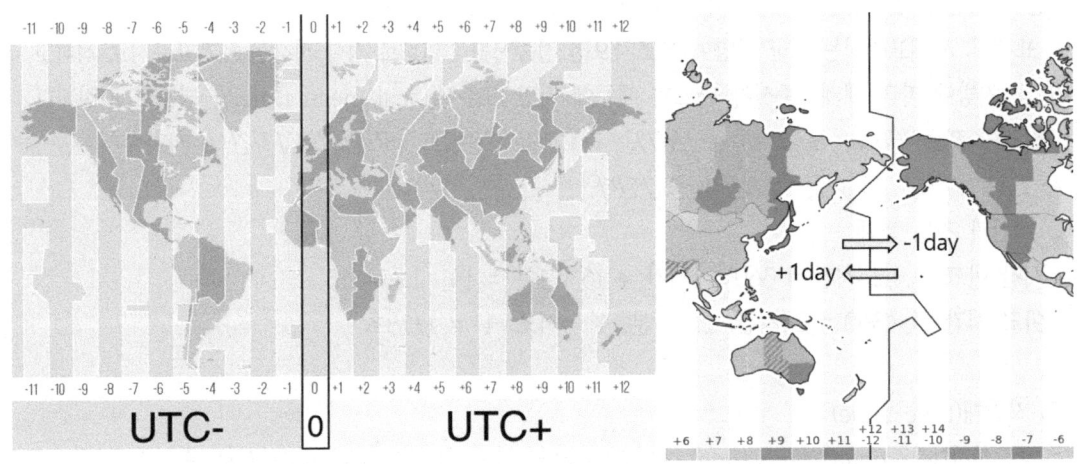

[그림1-3] UTC와 국제 날짜선

| 제1장 | 기출문제 및 예상문제

1. 위도와 경도에 대해서 맞게 설명한 것은?
  ① 경도선은 적도와 평행하다.
  ② 경도선은 적도와 직각으로 통과한다.
  ③ 위도의 0° 선은 영국의 그리니치를 관통한다.
  ④ 위도선은 0°에서부터 동서로 각도를 나타낸다.
  【해설】 경도선(line of longitude)은 북극에서 남극까지를 잇는 선이고 적도(equator)를 직각으로 통과한다. 영국의 그리니치 천문대를 통과하는 선을 "0°" 경도선이 되고 동서로 각도를 나타낸다.

2. 진북(TN)과 자북(MN) 사이의 각도 차는?
  ① 무편각   ② 자차
  ③ 편각   ④ 나침반 가속 오차
  【해설】 편각(Variation; Var)은 진북과 자북의 차이다. ※ 편차라고도 한다.

3. 남부 지방을 비행하려는 지역의 편각이 7°W이다. 이 편각(variation)을 어떻게 적용해야 하는가?
  ① Magnetic course(MC)에 편각을 감해준다.
  ② Magnetic course(MC)에 편각을 더해준다.
  ③ True course(TC)에 편각을 감해준다.
  ④ True course(TC)에 편각을 더해준다.
  【해설】 동편각은 감하고 서편각은 더하라.

4. 동편각은 무엇인가?
  ① 자북이 진북의 서쪽에 있다.   ② 자북이 나북의 동쪽에 있다.
  ③ 자북이 진북의 동쪽에 있다.   ④ 자북이 나북의 서쪽에 있다.

5. True heading(TH)에서 true course(TC)로 전환할 때 조종사는 어떻게 해야 하는가?
  ① 오른쪽 바람수정각은 더해준다.   ② 왼쪽 변위 수정각을 더해준다.
  ③ 오른쪽 바람수정각을 감해준다.   ④ 왼쪽 바람수정각은 감해준다.
  【해설】 여기서는 TH에서 TC로 전환할 때를 요구하고 있으므로 반대로 적용한다.

6. 본초자오선으로부터 동서 방향으로 0°~180°까지 측정되는 자오선은?
  ① 위도   ② 자오선
  ③ 적도   ④ 경도

【정답】 1.② 2.③ 3.④ 4.③ 5.③ 6.④

【해설】 위도(latitude)는 적도(equator)를 중심으로 남북으로 90°까지 측정한 거리이다. 경도는 본초자오선(prime meridian)으로부터 동서로 180°까지 측정된다.

7. True course(TC)에서 magnetic heading(MH)으로 전환할 때 조종사는 어떻게 해야 하는가?
 ① 동편각과 오른쪽 바람수정각은 감해준다.
 ② 서편각은 더해주고 왼쪽 바람수정각은 감해준다.
 ③ 서편각은 감해주고 오른쪽 바람수정각은 더해준다.
 ④ 서편각에 왼쪽 바람수정각은 더해준다.
【해설】 편각(VAR) 적용은 서편각은 더해주고 동편각은 감해준다. 바람수정각(wind correction angle; WCA) 왼쪽은 감해주고 오른쪽은 더해준다.

8. Magnetic course(MC)에서 true course(TC)로 전환할 때 조종사는 어떻게 해야 하는가?
 ① Heading과 관계없이 동편각은 더한다.
 ② Heading과 관계없이 서편각은 더한다.
 ③ Heading과 360도에서 동편각은 감한다.
 ④ Heading이 180도에서 서편각은 감한다.

9. 장거리 비행계획을 수립할 때 시계비행 항공도에서 True course(TC) 측정은 항로 중간 자오선에서 측정해야 한다. 이 같은 이유는?
 ① 무편각선의 값이 지점에서 지점까지 변하기 때문이다.
 ② 경도선과 코스선에 의해서 형성된 각도가 지점에서 지점까지 다르기 때문이다.
 ③ 무편각선과 위도선에 의해서 형성된 각도가 지점에서 지점까지 다르기 때문이다.
 ④ 위도선과 경도선에 의해서 형성된 각도가 지점에서 지점까지 다르기 때문이다.
【해설】 항공도에서 자오선을 이용하여 진항로(TC)를 결정할 때 항로 또는 코스의 중간에서 측정해야 한다. 이는 위도선이 다른 위도선과 평행하지만, 경도선은 지역에 따라 다르기 때문이다. 따라서 평균 진항로(TC)를 계산하기 위해서는 항로의 중간 또는 자오선 상에서 측정해야 한다.

10. 당신이 비행하려는 지역의 편각이 7°W이다. 이것을 어떻게 적용해야 하는가?
 ① true heading(TH)에 편각을 감해준다.　② true heading(TH)에 편각을 더해준다.
 ③ true course(TC)에 편각을 감해준다.　④ true course(TC)에 편각을 더해준다.
【해설】 서편각(west variation)은 더하고 동편각(east variation)은 감해준다.

11. 항공기 항법을 위한 진방위(TB; true bearing)는 무엇인가?
 ① 자북을 기준으로 측정한 방위　② 나침반에서 판독한 방위
 ③ 자항로에 편각을 가감한 방위　④ 진북을 기준으로 측정한 방위

【정답】 7.② 8.① 9.② 10.④ 11.④

12. 자오선 175°E와 52°E 사이의 변경(Dlo)은 얼마인가?
  ① 175°E
  ② 52°E
  ③ 123°E
  ④ 227°E
  【해설】 두 지점의 경도(longitudinal) 명이 같을 때는 큰 값에서 작은 값을 감해준다.

13. 자오선 125°W와 115°W 사이의 변경(Dlo)은 얼마인가?
  ① 10°W
  ② 25°W
  ③ 15°W
  ④ 30°W

14. 자오선 120°W와 160°E 사이의 변경(Dlo)은 얼마인가?
  ① 20°
  ② 40°
  ③ 80°
  ④ 140°
  【해설】 두 지점의 경도 명이 다를 때는 두 값을 더한다. 그러나 합이 180° 이상일 때는 360°에서 두 값의 합을 감해준다. 따라서 변경(Dlo)은 360 - (120 + 160) = 80

15. 자오선 135°E와 105°W 사이의 변경(Dlo)은 얼마인가?
  ① 135°
  ② 30°
  ③ 240°
  ④ 120°

16. 자오선 018°E와 095°W 사이의 변경(Dlo)은 얼마인가?
  ① 113°
  ② 77°
  ③ 283°
  ④ 095°

17. 위도 35°N와 13°N 사이의 변위(Dl)는 얼마인가?
  ① 22°
  ② 48°
  ③ 20°
  ④ 40°
  【해설】 두 지점의 위도(latitude) 명이 같을 때는 큰 값에서 작은 값을 빼준다.

18. 위도 55°S와 20°S 사이의 변위(Dl)는 얼마인가?
  ① 25°
  ② 20°
  ③ 35°
  ④ 54°

19. 위도 67°N와 23°S 사이의 변위(Dl)는 얼마인가?
  ① 44°
  ② 90°
  ③ 23°
  ④ 45°
  【해설】 두 위도 명이 다를 때는 두 값을 더한다.

【정답】 12.③ 13.① 14.③ 15.④ 16.① 17.① 18.③ 19.②

20. 위도 45°N와 35°S 사이의 중분위도(Lm)는 얼마인가?
　① 5°N　　　　　　② 10°N
　③ 80°N　　　　　　④ 40°N
　【해설】 두 지점의 위도 명이 다를 때 중분위도(Lm)는 위도차의 1/2 값이 된다.
　따라서 (45 - 35) ÷ 2 = 5

21. 위도 60°N와 20°S 사이의 중분위도(Lm)는 얼마인가?
　① 50°N　　　　　　② 50°S
　③ 20°S　　　　　　④ 20°N

22. 두 지점의 위도가 63°S와 21°S일 때 중분위도(Lm)는 얼마인가?
　① 21°S　　　　　　② 12°S
　③ 84°S　　　　　　④ 42°S
　【해설】 두 지점의 위도 명이 같을 때 중분위도(Lm)는 두 위도 합의 1/2 값이 된다.
　따라서 (63 + 21) ÷ 2 = 42

23. 두 지점의 위도가 78°N와 66°N일 때 중분위도(Lm)는 얼마인가?
　① 42°N　　　　　　② 52°N
　③ 62°N　　　　　　④ 72°N

24. 대권의 일종이고 경도 측정의 기준이 되는 선으로 영국의 그리니치 천문대를 통과하는 선은?
　① 적도　　　　　　② 자오선
　③ 본초자오선　　　　④ 경도

25. 대권(great circle)에 대한 설명 중 맞는 것은?
　① 두 지점 사이의 최단거리 비행을 제공한다.
　② 적도는 대권이 아닌 소권에 속한다.
　③ 대권은 지구 중심을 통하지 않는다.
　④ 지구 중심을 통하지 않는 평면으로 지구 표면과 접하는 원이다.

26. 소권(small circle)에 대한 설명 중 맞는 것은?
　① 두 지점 사이의 최단거리 비행을 제공한다.
　② 적도는 대권이라기보다 소권에 속한다.
　③ 소권도 대권과 마찬가지로 지구 중심을 통한다.
　④ 지구 중심을 통하지 않는 평면으로 지구 표면에 접하는 원이다.

【정답】 20.①　21.④　22.④　23.④　24.③　25.①　26.④

27. 항정선(rhumb line)에 대한 설명은 어느 것인가?
① 지구상의 두 점을 연결하는 선이 자오선과 동일 각도로 교차하는 곡선이다.
② 지구 중심을 통하는 평면이 지표면과 접하는 원이다.
③ 대권은 적도 하나만 존재한다.
④ 항정선 항로는 대권항로보다 최단거리를 제공한다.
【해설】 항정선은 지구상의 두 점을 연결하는 선이 자오선과 동일 각도로 교차하는 곡선이고 대권보다 최단거리를 제공하지 않는다.

28. 다음 중 항정선(rhumb line)의 특징은?
① 모든 위도와 경도는 직각으로 교차한다.
② 자오선과 적도는 항정선으로 볼 수 없다.
③ 항정선은 자오선과 동일 각도로 만나는 직선이다.
④ 두 지점 사이의 최단거리를 제공한다.
【해설】 모든 위도와 경도는 직각으로 교차하기 때문에 위도와 모든 평행선은 항정선이다.

29. 본초자오선(prime meridian)으로부터 동쪽 또는 서쪽으로 0°~180°까지 측정되는 자오선은?
① 위도
② 자오선
③ 본초자오선
④ 경도
【해설】 위도(latitude)는 적도를 중심으로 남북으로 90°까지 측정한 거리이고 본초자오선으로부터 동서로 180°까지 측정되는 자오선은 경도(longitudinal)이다.

30. 다음 중 대권항로(great circle route)에 대해서 틀린 것은?
① 지표면 위의 두 지점을 통과하는 대권은 지구 중심을 통과하는 원호이다.
② 지구상의 임의의 두 지점을 연결하는 직선은 모두가 각 자오선과 다른 각도로 교차한다.
③ 대권항로는 두 지점을 연하는 최단거리이다.
④ 지구 중심을 통하는 평면이 지표면과 접하는 원이다.

31. 다음 중 항정선 항로(rhumb line route)에 대해서 틀린 것은?
① 각 자오선과 같은 각도로 교차하는 항로이다.
② 지구상의 임의의 두 지점을 연결하여 항정선 항로는 대권항로보다 거리가 멀다.
③ 정확히 동쪽을 향하여 비행을 계속하면 항적은 나선으로 되며 무한히 극에 가까워진다.
④ 지구상의 임의의 두 지점 간의 최단거리를 동일 기수방위로 비행할 수 없다.

32. 68°21'E에서의 지방시(local time)가 30일 07:00일 때 UTC는 몇 시인가?
① 29일 02:00
② 30일 02:00
③ 29일 05:00
④ 30일 05:00

【정답】 27.① 28.① 29.④ 30.② 31.③ 32.②

[해설] 지방시(local time)를 표준시(standard time)로 환산하려면 전환계수(conversion factor)를 구해야 한다. 시각대(time zone)는 15° 폭으로 분할되어 있으므로 지방 경도를 15로 나누어 전환계수를 구한다. 나누어 얻은 값의 나머지가 7°30'보다 클 때는 전환계수를 반올림한다. 68°21' ÷ 15 = 4°(나머지 8°21'), 따라서 전환계수는 5가 된다. 여기서 동경이므로 지방시에서 5를 빼면 0200(0700 - 5)시가 된다. 표준시각은 다음과 같이 표기하지만, 기본 의미는 동일하다.

- GMT(Greenwich Mean Time)
- UTC(universal time coordinated)
- Zulu

33. 54°15'W에서 local time이 30일 05:00일 때 UTC는 얼마인가?
① 30일 09:00 ② 31일 09:00
③ 29일 09:00 ④ 28일 09:00

[해설] 54°15' ÷ 15 = 3°(나머지 9°15'), 따라서 전환계수는 4가 된다. 여기서 서경이므로 지방시에 4를 더하면 0900(0500 + 4)시가 된다. 다음과 같이 표를 작성하면 이해하기 쉽다.

	Day	Hour
LMT	30	0500
Arc/time(Long.54°15'W), 전환계수		+0400
UTC	30	0900

34. 76°25'W에서 local time이 20일 22:00일 때 UTC는 얼마인가?
① 20일 03:00 ② 21일 03:00
③ 20일 04:00 ④ 21일 04:00

35. 72°30E'에서 local time이 25일 03:00일 때 UTC는 얼마인가?
① 24일 23:00 ② 24일 22:00
③ 25일 23:00 ④ 25일 23:00

36. 165°30'W에서 local time이 25일 03:00일 때 UTC는 얼마인가?
① 25일 16:00 ② 24일 16:00
③ 25일 18:00 ④ 24일 18:00

37. 한국 시각이 17시 30분이면 세계표준시는 얼마인가?
① 06:30분 ② 07:30분
③ 08:30분 ④ 09:30분

[해설] 국내 지방시에서 세계표준시로 전환은 9를 빼준다.

[정답] 33.① 34.② 35.② 36.② 37.③

38. 항공기가 28°N, 127°E에서 38°N, 127°E까지 비행했다면 비행한 거리는?
① 300NM   ② 600NM
③ 800NM   ④ 1,200NM

【해설】 국가마다 1NM의 길이가 약간씩 다를 수 있으므로 국제해상마일(international nautical mile)을 제정하여 길이를 통일시켰다. 1NM = 1,852m = 6076.10 feet이다. 항공기 속도계는 국제해상마일을 근거로 제작되고 위도(latitude) 1분을 1NM로 한다. 따라서 위도 10°를 비행했으므로 총비행거리는 600NM이 된다.

39. 항공기가 40°N, 150°E 지점에서 70°N, 150°E 지점까지 비행했을 때 얼마를 비행했는가?
① 300NM   ② 600NM
③ 1,200NM   ④ 1,800NM

40. 항공기가 45°N, 100°E에서 43°N, 100°E까지 비행했다면 비행한 거리는?
① 30NM   ② 60NM
③ 120NM   ④ 150NM

41. 다음 중 Magnetic heading(MH)에 대한 설명 중 맞는 것은?
① Magnetic course(MC)에 편각을 가감한 방위이다.
② Magnetic course(MC)에 자차를 가감한 방위이다.
③ Magnetic course(MC)에 바람수정각(WCA)을 가감한 방위이다.
④ True heading(TH)에 바람수정각(WCA)을 가감한 방위이다.

42. 다음 중 Magnetic course(MC)에 대해서 맞는 것은?
① True course(TC)에서 편각을 가감한 방위이다.
② True course(TC)에서 바람수정각(WCA)을 가감한 방위이다.
③ True heading(TH)에서 편각을 가감한 방위이다.
④ True heading(TH)에서 바람수정각(WCA)을 가감한 방위이다.

43. 다음 중 Compass heading(CH)에 대해서 맞는 것은?
① Magnetic heading(MH)에서 편각을 가감한 방위이다.
② Magnetic heading(MH)에서 자차를 가감한 방위이다.
③ Magnetic heading(MH)에서 바람수정각(WCA)을 가감한 방위이다.
④ Magnetic course(MC)에서 자차를 가감한 방위이다.

【정답】 38.② 39.④ 40.③ 41.③ 42.① 43.②

44. 다음 중 항적(track)의 정의에 대해서 가장 적절한 설명은?
 ① 항공기가 지표면 위를 통과한 실제 이동 방위
 ② 항공기가 바람 영향을 수정한 실제로 향하고 있는 수면상의 방위
 ③ 항공기의 기수로부터의 방위
 ④ 이동하려고 계획된 수평면상의 예정 이동 방위

45. 상대방위각(relative angle)을 결정하는 기준이 되는 것은?
 ① 자북   ② 진북
 ③ 항공기의 기수방위   ④ 나북

46. 다음 중 true heading(TH)에 대해서 맞는 것은?
 ① 항공기 지면 상을 통과한 실제 방위 ② 항공기가 비행하려는 예정 이동 방위
 ③ 항공기가 실제로 향하고 있는 방위 ④ 항공기의 기수로부터의 방위

47. 편류(drift)에 대한 설명 중 틀린 것은?
 ① 바람이 일정할 때 true heading(TH)이 변해도 편류는 일정하다.
 ② 편류는 true heading(TH)과 항적(TR)이 이루는 각도이다.
 ③ 동일 바람일 때 TAS가 빠르면 편류가 적다.
 ④ 편류는 풍향 풍속이 변하는 것에 따라 변한다.

48. 다음 중 바람 수정각(WCA; wind correction angle)에 대해서 틀린 것은?
 ① 주어진 항로를 비행하기 위하여 흐르는 양만큼 업윈드로 기수를 향해야 한다.
 ② 바람수정각을 적용하여 비행할 때의 편류는 바람수정각의 수치가 같아진다.
 ③ 편류각과 수정각의 방향은 반대이다.
 ④ 바람수정각은 진항로(TC)와 진기수방위(TH)가 이루는 각으로서 진항로(TC)로부터 좌우로 측정하고 오른쪽일 때는 그 각도만큼 더하고 왼쪽일 때는 감하면 진기수방위(TH)가 된다.

49. 자방위(MB; magnetic bearing)는 무엇인가?
 ① 진북을 기준으로 측정된 방위
 ② 자북을 기준으로 측정된 방위
 ③ 나침반에서 판독한 방위
 ④ 자항로(MC)에 편각을 가감한 방위
 【해설】 진북(true north)을 기준으로 측정한 방위는 진방위(true bearing), 자북을 기준으로 측정한 방위는 자방위(magnetic bearing)이다.

【정답】 44.① 45.③ 46.③ 47.① 48.② 49.②

50. 편류각(drift angle)에 관해서 설명한 것이다. 다음 중 틀린 것은?
① 편류각은 TH와 TR이 이루는 각으로서 TH로부터 좌우로 몇 도로 구별한다.
② 풍향 또는 풍속이 변하는 것에 따라 변한다.
③ 동일 바람일지라도 TAS가 빠르면 편류각은 작다.
④ 바람이 변하지 않으면 TH가 변하더라도 편류는 변하지 않는다.

51. 편류각(drift angle)과 바람수정각(WCA)에 관해서 틀린 것은?
① 좌우로 표시해야 한다.
② +, -로 표시해야 한다.
③ 편류각과 바람수정각은 항상 일치하지 않는다.
④ 편류각과 바람수정각은 항상 일치한다.

52. 항공기 나침반이 지시하는 방위는 무엇인가?
① 나방위(compass bearing)   ② 진방위(true bearing)
③ 자방위(magnetic bearing)   ④ 나항로(compass course)

53. 항공도(aeronautical chart)에서 출발 공항과 목적지 공항까지 방위는 무엇인가?
① 자항로(magnetic course)   ② 나항로(compass course)
③ 진방위(true bearing)   ④ 진항로(true course)
【해설】 항공도를 이용해서 측정한 코스/항로(course)는 진항로(true course)이다.

54. 항공기의 기수가 지시하는 magnetic heading(MH)은 무엇인가?
① magnetic course(MC)에 편각을 가감한 방위이다.
② magnetic course(MC)에 자차를 가감한 방위이다.
③ magnetic course(MC)에 바람수정각(WCA)을 가감한 방위이다.
④ true heading(TH)에 바람수정각(WCA)을 가감한 방위이다.
【해설】 MH(magnetic heading)은 자항로(magnetic course)에서 바람수정각(wind correction angle)을 가감한 방위이다.

55. 경항공기 조종사가 지상의 현저한 지형지물을 이용하여 항공기의 위치와 방향 결정으로 항행하는 항법은?
① 시계항법   ② 추측항법
③ 지문항법   ④ 천측항법

【정답】 50.④   51.④   52.①   53.④   54.③   55.③

56. Magnetic course에 대해서 바르게 설명하고 있는 것은?
① true course(TC)에서 편각을 가감한 방위이다.
② true course(TC)에서 바람수정각(WCA)을 가감한 방위이다.
③ true heading(TH)에서 편각을 가감한 방위이다.
④ true heading(TH)에서 바람수정각(WCA)을 가감한 방위이다.

57. 항공기의 항적(track)에 대해서 바르게 설명하고 있는 것은?
① 항공기가 편류를 고려한 실제로 향하고 있는 수면상의 방위
② 항공기가 지표면 위를 이동하는 실제 방위
③ 항공기의 기수로부터의 방위
④ 이동하려고 계획된 수평면상의 예정 방위

58. 추측항법은 지문항법보다 더 정밀한 항법에 활용된다. 추측항법에서 오차가 가장 크게 발생할 수 있는 요소는 무엇인가?
① 조종사의 과실
② 항공기의 속도 변화
③ 계기의 고유오차
④ 풍향 풍속의 변화

59. 방위각을 결정하는 과정에서 True course(TC)와 True heading(TH)을 적용할 때 주의해야 할 사항은?
① 동편각과 오른쪽 바람수정각은 감해준다.
② 서편각은 더해주고 왼쪽 바람수정각은 감해준다.
③ 서편각은 감해주고 오른쪽 바람수정각은 더해준다.
④ 서편각은 왼쪽 바람수정각은 더해준다.
【해설】편각(variation)의 적용은 서편각은 더해주고 동편각은 감해준다. 바람수정각(wind correction angle; WCA)은 왼쪽은 감해주고 오른쪽은 더해준다.

60. 방위각을 결정할 때 바람수정각(WCA)을 어떻게 적용하는가?
① 남쪽은 더한다.
② 왼쪽은 더한다.
③ 북쪽은 더한다.
④ 오른쪽은 더한다.

61. 방위각을 결정하는 과정에서 true heading(TH)에서 true course(TC)를 계산할 때 적용하는 방식은?
① 오른쪽 바람수정각은 더해준다.
② 남쪽 바람수정각을 더해준다.
③ 오른쪽 바람수정각을 감해준다.
④ 북쪽 바람수정각은 감해준다.
【해설】진기수방위(true heading)에서 진항로(true course)로 바꿀 때를 요구하고 있으므로 반대로 적

【정답】 56.① 57.② 58.④ 59.② 60.④ 61.③

용한다.

62. 항법에서 true course가 320°이다. Magnetic course는 얼마인가? (Var 10°W)
① 320°　　　　② 330°
③ 340°　　　　④ 312°
【해설】 *True course는 편각을 고려하지 않은 항로이기 때문에 magnetic course를 구하기 위해서는 편각을 가감해 주어야 한다. 편각은 "동편각은 감하고 서편각은 더하라"를 적용하고 다음과 같은 공식이 성립된다. MC = TC±Var, MC = 320+10 = 330*

63. Magnetic course에서 true course로 바꿀 때 조종사는 어떻게 해야 하는가?
① 기수방위와 관계없이 동편각은 더한다.
② 기수방위와 관계없이 서편각은 더한다.
③ 기수방위가 360도에서 동편각은 감한다.
④ 기수방위가 180도에서 서편각은 감한다.
【해설】 *True heading에서 true course로 바꿀 때를 요구하고 있으므로 반대로 적용한다.*

64. Magnetic course(MC)가 253°였다면 true course(TC)는 얼마인가? (Var 6°E)
① 253°　　　　② 259°
③ 247°　　　　④ 250°
【해설】 *True course(TC)에서 magnetic course(MC)로 전환은 "동편각은 감하고 서편각은 더해준다". 반대로 magnetic course(MC)에서 true course(TC)로 전환은 반대로 적용한다.*

65. 장거리 비행을 계획하는 데 있어서 공항에서 A-지점까지 true course(TC)가 320°일 때 magnetic course(MC)는 얼마인가? (Var 10°W)
① 320°　　　　② 330°
③ 340°　　　　④ 312°
【해설】 *진항로(TC; true course)는 편각을 고려하지 않은 항로이기 때문에 자항로(MC; magnetic course)를 구하기 위해서는 편각(Var)을 가감해 주어야 한다. 편각은 "동편각은 감하고 서편각은 더하라"를 적용하고 다음과 같은 공식이 성립된다. MC = TC±Var, MC = 320+10 = 330*

66. 비행계획을 수립할 때 A-지점과 B-지점의 true course(TC)가 093°일 때 magnetic course(MC)는 얼마인가? (Var 7°W)
① 100°　　　　② 86°
③ 102°　　　　④ 90°

【정답】 62.② 63.① 64.② 65.② 66.①

67. 비행 중 X-지점과 Y-지점의 magnetic course(MC)가 253°였다면 true course(TC)는 얼마인가? (Var 6°E)

① 253°   ② 259°
③ 247°   ④ 250°

【해설】 *True course(TC)에서 magnetic course(MC)로 전환은 "동편각은 감하고 서편각은 더해준다". 반대로 자항로(MC)에서 진항로(TC)로 전환은 반대로 적용한다.*

68. 비행 중 A-지점과 B-지점의 자항로(MC)가 156°이고 해당 지역의 편각이 서편각 5°일 때 진항로(TC)는 얼마인가?

① 145°   ② 148°
③ 151°   ④ 161°

69. 비행계획을 수립할 때 A-지점과 B-지점의 진항로(TC)가 250°일 때 자항로(MC)는 얼마인가? (Var 10°E)

① 260°   ② 270°
③ 240°   ④ 230°

【해설】 *진항로(TC)는 편각을 고려하지 않은 항로이기 때문에 자항로(MC)를 구하기 위해서는 편각을 가감해 주어야 한다. 편각은 "동편각은 감하고 서편각은 더하라"를 적용하고 다음과 같은 공식이 성립된다. MC = TC±Var, MC = 250-10 = 240*

70. 지방횡단비행(cross-country) 계획을 수립 중 A-지점과 B-지점의 true course(TC)가 185°일 때 magnetic course(MC)는 얼마인가? (Var 6°E)

① 185°   ② 021°
③ 013°   ④ 179°

【정답】 67.② 68.③ 69.③ 70.④

[제2장] 계기 시스템(뒤표지 및 뒤표지 안쪽 참고)

[1] 피토-정압계기

항공기에 주로 활용되는 비행용 계기 중 기압고도계, 승강계, 속도계는 피토-정압시스템에 의해서 작동되는 계기들이다.

① 피토관(pitot tube): 피토관은 기수 부근 또는 날개 부근에 설치되어 있고 항공기 세로축과 일치한다. 피토관은 항공기의 이동에 따라 공기가 유입될 수 있는 관이고 속도에 따라 공기의 압력이 다르므로 이 공기압에 의해서 속도를 측정할 수 있다. 피토관은 착빙을 방지할 수 있도록 전열선이 감겨 있고 배수구(drain hole)가 있다.

② 정압관(static port): 고도(altitude)에 따라 대기압이 다르므로 이 대기압을 측정하기 위한 기준이 되는 정압을 제공한다. 따라서 최대한 외부 공기압의 영향을 최소화할 수 있는 위치에 설치된다.

[2] 속도계

피토관으로 유입되는 동압과 정압관(static port)에서 제공되는 정압의 차를 측정하여 기계적 연결장치를 통하여 계기에 지시하는 일종의 풍압계이다.

(1) 속도 종류
① 지시속도(indicated speed; ISA): 계기 상에 나타난 속도(MPH/knot)
② 수정속도(calibrated airspeed; CAS): 계기 지시속도와 피토관 정압 오차를 수정한 속도
③ 등가속도(equivalent airspeed; EAS): 수정속도와 공기 압축성을 수정한 속도

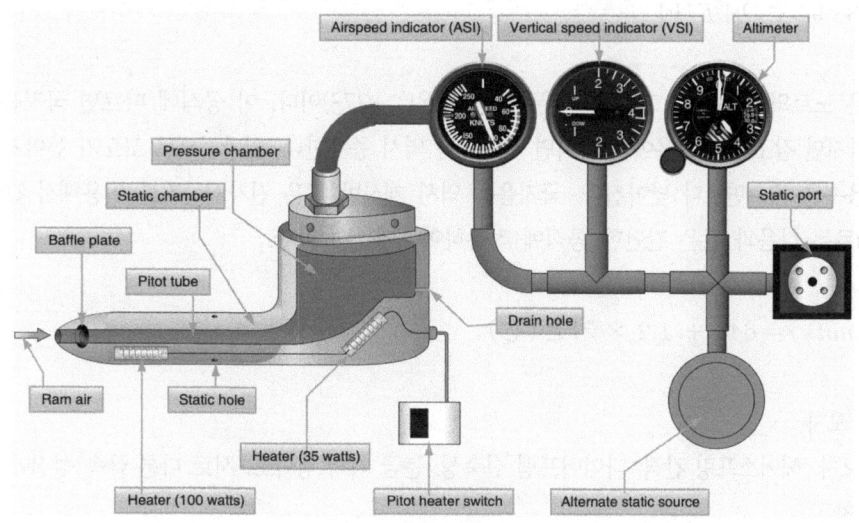

[그림2-1] 피토-정압계통

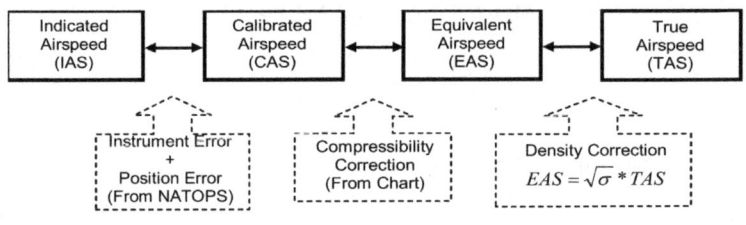

[그림2-2] 속도 수정

④ 진대기속도(true airspeed; TAS): 등가속도(EAS)와 밀도고도를 수정한 대기속도
  • 지시속도가 일정할 때: 고도에 따라 증가
  • 항공기 속도가 일정할 때: 고도에 따라 지시속도 감소
⑤ 밀도속도(density airspeed): 수정속도를 기압고도와 외기기온을 수정한 속도
※ *calibrated; 수정 혹은 보정; 실험, 관측 또는 근삿값 계산 등에서 외적 원인에 따른 오차를 없애고 참값에 가까운 값을 구함.*
⑥ 마하수(Mach number): 마하수는 음속(speed of sound)에 대비한 비행체의 속도를 정의하는 속도 개념이다. 마하 1은 음속과 같은 속도이다. 따라서, Mach 0.75는 음속의 약 75%로 아음속이고, Mach 1.65는 소리의 속도보다 65%가 더 빠른 초음속을 의미한다. 마하수는 기온의 영향을 받고, 다음과 같은 공식으로 나타낼 수 있다.

$$M = \frac{TAS}{a}$$ [a: 해당 고도에서의 외기온도(OAT)에 따른 음속]

국지 음속(local speed of sound; LSS)은 외기기온(outside temperature; OAT)에만 영향을 받고 다음과 같은 공식으로 구할 수 있다.

$$LSS = 38.94 \sqrt{OAT(k)}$$

국지 음속은 노트의 음속으로 그리고 기온은 절대기온(℃+273)이다. 이 공식에 따르면 국지음속(LSS)은 기온이 낮아지면 감소하고 기온이 높아지면 국지음속 역시 증가한다. 일반적으로 고도가 높아지면 기온은 감소하고 음속은 해수면보다 낮아진다. 국지음속 역시 계산반 혹은 전자계산기를 이용해서 간단히 구할 수 있고 때로는 다음과 같은 간단한 공식에 적용하여 구할 수 있다.

$$LSS(knots) = 644 + 1.2 \times 기온(℃)$$

(2) 속도계 오차
① 기계적 오차: 헤어스프링 간격, 다이어프램 신축성, 눈금 지시 정확도, 서로 다른 금속 성질에 의한 오차
② 장착 오차

③ 점성 오차
④ 압축성 오차(compressible error): 항공기가 고속으로 비행할 때 피토관에 유입되는 공기가 압축되어 발생하는 오차

[3] 고도계

항공기의 높이에 대한 정보를 제공하는 필수 계기로 항공에는 주로 기압고도계가 활용된다. 대기압은 고도에 따라 다르므로 이를 적절히 활용할 때 정확한 고도 정보를 얻을 수 있다.
① 수은 기압계: 대기압에 의한 수은의 높이로 측정하는 기압계이다. 이 기압계는 정밀도가 높으나 항공용으로 활용하기에는 부적합하다.
② 아네로이드 기압계: 계기 내부에 기압 변화에 민감한 아네로이드 물질의 수축과 팽창으로 내압과 외압의 차를 기계적으로 측정할 수 있으며 구조가 간단하여 항공용으로 적합하다.

(1) 표준대기
표준대기는 해수면에서 수은 29.92"Hg, 기온 15℃(59℉)일 때의 조건을 의미하고 기온감률은 1000피트당 2℃이다.

(2) 고도계 구조 및 작동
아네로이드 물질의 수축과 팽창 작용을 기계적 연결장치를 이용하여 정밀하게 설정된 고도 값을 판독할 수 있도록 고안되었다. 피토관의 정압관에 연결된 기압실 내에 2~3개의 아네로이드 물질의 신축 작용이 고도 및 눈금의 지시침에 전달한다.
  ※ *기압 눈금 간격: 0.02" 간격/28.10-31.00"*
  ※ *기압 오차: 지시고도와 진고도와의 차이는 고도계 세팅(altimeter setting)으로 해결한다.*

(3) 고도 종류
① 기압고도(pressure altitude; PA): 표준대기 조건에서 해수면으로부터의 고도이다. 고도계의 수정 창에 29.92를 맞추면 다른 오차가 없는 한 고도계는 기압고도를 지시한다.
② 진고도(true altitude; TA): 해수면 위의 비행기 실제 고도이다. 고도계 수정치를 적용했을 때는 고도계가 지시하는 고도이다.
③ 절대고도(absolute altitude; AT): 지면 또는 수면으로부터의 고도이다. 육지에서는 표고를 감한 고도가 된다.
④ 수정고도(calibrated altitude): 계기 오차를 수정하여 계기에 지시하는 고도이다.
⑤ 밀도고도(density altitude): 표준대기에서 측정된 공기밀도에 상당하는 고도이다. 밀도고도는 높이 단위로 활용되기보다 항공기 성능을 결정하는 데 활용된다.
※ *수정고도(calibrated altitude) 또는 보정고도라고도 한다.*

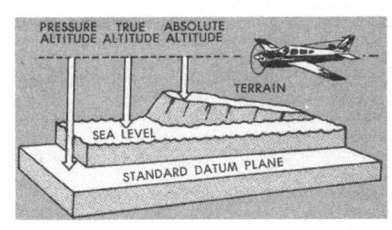

[그림2-3] 고도의 종류

(4) 고도계 오차
① 기계적 오차(mechanical error): 고도계 내부의 기계적 작동에 의한 오차
② 눈금오차(scale error): 아네로이드 물질의 불규칙 수축 및 팽창으로 발생하는 오차(제한 값을 초과할 때 수리 또는 교체)
③ 장착오차/설치오차(installation error): 고도계 정압계통 압력 변화는 기술 도면에 의한 오차로 항공기의 형상, 속도, 고도 등에 따라 다르다.
④ 반전오차(reversal error): 항공기의 순간적인 자세 변화로 정압계통의 정압이 전달되어 발생하는 오차
⑤ 이력오차(hystereses error): 고도계 내부 재질의 피로 또는 장시간 동고도를 지시할 때 발생할 수 있는 오차
⑥ 기온오차: 기온의 변화에 따른 불균형 신축에 따른 오차
⑦ 기압오차: 표준과 실제 기압차에 의한 자연적으로 발생하는 오차

(5) 고도계 수정법(altimeter setting)
① QNH: 최근 고도계 수정치에 세팅하고 비행하는 방법이다. 일반항공은 대부분 이 방법을 적용하고 있다. (고도계의 최대 허용 오차는 75피트이다.)
② QFE: 고도계를 이륙 전에 "0"피트에 맞추는 방법으로 동일 공항에서 단거리 이착륙할 때 주로 활용된다. 비행 종료 후 동일 공항 주변의 기압이 변화되었을 때 고도계는 "0"을 지시하지 않을 수 있다.
③ QNE: 고도계를 29.92에 세팅하고 비행하는 방법으로 고도계는 기압고도를 지시한다.
※ 기압고도에서 수정할 수 있는 기압 범위는 28.00~31.00"Hg이다.

(6) 고도와 기온 및 기압의 관계
① 고도와 기온: 표준보다 높은 기온 지역에서 항공기는 지시고도보다 높은 고도에 있다.(고도계 낮게 지시) 반대로 표준보다 낮은 기온 지역에서 항공기는 지시고도보다 낮은 고도에 있으므로 계기비행으로 접근하는 항공기는 장애물에 주의해야 한다. (고도계 세팅 미적용)
② 고도와 기압: 고기압 지역에서 저기압 지역으로 비행할 때 항공기는 지시고도보다 낮은 고도에 있다.(높게 지시) 반대로 저기압 지역에서 고기압 지역으로 비행할 때 항공기는 지시고도보다 높은 고도에 있다.(낮게 지시)

[4] 승강계
승강계는 정밀하게 보정된 누출구를 통해서 정압선(static line)에 연결된 밀폐된 케이스로 되어 있다. 정압

선을 통하여 변화된 기압은 다이어프램(diaphragm)을 팽창시키거나 수축시켜 레버와 기어를 통해서 승강계 지시침을 지시한다.

(1) 조정
① 지상에 있을 때 승강계 지시침은 "0"을 지시해야 한다.
② 승강계의 보정 나사를 이용하여 지시침의 지시를 수정할 수 있다.
③ 수평비행할 때 승강계가 100피트의 상승 오차를 나타낸다면 모든 기동에서 승강계의 100피트 상승 지시를 수평으로 고려한다.

(2) 제한사항
① 보정된 누출구를 통한 공기흐름으로 인하여 약 6~9초의 지연 현상이 발생할 수 있다.
② 거친 조종이나 난기류로 승강계 지시침의 오차가 발생할 수 있다.
③ 지연 현상을 제거하기 위해서 가속펌프를 설치하여 고도 변화를 즉각 지시할 수 있는 순간승강계(IVSI)가 많이 활용된다.

[5] 피토-정압계기의 오차
피토-정압계통의 착빙이나 부주의로 막혔을 때 이들 계기는 오차가 발생할 수 있다.

피토-정압계통	속도계	고도계	승강계
피토관 막힘	0	정 상	정 상
피토관/배수구 막힘 정압관 정상	상승-높게 강하-낮게	정 상	정 상
피토관 정상 정압관 막힘	상승-낮게 강하-높게	지시침 고정	지시침 고정
예비 정압관	높게 지시	높게 지시	순간적인 상승
승강계 파손	높게 지시	높게 지시	반대로 지시

[6] 자이로형 계기
자세계, 선회계 그리고 기수방위 지시계는 자이로의 원리를 이용한 계기들이다.

(1) 자이로의 특성
① 공간강체(rigidity in the space): 축을 중심으로 회전하는 회전판은 외부의 힘이 가해져도 일정한 방향을 유지하려는 특성이 있다.
② 세차(precession): 회전하는 회전판의 어느 한 지점에 힘을 가했을 때 그 힘이 나타나는 곳은 회전 방향으로 90°를 지난 지점에서 분명하게 나타나는 현상이다.
※ 자이로의 관성에 영향을 미치는 요소
• 무게: 동일 조건에서 무거운 것이 외부의 저항에 강하다.

- 경사속도: 속도가 빠를수록 외부의 저항에 강하다.
- 회전체의 반경: 회전체의 무게가 테두리 근처에 집중될 때 최대의 효과를 얻는다.
- 베어링 마찰: 최소의 베어링 마찰은 최소의 자이로 편향을 유발한다.

(2) 자세계(attitude indicator): 외부의 시각 참조물 없이도 자세계만으로 항공기의 인공 수평선을 판단할 수 있다. 자세계는 수평지시기, 모형항공기, 경사지침 등으로 구성된다. 항공기의 자세는 수평지시기와 모형항공기의 상관관계에 의해서 판단할 수 있다.

[7] 선회계
① 선회경사지시계(turn and slip indicator)
ⓐ 경사지시계: 자이로의 반고정식 형태로 작동되고 항공기의 선회율을 지시한다.
ⓑ 볼(ball): 항공기의 방향성 균형 상태를 지시하고 볼은 중력과 원심력에 의해서 움직인다.
ⓒ 4분 선회계와 2분 선회계: 지시침(needle)의 폭은 초당(per second) 3° 또는 표준율 선회를 할 수 있고 360°를 선회하는 시간에 따라 구분된다. 예를 들어 2분 선회계는 360°를 선회하는 데 120초(2분)가 걸리고, 4분 선회계는 240초(4분)가 소요되어 더 정밀한 선회율(고성능 항공기)을 판단할 수 있다.
ⓓ 스키드(skid): 스키드는 선회율이 경사각보다 너무 클 때 발생한다. 이것은 원심력(CL)이 수평양력분력(HLC)보다 크기 때문에 볼을 선회 방향 밖으로 이동시킨다. 조종사는 경사각을 증가시키거나 볼 중앙으로 수정할 수 있다.
ⓔ 슬립(slip): 슬립은 경사각이 선회율보다 너무 클 때 발생한다. 이것은 원심력(CL)이 수평양력분력(HLC)보다 작기 때문에 볼을 선회 방향 안쪽으로 이동시킨다. 조종사는 경사각을 줄이거나 볼 중앙으로 수정할 수 있다.
② 선회 코디네이터(turn coordinator): 기존 선회경사지시계의 단점을 보완하여 개발된 형태의 선회계로 항공기의 롤 비율과 선회율에 대한 정보를 제공한다. 선회 코디네이터는 모형항공기와 볼로 구성된다.

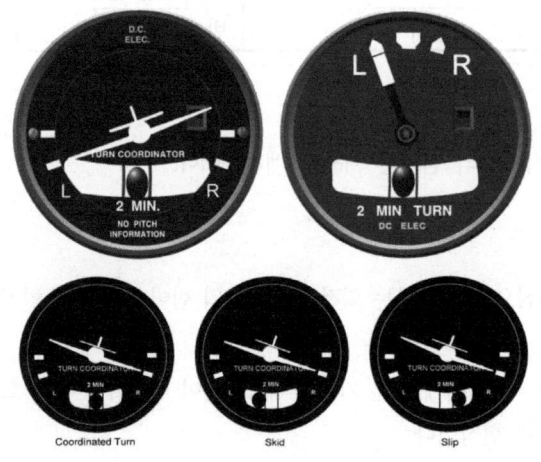

[그림2-4] 선회-경사지시계와 선회 코디네이터

[8] 기수방위/헤딩 지시계(heading indicator)
자이로의 원리를 이용하여 나침반 문자판이 수평으로 장착되어 방위 판독이 쉽다. 중앙에 있는 모형항공기는 항공기의 기수방위를 지시한다. 자이로의 세차 오차(precession error)가 발생하기 때문에 대략 15분이 지난 후 자기 나침반을 참고하여 재정렬시켜야 한다.

[9] 나침반
나침반(magnetic compass)은 항공기 기수방위(heading)와 방향을 결정할 수 있는 방위 정보를 제공한다.

(1) 편각(variation): 진기수방위와 자기수방위의 차이이다. 동편각 또는 서편각으로 구분한다.
① 자력자오선: 자북-자남으로 자력선이 작용하는 지구 자오선
② 등편각선(isogonic line): 편각이 동일한 지점을 연결한 선
③ 무편각선(Agonic line): 편각이 "0°"인 지점을 연결한 선

(2) 자기복각(magnetic dip): 수직분력에 의해 지시침이 기울어지는 각도와 수평면과 이루는 각이다.
① 수평분력: 적도 부근에서는 수평
② 수직분력: 극지방에서 수직 복각이 최대가 되어 불규칙한 오차와 동적 오차의 원인
   ※ 자기 나침반: 고위도로 갈수록 수직분력은 증가하고 수평분력이 감소하여 정밀도가 떨어진다.
   ※ 사용범위: 남북 위도 70° 부근까지 가능하다.

(3) 나침반 오차
① 편각(Var): 자북과 진북의 차이에 의한 오차
② 자차(Dev): 항공기 금속제의 자성과 자기장에 의해서 발생하는 오차이고 편동(-), 편서(+)로 구별
③ 비행계획 수립할 때: 진기수방위(TH)를 유지하기 위한 나기수방위(CH) 산출
    CH = MH ± Dev, MH = MC ± WCA

(4) 자차 원인
① 영구자기: 기체와 엔진의 금속으로 자화가 쉽고, 강철 충격과 접촉될 때 영구 자석화
② 감응자기: 연철봉 지자기 자력선 방향으로 평행시/자석, 수직시/자성 성질, 위도별로 다르고, 기수 변화에 의한 자기 변화
③ 전기적 자기: 전기계통과 전자기기에 전류가 흐를 때 전선에 자기장 형성
   ※ 차폐/이격 배선으로 최소화, Power on/off에서 최대
④ 장착오차: 나침반 축선과 기축선이 일치하지 않을 때 발생하는 오차

(5) 나침반 동적오차
자차 및 편각은 항공기가 지상에 있을 때와 수평직선비행 중에 주로 존재하기 때문에 이를 정적오차라 한다. 그러나 수평직선비행 이외의 기동(선회, 경사, 증감속)이 행해질 때 나침반은 지구 자력의 수직분력이

[그림2-5] 나침반 증속과 감속 오차

작용하기 때문에 여러 오차가 발생하고 이를 동적오차라 한다.
① 북선오차(northerly turning error): 선회할 때 나침반이 기울어지면서 지구 자기장의 수직분력을 받아 오차가 발생한다. 북반구에서 북쪽 또는 남쪽으로 선회할 때 발생하는 오차이다. 남반구에서는 북반구에서 발생하는 오차의 반대 현상의 오차가 발생한다. 북선오차를 수정하는 방법은 선회할 때 위도 ±1/2 경사각만큼의 오차가 발생하므로 얕은 경사각으로 선회한다. 나침반을 이용한 선회에서 선회 오차가 발생하기 때문에 적절한 선도 양을 적용해야 원하는 기수방위에 정지할 수 있다. 북선오차의 적용은 다음과 같다.
• 북쪽으로 선회: 위도 +1/2 경사각만큼 정지하려는 기수방위 전방에서 선회정지 조작을 한다.
• 남쪽으로 선회: 위도 -1/2 경사각만큼 정지하려는 기수방위를 지나서 선회정지 조작을 한다.
예를 들어 위도 30°에서 15° 경사각을 적용하여 선회할 때 동쪽에서 북쪽으로 선회하기 위해서 37°에서 선회정지 조작을 한다.
  30 + (15 ÷ 2) = 30 + 7 = 37 즉, 360°에 정지하기 위해서는 37°에서 선회정지 조작을 한다. 동쪽에서 남쪽으로 선회하기 위해서는 203°에서 선회정지 조작을 수행해야 한다. 30 - (15 ÷ 2) = 30 - 7 = 23°가 되고 180°를 23° 지난 203°에서 선회정지 조작을 수행해야 180°에 정확하게 정지할 수 있다.
② 지연 또는 선도오차(lag and lead error): 북반구에서 기수방위(heading)를 북쪽으로 향하고 있을 때 동쪽 또는 서쪽으로 선회할 때 나침반 지시침이 선회의 반대 방향을 잠시 지시한 후 정상 선회 방향으로 따라붙는 오차가 발생한다. 선도(lead) 오차란 북반구에서 기수방위를 남쪽으로 향하고 있을 때 동쪽 또는 서쪽으로 선회할 때 나침반 지시침이 선회 방향으로 더욱 빠르게 이동한 후 원래의 기수방위로 되돌아오는 오차가 발생한다.
③ 증감속 오차(acceleration and deceleration error): 항공기에 장착된 나침반을 수평으로 유지하기 위해서 중심점이 회전축 포인트보다 하방에 위치해 있으므로 동쪽과 서쪽으로 가속 또는 감속할 때 수직분력으로 인하여 오차가 발생한다.
• 남북 기수방위(heading)에서 증감속 오차는 발생하지 않는다.
• 동서 기수방위에서 증속할 때 북쪽을 지시하는 경향이 있고 반대로 감속할 때 남쪽을 지시하는 경향이 발생한다. 이는 "ANDS"로 기억하면 쉽다.
④ 경사오차(heeling error): 경사 상태에서 직선 비행할 때 불규칙 오차가 발생한다.
⑤ 와동오차(swirl error): 액체와동 오차(액체 충만과 공기 제거, 급조작 회피)이다.

[11] 글라스 칵핏(GARMIN 1000)(뒤표지 참고)
① 글라스 칵핏(glass cockpit)은 이란 전통적인 아날로그 계기들로 구성된 조종실 대신에 각종 전자기기와 2개 혹은 그 이상의 대형 LCD 디스플레이(PFD)로 구성된 조종실이다.
② 글라스 칵핏은 전자기술의 발달을 의미하는 것으로 소형, 경량, 집적, 단순하면서 다양한 컬러와 그래픽 방식으로 데이터와 정보를 제공하기 때문에 운항승무원의 상황인식 능력이 크게 개선되었다.
③ 글라스 칵핏은 필요에 따라 비행 정보를 표시하기 위해 조정할 수 있는 비행 관리 시스템(FMS)에 의해 구동되는 여러 가지 다기능 디스플레이(MFD)를 사용한다.
④ 글라스 칵핏은 궁극적으로 항공기 운용과 항법을 단순화하고 조종사들이 가장 관련성이 높은 정보에만 집중할 수 있도록 개선되었다.
⑤ 항공기 디스플레이가 현대화됨에 따라, 조종실에 공급하는 센서들도 현대화되었다.
⑥ 전통적인 자이로스코프 비행계기는 전자 자세 및 헤딩 참조 시스템(AHRS)과 항공 데이터 컴퓨터(ADC)로 대체되어, 신뢰성을 높이고 비용과 유지보수 비용을 절감한다.
⑦ 글라스 칵핏의 핵심적 기능은 GPS/GNSS와의 통합이다.

[12] 전자비행계기시스템
① EFIS(electronic flight instrument system)는 비행 데이터를 전자적으로 표시하는 조종실 디스플레이 시스템이다. 주요 구성품은 다음과 같다.
• PFD(primary flight display): 주비행 디스플레이
• MFD(multi-function display): 다기능 디스플레이
• EICAS or ECAS(engine indicating and crew alerting system or electronic centralized aircraft monitor): 엔진 지시와 승무원경고장치 디스플레이이다.
② PDS(pilot's display system), CDS(Cockpit display system)는 동일하고 각각은 2개의 CRT/LCD 디스플레이, 부호 발생기(symbol generator), 디스플레이 제어기, 그리고 소스-선택 패널을 갖추고 있다. 부호 발생기는 항공기와 엔진 센서들로부터 입력 신호를 받아 이 정보를 처리하고 이를 적절한 디스플레이로 보낸다.

| 제2장 | 기출문제 및 예상문제

1. 특정 지역에서 운용되는 모든 항공기는 반드시 고도계 수정치(altimeter setting)에 맞게 조정하고 운용해야 한다. 이 같은 이유는?
  ① 상층부의 비표준 기온으로 인한 고도계 오차 상쇄
  ② 지표면으로부터 정확한 실제 고도 제공
  ③ 항공기 사이의 수직분리 제공
  ④ 산악지형에서 정확한 지형통과
  【해설】 모든 기압고도계(pressure altimeter)는 기온과 기압의 변화에 같은 영향을 받는다. 따라서 특정 지역에서 운용하는 모든 항공기 조종사는 해당 지역 고도계 수정치(altimeter setting)에 조정함으로써 확실한 항공기 수직분리를 달성할 수 있다.

2. 항공기 고도가 상승함에 따라 속도계가 진대기속도(TAS)를 지시하지 못하는 직접적인 이유는?
  ① 공기밀도가 변하기 때문이다.   ② 공기 온도가 변하기 때문이다.
  ③ 기류가 변하기 때문이다.   ④ 기압이 변하기 때문이다.
  【해설】 일반적인 대기 조건에서 항공기 고도가 상승함에 따라 진대기속도(TAS)는 증가한다. 이 같은 주요 이유 중 하나는 공기밀도가 감소하기 때문이다. 고도에 따라 10,000피트에서는 약 17%, 그리고 20,000피트에서는 약 37%가 증가한다.

3. 수정대기속도(CAS)에서 압축성 효과를 고려하여 수정한 대기속도는?
  ① TAS   ② IAS
  ③ CAS   ④ EAS
  【해설】 EAS(equivalent airspeed)는 CAS에 압축성 효과(compressibility effect)를 고려한 속도이다.

4. 계기 오차와 설치 오차를 수정하지 않았고 공기밀도와 관계없이 제로 계기 오차로 가정하는 속도는?
  ① TAS   ② IAS
  ③ CAS   ④ EAS
  【해설】 지시대기속도(indicated airspeed; IAS)는 계기 오차와 설치 오차(instrument error and installation error)를 수정하지 않았고 공기밀도와 관계없이 제로 계기 오차(zero instrument error)로 가정하는 속도로 속도계에 지시되는 속도이다.

5. IAS 또는 CAS에서 기온과 밀도 변화를 보정한 속도는?
  ① TAS   ② IAS
  ③ CAS   ④ EAS

【정답】 1.③ 2.① 3.④ 4.② 5.①

【해설】 진대기속도(true airspeed; TAS)는 IAS 또는 CAS에서 기온과 밀도 변화를 보정한 속도이다.

6. 이륙하고자 하는 공항에 고도계 수정치(altimeter setting)를 얻을 수 있는 시설이 없을 때 어떻게 해야 하는가?
① 29.92에 맞추고 이륙한다.
② 고도계를 공항 표고에 맞추고 이륙한다.
③ 고도계를 75피트에 맞추고 이륙한다.
④ 주변 지역의 최고 높은 표고에 맞추고 이륙한다.
【해설】 관제탑(control tower)이 운용되지 않는 공항에서 출발할 때 고도계는 해당 공항의 표고에 맞추고 이륙한다.

7. 조종사가 7,000피트로 비행 중 기압고도(pressure altitude)를 계산하는 방법은?
① 고도계 수정치를 29.92에 맞추고 지시하는 고도를 읽는다.
② 비행용 컴퓨터를 이용하여 지시고도를 기압고도로 전환한다.
③ 기압고도 전환치 그래프를 이용하여 환산한다.
④ 최인근 비행정보센터(FSS)에 요청하여 기압고도를 요청한다.
【해설】 비행 중 가장 간단하게 기압고도를 계산하는 방법은 고도계 수정치를 29.92에 맞추고 고도계가 지시하는 고도를 읽는 것이 현 고도의 정확한 기압고도를 계산하는 방법이다.

8. 조종사가 고도계 수정치(altimeter setting)를 29.92에 맞추었을 때 고도계가 지시하는 고도는?
① density altitude(밀도고도)
② pressure altitude(기압고도)
③ absolute altitude(절대고도)
④ true altitude(진고도)

9. 다음 중 어떠한 조건에서 기압고도(pressure altitude)는 진고도(true altitude)와 일치하는가?
① 표준기온일 때
② 표준대기 조건일 때
③ 대기압이 29.92"Hg일 때
④ 지시고도가 기압고도와 일치할 때
【해설】 표준대기조건에서 기압고도(pressure altitude)와 진고도(true altitude)는 일치한다.
• 해수면(seal level)
• 대기압 29.92"Hg
• 기온 15℃

【정답】 6.② 7.① 8.② 9.②

10. 다음 중 어떠한 조건에서 기압고도와 밀도고도(density altitude)가 일치하는가?
 ① 표준기온
 ② 대기압이 29.92"Hg일 때
 ③ 고도계상에 지시 및 기압고도가 같을 때
 ④ 지시고도와 진고도가 일치할 때
 【해설】 밀도고도는 비표준기온(nonstandard temperature)을 수정한 기압고도이고 이 두 고도는 표준기온에서 일치한다.

11. 지상에서 주어진 QNH의 고도계 값에 기압(barometric) 고도계로 수정했을 때 지상의 고도는 다음 중 어느 것인가?
 ① 밀도고도   ② 기압고도
 ③ 진고도   ④ 표준고도
 【해설】 유럽과 ICAO에서 채택하고 있는 고도계 세팅 방법에는 QNH, QFE, QNE 방법이 있다. QNH 방법은 고도계를 최근 고도계 수정치에 맞추고 지시하는 고도를 읽는 방법이고, QFE 방법은 이륙하기 전에 공항의 표고나 기압 수정치와 관계없이 고도계를 "0"에 맞추고 비행하는 방법으로 고도 변화에 따라 기압이 변함으로 고도계는 비행장으로부터의 고도를 지시한다. QNE 방법은 고도계 수정치를 29.92"Hg에 맞추고 운용하는 방법이다.

12. 공항을 이륙하기 전에 고도계 눈금을 "0"에 세팅하고 운용하는 방법은?
 ① QNH   ② QNN
 ③ QFE   ④ QNE

13. 항공기가 활주로상에 있을 때 표고를 지시하는 고도계 세팅은?
 ① QNE   ② QNH
 ③ QFE   ④ QFF

14. FL 290에서 비행 중 고도계를 세팅하는 방법은?
 ① QNE   ② QNH
 ③ QFE   ④ QFF

15 일정한 동력과 CAS로 고온 지역에서 저온 지역으로 비행했을 때 예상할 수 있는 현상은?
 ① 진고도(TA)와 진대기속도(TAS) 모두 증가한다.
 ② 진고도(TA)는 감소하고, 진대기속도(TAS)는 증가한다.
 ③ 진고도(TA)와 진대기속도 모두 감소한다.
 ④ 진고도(TA)는 증가하고, 진대기속도(TAS)는 감소한다.

【정답】 10.① 11.③ 12.③ 13.② 14.① 15.③

16. 기압고도 10,000피트, 계기고도 7,000피트, 주변 기온이 -10℃일 때 진고도는 얼마인가?
   ① 6,850피트   ② 5,850피트
   ③ 4,850피트   ④ 3,850피트
   【해설】 계산반의 고도 계산면을 활용한다. 기온 -10과 기압고도 10,000을 일치시키고 회전판 눈금의 지시고도 7,000과 일치하는 고정판 눈금 6,850피트가 진고도(true altitude)이다.

17. 기압고도(pressure altitude) 12,000피트, 계기고도 9,000피트, 외기기온(OAT) -20℃일 때 진고도(true altitude)는?
   ① 7,600피트   ② 7,800피트
   ③ 8,200피트   ④ 8,600피트
   【해설】 계산반의 고도 계산면을 활용한다. 기온 -20과 기압고도 12,000을 일치시키고 회전판 눈금의 지시고도 9,000과 일치하는 고정판 눈금 8,600피트가 진고도이다.

18. 기압고도(pressure altitude) 20,000피트, 계기고도 17,000피트, 외기기온 -30℃일 때 진고도(true altitude)는?
   ① 16,600피트   ② 15,600피트
   ③ 17,600피트   ④ 18,600피트

19. 계기고도 20,000피트, pressure altitude 20,500피트, 외기기온(OAT) -30℃일 때 진고도(true altitude)는?
   ① 19,700피트   ② 18,700피트
   ③ 16,700피트   ④ 15,700피트

20. 비행 중 진고도(TA)와 기압고도(PA)가 일치하는 조건은?
   ① 기압이 29.92"Hg일 때
   ② 기온 15℃, 기압 29.92"Hg일 때
   ③ 항공기 위치에서 대기가 표준일 때
   ④ 해수면에서 기온이 15℃일 때
   【해설】 진고도(true altitude; TA)와 기압고도(pressure altitude; PA)가 일치할 수 있는 조건은 표준대기 상태이다.

21. 기압고도 9,000피트, 외기기온(outside air temperature) -5℃, CAS 170노트일 때 TAS는?
   ① 164노트   ② 174노트
   ③ 184노트   ④ 194노트
   【해설】 [계산반] 계산반의 진대기속도(TAS) 계산면을 활용한다. 기온 -5와 기압고도 9,000을 일치시키고 회전판 눈금의 CAS 170과 일치하는 고정판 눈금 194가 진대기속도(TAS)이다.

【정답】 16.① 17.④ 18.① 19.① 20.③ 21.④

[계산기] 메뉴 "PLAN TAS"를 선택하여 기압고도-기온-CAS 순으로 입력하면 TAS, 밀도고도, 마하수가 출력된다.

22. 다음과 같은 조건에서 TAS는?

| Pressure altitude: 15,000 feet, OAT: -25℃, CAS 200 knots |

① 245노트　　② 235노트
③ 225노트　　④ 215노트

【해설】 계산반의 진대기속도(TAS) 계산면을 활용한다. 기온 -25와 기압고도 15,000을 일치시키고 회전판 눈금의 CAS 200과 일치하는 고정판 눈금 245가 진대기속도(TAS)이다. [계산기] 메뉴 "PLAN TAS"를 선택하여 기압고도-기온-CAS 순으로 입력하면 TAS, 밀도고도, 마하수가 출력된다.

23. 다음과 같은 조건에서 TAS는?

| Pressure altitude: 8,000 feet, OAT: -20℃, CAS 250 knots |

① 220노트　　② 240노트
③ 250노트　　④ 270노트

24. 다음과 같은 조건에서 TAS와 밀도고도(density altitude)는?

| Pressure altitude: 8,000 feet, OAT: 0℃, CAS 90 knots |

① 102노트, 8,500피트　　② 108노트, 8,000피트
③ 102노트, 8,000피트　　④ 108노트, 8,500피트

【해설】 계산반의 진대기속도(TAS) 계산면을 활용한다. 기온 0과 기압고도 8,000을 일치시키고 회전판 눈금의 CAS 90과 일치하는 고정판 눈금 170이 진대기속도(TAS)이고 중앙의 밀도고도 눈금은 약 8,000피트를 지시한다.

25. 다음과 같은 조건에서 TAS와 밀도고도(density altitude)는?

| Pressure altitude: 15,000 feet, OAT: -30℃, CAS 300 knots |

① 360노트, 14,000피트　　② 370노트, 13,000피트
③ 360노트, 13,000피트　　④ 370노트, 14,000피트

26. 출발 공항의 표고가 210피트이다. 출발 전에 고도계를 210피트에 맞추고 이륙했다. 기압 눈금이 30.12"Hg이고 계기 고도가 6,000피트로 비행 중일 때 기압고도(pressure altitude)는?

① 5,800피트　　② 6,000피트
③ 6,200피트　　④ 6,400피트

【해설】 현재의 고도에서 기압고도를 측정하는 방법은 고도계 수정치를 29.92에 맞추고 고도계가 지시하는 고도가 기압고도이다. 또는 다음과 같은 방법으로 계산할 수 있다. 30.12 - 29.92 = 0.20", 기압 1"당 고도 1,000피트의 변화를 나타내므로 현재의 계기 고도에서 200피트를 빼주면 5,800피트(6,000

【정답】 22.① 23.④ 24.③ 25.③ 26.①

- 200)가 된다.

27. 기압 눈금이 30.52이고 계기고도 8,000피트로 비행 중 기압고도(pressure altitude)는?
① 6,800피트   ② 7,200피트
③ 7,400피트   ④ 7,600피트
【해설】 현재의 고도에서 기압고도를 측정하는 방법은 고도계 수정치를 29.92에 맞추고 고도계가 지시하는 고도가 기압고도이다. 또는 다음과 같은 방법으로 계산할 수 있다. 30.52 - 29.92 =0.60", 기압 1"당 고도 1,000피트의 변화를 나타내므로 현재의 계기 고도에서 600피트를 빼주면 7,400피트(8,000 - 600)가 된다.

28. 고도 12,000피트로 비행 중 기압 눈금이 28.52를 지시하고 있을 때 기압고도(pressure altitude)는?
① 13,400피트   ② 11,600피트
③ 13,000피트   ④ 11,000피트

29. 고도 6,500피트로 비행 중 기압 눈금이 30.32일 때 기압고도(pressure altitude)는?
① 5,800피트   ② 6,100피트
③ 6,300피트   ④ 6,500피트

30. 고도계 수정치(altimeter setting) 30.15"Hg에 맞추고 4,700피트(MSL)로 비행할 때 기압고도는?
① 4,470피트   ② 4,350피트
③ 4,270피트   ④ 4,170피트

31. 비행 전에 고도계를 점검하고자 한다. 어떻게 해야 하는가?
① 고도계를 29.92에 맞추고 최근 기온을 고려한 고도계 지시와 공항 표고를 비교하여 진고도를 결정한다.
② 고도계를 29.92에 그리고 최근 고도계 세팅에 맞춘다. 고도의 변화는 세팅한 값의 변화와 일치해야 한다.
③ 고도계를 최근 고도계 수정치에 맞춘 후 29.92에 맞춘다. 고도의 변화량이 75피트 이내여야 한다.
④ 고도계를 최근 고도계 수정치에 맞추고 그 지시가 실제 표고의 75피트 이내여야 한다.
【해설】 고도계를 점검하는 방법은 먼저 최근 보고된 고도계 수정치(altimeter setting)에 맞추고 이때 고도계가 지시하는 고도와 현 공항의 표고의 차가 75피트 이내일 때 고도계를 신뢰할 수 있다.

32. 최근 고도계 수정치(altimeter setting)에 조정된 고도계의 지시는 어느 것인가?
① 해수면   ② 밀도고도
③ 표준기지점   ④ 기압차에 맞추어진 기압고도
【해설】 기압고도계(pressure altimeter)는 압력의 변화에 예민하게 작용하고 기압계 창에 맞추어져 있

【정답】 27.③ 28.① 29.② 30.① 31.④ 32.④

는 압력 층을 지시한다.

33. 표고가 1,000피트인 공항에서 QFE 방법에 의한 고도계 수정을 한 결과 30.47"Hg를 지시했다. 2시간 동안 비행한 후 고도계 수정치 31.13"Hg를 수정하지 않고 다시 그 공항에 착륙했을 고도계는 얼마를 지시하는가?
① 0피트　　　　　② 1,000피트
③ 340피트　　　　④ 540피트
[해설] 고도계 수정치는 0.66"Hg가 변했고 이를 고도로 환산하면 660피트가 된다. 고도계 수정없이 공항에 착륙했을 때 고도계는 660피트가 더 높게 지시하고 있으나 공항의 표고가 1,000피트이므로 실제 고도계의 지시는 340피트(1,000 - 660)를 지시한다.

34. 고도 10,000피트일 때 고도계 수정치는 29.69"Hg를 지시했고, 비행을 종료하기 위해서 공항으로 접근 중 관제사가 지시한 고도계 수정치 30.15"Hg에 수정하지 못했다. 공항 표고가 460피트라면 항공기가 착륙할 때 고도계 지시는 얼마가 되겠는가?
① 0피트(MSL)　　　　② 460피트(MSL)
③ 660피트(MSL)　　　④ 760피트(MSL)
[해설] 고도계 수정치는 0.46"Hg가 변했고 이를 고도로 환산하면 460피트가 된다. 고도계 수정 없이 공항에 착륙했을 때 고도계는 460피트가 더 높게 지시하고 있으나 공항의 표고가 460피트이므로 실제 고도계의 지시는 0피트를 지시한다.

35. 고도 8,000피트일 때 고도계 수정치는 29.15"Hg를 지시했고, 비행을 종료하기 위해서 공항으로 접근 중 관제사가 지시한 고도계 수정치 29.69"Hg에 수정하지 못했다. 공항 표고가 240피트라면 항공기가 착륙할 때 고도계 지시는 얼마가 되겠는가?
① 0피트(MSL)　　　　② 240피트(MSL)
③ 300피트(MSL)　　　④ 540피트(MSL)

36. A-기지의 고도계를 29.62"Hg에 세팅하고 고도 6,000피트로 B-기지를 향했다. B-기지의 고도계 수정치를 30.02"Hg를 통보받았으나 29.62"Hg를 그대로 두고 B-기지 공역에 진입했을 때 고도계는 얼마를 지시하겠는가?
① 5,600피트　　　② 6,000피트
③ 6,400피트　　　④ 6,800피트

37. 고도계가 29.95"Hg에서 30.12"Hg로 변했을 때 고도계는 얼마의 변화가 예상되는가?
① 17피트 높게　　　② 17피트 낮게
③ 170피트 높게　　④ 170피트 낮게

[정답] 33.③　34.①　35.③　36.③　37.③

38. 통보된 고도계 수정치가 29.92"Hg일 때 고도계를 잘못 수정하여 28.92"Hg에 맞추었을 때 고도계는 어떻게 지시하는가?
① 실제 고도보다 1,000피트 낮게 지시한다.
② 실제 고도보다 1,000피트 높게 지시한다.
③ 실제 고도보다 10,000피트 높게 지시한다.
④ 실제 고도보다 10,000피트 낮게 지시한다.

39. 고도계 수정치 29.91인 표고에서 30.11로 수정했을 때 지시고도는?
① 200피트 높게   ② 20피트 높게
③ 200피트 낮게   ④ 20피트 낮게

40. 무선 고도계(radio altimeter)가 지시하는 고도는?
① 지시고도   ② 절대고도
③ 진고도   ④ 기압고도

41. 고온 지역에서 저온 지역으로 비행할 때 고도계 지시는?
① 지시고도는 진고도보다 낮다.   ② 지시고도와 진고도는 같다.
③ 지시고도는 진고도보다 높다.   ④ 지시고도는 기압고도와 같다.

42. 어떠한 조건에서 고도계는 실제 비행고도보다 높은 고도를 지시하는가?
① 표준보다 높은 기온   ② 표준 기온
③ 표준보다 낮은 기온   ④ 표준보다 높은 대기압

43. 비행기가 강하 중에 피토관은 정상이나 static port가 얼음에 덮여 막혔을 때 속도계의 지시는?
① 상승할 때 속도는 정상보다 낮게 지시한다.
② 지시침이 정지된다.
③ 최초에 적게 지시한 후 서서히 정상으로 회복한다.
④ 지시침이 일시 정지 후 정상을 회복한다.

44. 추운 겨울에 비행 중 착빙으로 인하여 피토관(pitot tube)이 막혔다. 어느 계기가 영향을 받게 되는가?
① 고도계   ② 속도계
③ 승강계   ④ 고도계와 속도계
【해설】 피토-정압계통(pitot-static system)은 고도계, 속도계, 승강계에 압력의 근원을 제공한다. 피토관은 속도계에 직접 연결되어 있어 피토관을 통해서 유입되는 공기압은 속도를 결정하는 공기압에만 영향을 미친다.

【정답】 38.① 39.① 40.② 41.③ 42.③ 43.① 44.②

45. 심한 착빙 현상으로 인하여 피토관(pitot tube)의 공기 유입구와 배수구(drain hole) 모두가 막혔다. 계기에 미치는 영향은?
① 속도계는 고도계와 같이 작용한다.
② 속도계는 고도 증가와 함께 감소할 것이다.
③ 속도계는 고도 감소와 함께 증가할 것이다.
④ 고도 변화와 속도계는 무관하다.
【해설】 피토관의 공기 유입구와 배수구가 모두 막히면 속도계는 고도계와 같이 작동된다. 즉, 고도가 증가하면 속도도 증가하고 고도가 감소하면 속도도 감소한다. 이것은 공기가 유입될 수 있는 모든 관이 막혀 있으나 상승 중 정압관의 압이 감소하는 데 따른 현상으로 지시속도는 증가한다.

46. 심한 착빙 현상으로 인하여 피토관의 공기 유입구와 배수구 모두가 막혔다. 계기에 미치는 영향은?
① 동력 증가에 따라 지시속도 증가
② 고도계에 반대로 작용한다.
③ 동력 감소에 따라 지시속도 감소
④ 동력 변화에도 불구하고 속도계는 변화가 없다.

47. 수평비행하는 동안에 착빙으로 인하여 예비 정압원의 사용을 결심했을 때 어떠한 계기 지시를 예측해야 하는가?
① 승강계는 순간적으로 상승을 지시한다.
② 승강계는 순간적으로 강하를 지시한다.
③ 고도계는 정상보다 낮게 지시한다.
④ 어떠한 변화도 발생하지 않는다.
【해설】 일반적으로 예비 정압원(alternate static source)은 조종실 내부로 통해있다. 여압장치를 갖추지 않은 조종실 내의 압력은 일반적으로 외부의 압력보다 낮다. 이것은 항공기가 공기 속을 빠르게 통과함으로써 발생하는 벤투리 효과와 같은 원리이다. 따라서 예비 정압원을 사용하면 고도계는 실제보다 높게 지시하고 승강계는 순간적으로 상승을 지시한다.

48. 수평비행하는 동안에 착빙으로 인하여 예비 정압원의 사용을 결심했을 때 어떠한 계기 지시를 예측해야 하는가?
① 속도계는 약간 높게 지시한다.
② 승강계는 순간적으로 강하를 지시한다.
③ 고도계는 정상보다 낮게 지시한다.
④ 어떠한 변화도 발생하지 않는다.

【정답】 45.① 46.④ 47.① 48.①

49. 수평비행하는 동안에 착빙으로 인하여 승강계의 유리 파손이 불가피했다면 조종사는 어떠한 계기 지시를 예측해야 하는가?
① 속도계는 약간 높게 지시할 것이다.
② 속도계는 약간 낮게 지시할 것이다.
③ 고도계는 약간 낮게 지시할 것이다.
④ 계기 상의 큰 변화를 예측할 수 없다.

50. 수평비행하는 동안에 착빙으로 인하여 승강계의 유리 파손이 불가피했다면 조종사는 어떠한 계기 지시를 예측해야 하는가?
① 승강계는 반대로 지시할 것이다.
② 속도계는 약간 낮게 지시할 것이다.
③ 고도계는 약간 낮게 지시할 것이다.
④ 계기상의 변화를 예측할 수 없다.

51. 영하권에서 비행 중 고도계 및 승강계는 정상인데 속도계 지시침이 "0"을 지시했을 때 조종사는 어떤 현상을 예측할 수 있어야 하는가?
① 피토관의 공기 유입구가 막혔다.
② 피토관의 공기 유입구와 배수구가 모두 막혔다.
③ 정압관이 막혔다.
④ 예비 정압을 사용하고 있다.

52. 자기복각(magnetic dip)에 대한 설명은?
① 자북과 진북이 이루는 각도이다.
② 나침반과 수평면이 이루는 각도이다.
③ 자북과 나북이 이루는 각도이다.
④ 항공기 기수와 나침반 방위가 이루는 각도이다.

53. 자기복각 현상이 가장 심한 곳은 어디인가?
① 적도지방   ② 중분위도
③ 극지방   ④ 극지방과 적도지방 중간 지역

54. 나침반 오차에 속하지 않는 것은?
① 북선오차   ② 가감속오차
③ 마찰오차   ④ 와동오차

【정답】 49.① 50.① 51.① 52.② 53.③ 54.③

55. 다음 중 지상활주 중에 나침반(magnetic compass)을 점검하는 방법은?
  ① 선회할 때 선회 방향반대로 지시한다.
  ② 위도와 동일 복각 각도를 갖는다.
  ③ 나침반 지시가 진항로와 일치하는지 확인한다.
  ④ 자유롭게 움직이고 유도로 방향과 일치하는지 확인한다.
  【해설】 활주 중 나침반 문자판이 자유롭게 움직이는지와 활주로 방향 또는 유도로 방향과 같이 기설정된 방위를 지시하고 있는지를 확인한다.

56. 북반구에서 동쪽 기수방위(heading)로 비행 중 좌선회에 진입했을 때 나침반 지시는 어떻게 지시하겠는가?
  ① 처음 오른쪽으로 선회를 지시할 것이다.
  ② 지시침은 잠시 동쪽을 지시한 후 점차 항공기의 자기수방위(MH)를 따라붙는다.
  ③ 처음 왼쪽으로 빠르게 이동한 후 서서히 항공기 자기수방위(MH)를 따라붙는다.
  ④ 나침반은 대략 정확하게 자기수방위(MH)를 지시할 것이다.
  【해설】 북반구에서 동쪽 또는 서쪽으로 비행 중 기수방위(heading)를 표준율 선회를 수행할 때 나침반 지시침은 거의 오차가 발생하지 않는다. 그러나 증속 또는 감속할 때 나침반 지시침은 북쪽 또는 남쪽을 약간 지시하는 오차가 발생한다. 예를 들어 증속할 때 나침반 지시침은 북쪽을 지시하고, 감속할 때 나침반 지시침은 남쪽을 지시한 후 원래의 지시침을 지시한다.

57. 북반구에서 남쪽 기수방위(heading)를 유지하던 중 우선회로 진입했을 때 나침반 지시는 어떻게 지시할 것인가?
  ① 지시침은 오른쪽으로 선회를 지시할 것이나 실제 선회율보다 빠르다.
  ② 최초 나침반은 왼쪽으로 선회를 지시할 것이다.
  ③ 나침반은 잠시 남쪽에 머물러 있고, 그 후 점차 항공기의 자기수방위(MH)를 따라붙는다.
  ④ 나침반은 대략 정확하게 자기수방위(MH)를 지시할 것이다.
  【해설】 북반구에서 남쪽 기수방위(heading)를 향하고 있을 때 왼쪽 또는 오른쪽으로 선회할 때 나침반은 실제 선회량을 선도(lead)하는 오차가 발생하여 실제 선회량보다 빠르게 지시한다.

58. 북반구에서 북쪽 기수방위를 유지하던 중 좌선회로 진입했을 때 나침반 지시는
  ① 지시침은 오른쪽으로 선회를 지시할 것이나 실제 선회율보다 빠르다.
  ② 최초 나침반은 오른쪽으로 선회를 지시할 것이다.
  ③ 나침반은 잠시 남쪽을 지향한 후 점차 항공기의 자기수방위(MH)를 따라붙는다.
  ④ 나침반은 대략 정확하게 자기수방위(MH)를 지시할 것이다.
  【해설】 북반구에서 기수방위(heading)를 북쪽으로 유지하던 중 왼쪽 또는 오른쪽으로 선회할 때 나침반은 최초 선회 반대 방향을 지시한 후 선회 방향을 지시는 지연(lag) 오차가 발생한다.

【정답】 55.④ 56.④ 57.① 58.②

59. 북반구에서 비행할 때 아래의 어느 상태에서 나침반이 처음에 서쪽으로 돌아가는가?
① 동쪽 기수방위에서 증속할 때
② 서쪽 기수방위에서 증속할 때
③ 북쪽을 향한 기수방위에서 우선회
④ 남쪽을 향한 기수방위에서 우선회

60. 항공기가 서쪽으로 증속할 때 나침반 지시는?
① 북쪽을 지시한다.
② 남쪽을 지시한다.
③ 잠시 지연 후 서쪽을 지시한다.
④ 변화 없다.

61. 항공기가 동쪽으로 비행 중 좌선회에 진입했다. 이때 나침반 지시는?
① 지시침은 오른쪽으로 선회를 지시할 것이나 실제 선회율보다 빠르다.
② 최초 나침반은 오른쪽으로 선회를 지시할 것이다.
③ 나침반은 잠시 남쪽을 지시한 후 점차 항공기의 자기수방위(MH)를 따라붙는다.
④ 나침반은 대략 정확하게 자기수방위(MH)를 지시할 것이다.

62. 나침반의 증감속 오차는 어디에서 가장 크게 발생하는가?
① 동쪽 또는 서쪽   ② 동쪽 또는 남쪽
③ 북쪽 또는 남쪽   ④ 서쪽 또는 북쪽

63. 나침반의 북선오차의 가장 큰 원인은 무엇인가?
① 중위도에서 코리올리스의 힘   ② 나침반 방위판에 작용하는 원심력
③ 자기복각 특성   ④ 나침반의 마찰 오차

64. 항공도에서 편각이 "0°"가 되는 지점을 연결한 선은?
① Rhumb line   ② Agonic line
③ Variation   ④ Isogonic line
【해설】• 등편각선(isogonic line)은 편각이 동일한 지점을 연결한 선이다.
• 무편각선(agonic line)은 편각이 "0"인 지점을 연결한 선이다.

65. 나침반의 정밀도는 나침반 지시를 무엇과 비교해서 점검해야 하는가?
① 나침반 자차 카드   ② 무편각선
③ 공항참고점   ④ 활주로 기수방위
【해설】비행 전에 나침반(compass)에 액체가 완전하게 채워져 있는지 확인해야 한다. 선회 중 나침반은

【정답】 59.③ 60.① 61.④ 62.① 63.③ 64.② 65.④

자유롭게 움직이면서 정확하게 알고 있는 기수방위와 일치하는지 확인해야 한다. 지상에서 기수방위를 확인하기 위한 적절한 수단으로는 활주로와 유도로는 정밀하게 측정된 방위로 지정된다. 따라서 이들은 나침반의 정밀도(accuracy)를 점검하는데 유용한 수단이다.

66. 일반적으로 북반구에서 나침반이 북쪽으로 선회하는 것을 지시하는 경우는 언제인가?
① 동쪽 기수방위로부터 우선회에 진입했을 때
② 서쪽 기수방위로부터 좌선회에 진입했을 때
③ 항공기가 동쪽 또는 서쪽 기수방위에 있는 동안 가속했을 때
④ 항공기가 북쪽 또는 남쪽 기수방위에 있는 동안 가속했을 때
【해설】 북반구(Northern Hemisphere)에서 항공기가 동쪽 또는 서쪽 기수방위에 있는 동안 가속했을 때 나침반은 북쪽으로 선회를 지시할 것이다. 항공기가 동쪽 또는 서쪽 기수방위로부터 선회했을 때 선회오차(turning error)는 발생하지 않는다.

67. 비행 중 마그네틱 컴퍼스(나침반)의 지시가 가장 정확한 시기는?
① 수평직선 등속도로 비행할 때
② 대기속도를 일정하게 유지하는 한
③ 경사가 18°를 초과하지 않는 선회
④ 오직 등속도로 비행할 때
【해설】 비행 중 마그네틱 컴퍼스(magnetic compass)는 오직 수평직선 등속도로 비행할 때만 정확하게 지시하는 것으로 볼 수 있다. 비행기가 가속, 감속, 혹은 선회 중 나침반은 복각(dip)과 오류 지시의 원인이 된다. 나침반은 외부 전원이 필요하지 않다.

68. 나침반 자차의 원인은 무엇인가?
① 나침반 영구자석에 있는 흠집
② 진북 위치와 자북 위치 사이의 차이
③ 자력선을 왜곡시키는 항공기 내에 있는 자기장
④ 나침반에 들어 있는 액체의 부족
【해설】 나침반 자차(deviation; Dev)는 항공기 내에 있는 금속 혹은 전기부품에서 발생한 자기장(magnetic field)이 나침반 지시침에 영향을 주어 오류 발생의 원인이 된다.

69. 북반구에서 항공기가 가속 또는 감속했다면 나침반은 어떻게 지시할 것으로 예상하는가?
① 순간적으로 북쪽으로 선회를 지시한다.
② 잠시 움직임이 정지되는 경향이 있다.
③ 남쪽을 향해서 선회를 지시한다.
④ 북쪽 또는 남쪽 기수방위일 때 정확하다.
【해설】 나침반의 증감속 오차(acceleration and deceleration error)는 기수방위가 동쪽 혹은 서쪽에

【정답】 66.③ 67.① 68.③ 69.④

있을 때 발생한다. 그러나 기수방위가 북쪽 혹은 남쪽을 향하고 있다면 증감속 오차는 발생하지 않는다.

70. 북반구에서 나침반 지시가 초기 서쪽을 향해서 선회를 지시할 것으로 예상하는 항공기의 기동은?
① 북쪽 기수방위로부터 좌선회에 진입했을 때
② 남쪽 기수방위로부터 우선회에 진입했을 때
③ 북쪽 기수방위에 있는 동안 가속했을 때
④ 서쪽 기수방위로부터 우선회에 진입했을 때
【해설】북반구에서 북선오차(northerly turning error)로 인해서 항공기가 북쪽 기수방위로부터 우선회에 진입한다면 나침반은 초기 서쪽으로 선회를 지시하게 될 것이다.

71. 북반구에서 나침반 지시가 남쪽을 향해서 선회를 지시할 것으로 예상하는 항공기의 기동은?
① 동쪽 기수방위로부터 좌선회에 진입했을 때
② 서쪽 기수방위로부터 우선회에 진입했을 때
③ 서쪽 기수방위에 있는 동안 감속했을 때
④ 북쪽 기수방위에 있는 동안 감속했을 때
【해설】북반구에서 서쪽 기수방위에 있는 동안 감속했을 때 나침반 지시가 남쪽을 향해서 선회를 지시할 것이다. 이를 증감속 오차라 하고 "ANDS"라고도 한다.

72. 마그네틱 컴퍼스(나침반)에서 발생하는 자차의 원인은 무엇인가?
① 북선오차
② 항공기 내에 있는 특정 금속이나 전기부품
③ 진북 위치와 자북 위치 사이의 차
④ 항공기의 자체 진동
【해설】나침반에 있는 자석(magnets)은 어느 자기장에도 정렬되려는 특성을 갖는다. 항공기 내의 각종 배선 주변, 특정 금속, 또는 구조물의 자화 부품 등에서 흐르고 있는 전류로 인해서 발생한 국지 자기장(local magnetic fields)이 지구의 자기장과 충돌하면서 나침반 지시에 영향을 줄 수 있다. 이를 나침반 자차라 하고 편각(Variation; VAR)과 달리 지리적 위치에 따라 기수방위가 달라질 수 있다.

73. 저주파수 무선파장의 확산 특성에 있어서 송신소 안테나와 공중파가 지상으로 되돌아온 지점 사이의 거리는 무엇인가?
① 지상파(ground wave)
② 공중파 지대(sky wave zone)
③ 공간 지대(skip zone)
④ 공간 거리(skip distance)

【정답】 70.② 71.③ 72.② 73.④

74. 해수면에서 표준대기압과 기온은?

① 15℃, 29.92″Hg

② 59℃, 1013.2 millibars

③ 59°F, 29.92 millibars

④ 15°F, 29.92″Hg

【해설】 해수면(sea level)에서 표준기온과 대기압은 15℃, 29.92″Hg 혹은 59°F, 1013.2 millibars이다.

75. 비표준기온을 수정한 고도는?

① 기압고도   ② 밀도고도

③ 지시고도   ④ 진고도

【해설】 비표준기온(nonstandard temperature)을 수정한 고도는 밀도고도(density altitude)이다. 기압고도(pressure altitude)는 표준 기지면(standard datum plane)으로부터의 높이이다.

76. 항공기 착륙 성능에 영향을 주는 밀도고도는 무엇에 의해서 결정되는가?

① 공기밀도와 대기압   ② 맞바람과 착륙중량

③ 습도와 제동마찰 힘   ④ 기압고도와 주변 기온

【해설】 밀도고도(density altitude)는 비표준기온을 수정해서 얻은 기압고도라고 할 수 있다. 밀도고도가 증가한다면 항공기의 착륙속도는 증가할 것이다. 항공기는 해수면에서 동일한 지시속도(indicated altitude)에서 착륙하게 될 것이지만 밀도(density)가 감소되었기 때문에 진대기속도(true altitude; TAS)는 증가하게 될 것이다.

77. 항공기 성능에서 높은 습도가 미치는 영향은 무엇인가?

① 성능이 증가할 것이다.

② 성능이 감소할 것이다.

③ 성능에 영향을 주지 않을 것이다.

④ 고도가 증가함에 따라 성능은 증가한다.

【해설】 공기에 더 많은 습기(humid)가 함유되어 있을수록 밀도는 더 낮아진다. 이것은 주어진 습한 공기 무게의 양이 동일 건조 공기 무게의 양에 비해 낮기 때문이다. 밀도가 낮아지면 항공기 성능도 떨어진다.

78. 특정 공항에서 밀도고도를 증가시키는 경향이 있는 요소는?

① 대기압 증가   ② 기온 증가

③ 상대습도 감소   ④ 기온 감소

【해설】 기온이 높을수록 공기밀도가 더 낮아지기 때문에 밀도고도는 증가한다. 대기압이 증가함에 따라 밀도고도는 감소한다. 상대습도(relative humidity)가 감소하면 밀도고도는 감소한다.

【정답】 74.① 75.② 76.④ 77.② 78.②

79. 낮은 밀도고도에 비교해서 높은 밀도고도가 프로펠러에 미치는 영향은 무엇이고 그 이유는?
① 프로펠러 블레이드에 마찰이 낮아지기 때문에 효율이 증가한다.
② 프로펠러 블레이드에 더 밀도가 높은 공기를 취하게 되면서 효율이 증가할 것이다.
③ 더 엷은 공기에서 프로펠러의 힘이 증가하였기 때문에 효율이 감소할 것이다.
④ 프로펠러는 낮은 밀도고도보다 높은 밀도고도에서 더 작은 힘을 발휘하기 때문에 효율이 감소할 것이다.

【해설】 프로펠러는 회전하고 있는 블레이드를 통해서 가속되는 대량의 공기에 비례해서 추력을 생산한다. 따라서 공기밀도가 낮다면 프로펠러 효율(efficiency)은 그만큼 감소할 것이다. 밀도와 밀도고도 (density and density altitude)의 상관관계에서 밀도가 높다면 밀도고도는 낮아지는 반비례 관계에 있다는 것을 기억하라.

80. 고밀도고도가 항공기 성능에 미치는 영향은?
① 엔진 성능이 증가할 것이다.
② 프로펠러 성능이 증가할 것이다.
③ 이륙 성능이 증가할 것이다.
④ 상승 성능이 감소할 것이다.

【해설】 고밀도고도(high density altitude)는 항공기의 이륙과 상승 성능을 포함하여 전반적인 성능을 감소시킬 것이다.

81. 항공기의 이륙과 상승 성능을 떨어뜨릴 수 있는 대기 조건의 조화는?
① 낮은 기온, 낮은 상대습도, 그리고 낮은 밀도고도
② 높은 기온, 낮은 상대습도, 그리고 낮은 밀도고도
③ 높은 기온, 높은 상대습도, 그리고 높은 밀도고도
④ 낮은 기온, 높은 상대습도, 그리고 높은 밀도고도

【해설】 이륙과 상승 성능은 고밀도고도에 의해서 감소할 것이다. 고밀도고도는 고온과 높은 상대습도가 주요 원인이다.

82. 특정 고도에서 외기기온(OAT)이 표준보다 높다면 밀도고도는?
① 기압고도와 동등할 것이다.
② 기압고도보다 더 낮다.
③ 기압고도보다 더 높다.
④ 변함이 없다.

【해설】 기본적으로 기온이 높아지면 공기는 팽창(expands)한다. 따라서 공기의 밀도는 더 낮아진다. 이것은 밀도는 낮아지고 밀도고도는 높아진다는 것을 의미한다. 기압고도의 기본은 표준기온(standard temperature)이다. 따라서 기온이 표준보다 온난(높다면)하다면 밀도고도는 기압고도를 초과한다. 이를 기반으로 했을 때 밀도고도와 기압고도는 오직 표준기온일 때만 동등하다.

【정답】 79.④ 80.④ 81.③ 82.③

83. [그림2-6, (1)] (a)가 지시하는 것은 무엇인가? (p, 197)
　① 자세계　　　　　　　② 고도계 테이프
　③ 속도계 테이프　　　　④ 승강계 테이프

84. [그림2-6, (1)] (b)가 지시하는 것은 무엇인가?
　① 자세계　　　　　　　② 고도계 테이프
　③ 속도계 테이프　　　　④ 승강계 테이프

85. [그림2-6, (1)] (c)가 지시하는 것은 무엇인가?
　① 자세계　　　　　　　② 고도계 테이프
　③ 속도계 테이프　　　　④ 승강계 테이프

86. [그림2-6, (1)] (d)가 지시하는 것은 무엇인가?
　① 자세계　　　　　　　② 고도계 테이프
　③ 속도계 테이프　　　　④ 승강계 테이프

87. [그림2-6, (1), (2)] (f), (a)가 지시하는 것은 무엇인가?
　① 자세계 트렌드 지시기　② 고도계 트렌드 지시기
　③ 속도계 트렌드 지시기　④ 선회율 트렌드 지시기

88. [그림2-6, (1), (2)] (e), (b)가 지시하는 것은 무엇인가?
　① 자세계 트렌드 지시기　② 고도계 트렌드 지시기
　③ 속도계 트렌드 지시기　④ 선회율 트렌드 지시기

89. [그림2-6, (2), (3)] (c), (c)가 지시하는 것은 무엇인가?
　① 자세계 트렌드 지시기　② 고도계 트렌드 지시기
　③ 속도계 트렌드 지시기　④ 선회율 트렌드 지시기

90. [그림2-6, (3)] (a)가 지시하는 것은 무엇인가?
　① 표준율 선회 지시기　　② 슬립/스키드 지시기
　③ 선회율 지시기　　　　 ④ 선회율 트렌드 지시기

91. [그림2-6, (3)] (b)가 지시하는 것은 무엇인가?
　① 표준율 선회 지시기　　② 선회율 지시기 틱 마크
　③ 선회율 지시기　　　　 ④ 선회율 트렌드 지시기

【정답】 83.① 84.③ 85.② 86.④ 87.③ 88.② 89.④ 90.② 91.②

92. [그림2-6] 이 PFD에서 보여주고 있는 항법계기는?
① GPS   ② ADF
③ VOR   ④ HSI

93. [그림2-6, (4)] (a)가 지시하는 것은
① 계획된 항로에 있는 다음 웨이포인트
② 현재 액티브 웨이포인트
③ 항공기의 현재 항적
④ 계획된 항로에서 바로 통과한 웨이포인트

94. [그림2-6, (4)] (b)가 지시하는 것은
① 계획된 항로에 있는 다음 웨이포인트 거리
② 액티브 웨이포인트까지 거리
③ 항공기의 현재 항적에서 벗어난 거리
④ 계획된 항로에서 바로 통과한 웨이포인트 거리

95. [그림2-6, (4)] (c)가 지시하는 것은
① 계획된 항로에 있는 다음 웨이포인트 거리
② 액티브 웨이포인트까지 거리
③ 항공기의 현재 항적에서 벗어난 거리
④ 항공기의 현재 항적

96. [그림2-7, (1)] 롤 포인터를 나타내는 것은? (p, 198)
① (a)   ② (b)
③ (c)   ④ (d)

97. [그림2-7, (1)] 롤 스케일 제로(0)를 나타내는 것은?
① (a)   ② (b)
③ (c)   ④ (d)

【해설】 PFD는 재래식 자세계와 달리 매우 크다는 것을 알 수 있고 다음과 같이 지시기들로 구성되어 있다.
· (a)는 롤 스케일 제로(roll scale zero)
· (b)는 롤 스케일(roll scale)
· (c)는 롤 포인터(roll pointer)
· (d)는 슬립/스키드 지시기(slip/skid indicator)
· (e)는 피치 스케일(pitch scale)

【정답】 92.④ 93.① 94.② 95.④ 96.③ 97.①

98. [그림2-7, (1)] 항공기 부호를 나타내는 것은?
① (d)　　　　② (e)
③ (f)　　　　④ (g)

99. [그림2-7, (1)] 인공 수평선을 나타내는 것은?
① (d)　　　　② (e)
③ (f)　　　　④ (g)

100. [그림2-7, (2)] 위 그림이 나타내는 것은?
① 피치 다운 지시　　　　② 피치 업 지시
③ 자세계 결함　　　　④ 조종간을 즉시 당긴다.
【해설】비정상 고기수 자세(unusual nose-high)에서 피치 다운(pitch down) 지시를 나타낸다.

101. [그림2-7, (2)] 아래 그림이 나타내는 것은?
① 피치 다운 지시　　　　② 피치 업 지시
③ 자세계 결함　　　　④ 조종간을 즉시 밀어준다.
【해설】비정상 저기수 자세(unusual nose-low)에서 피치 업(pitch up) 지시를 나타낸다.

102. [그림2-7, (2)] 화면에 빨간색 V-모양 부호가 연속으로 나타내는 것이 의미하는 것은?
① PFD의 고장을 경고한다.
② V-부호가 기울어진 방향으로 경사를 수정한다.
③ 위의 그림은 즉각 상승을 지시한다.
④ V-부호가 지시하는 방향으로 피치 수정을 적용한다.
【해설】PFD는 비정상 고기수 자세(unusual nose-high)에서 피치 다운(pitch down) 그리고 비정상 저기수 자세(unusual nose-low)에서 피치 업(pitch up) 지시를 셰브런(빨간색 V-자 부호)으로 나타낸다. 조종사는 셰브런 꼭짓점이 지향하는 방향으로 즉각 피치 수정을 적용해야 한다. 위의 그림에서 조종간을 앞으로 밀어 피치 자세를 낮추어야 한다.

103. [그림2-7, (4)] (a) 이 속도계 테이프의 트렌드 지시는 얼마인가?
① 6초 이내에 126노트　　　　② 1분 이내에 126노트
③ 6초 이내에 130노트　　　　④ 1분 이내에 130노트
【해설】Gamin 1000의 트렌드 지시는 6초 이내에 달성하게 되는 추세를 지시한다. 따라서 현재 대기속도는 120노트이고, 6초 후에는 126노트가 될 것이다. 일부 항공기의 트렌드 지시기는 10초 이내에 추세를 지시한다.
※ 제품에 따라 달라질 수 있으므로 항공기에 탑재된 매뉴얼을 반드시 참고해야 한다.

【정답】98.④　99.③　100.①　101.②　102.④　103.①

104. [그림2-7, (6)] AHRS 계통의 고장이 발생했을 때 영향을 받는 계기는?
① Attitude indicator, HDG, and Slip/Skid indicator
② Altimeter, HDG, and Slip/Skid indicator
③ Attitude indicator, Vertical speed indicator, and Slip/Skid indicator
④ Attitude indicator, HDG, and Airspeed indicator
【해설】 PFD의 AHRS(attitude and heading reference system) 계통의 고장이 발생했을 때 화면에 자세계(a)와 HDG에 빨간색 X-표시가 나타난다. 이외에도 화면에서 슬립/스키드 지시기가 사라진다. 그림의 사례는 AHRS와 ADC(air data computer; b) 모두 고장이 발생했을 때 화면에 어떻게 나타나는지를 보여주고 있다.

105. [그림2-7, (5)] (a) 현재 분당 상승률은 얼마인가?
① 1,200피트 ② 1,300피트
③ 1,400피트 ④ 1,500피트

106. [그림2-7, (5)] (a) 이 고도계 테이프의 트렌드 지시는 얼마인가?
① 1,580피트 ② 1,680피트
③ 1,780피트 ④ 1,880피트
【해설】 승강계 지시에 따라 분당 상승률은 1,500피트이다. 이를 60으로 나누면 초당 25피트이다. 따라서 6초당 상승할 수 있는 고도는 150(6×25)피트이다. 현재 고도 1,630피트에 150피트를 더하면 1,780피트가 된다.

107. [그림2-7, (3)] (b)가 나타내는 것은 무엇인가?
① Heading
② 1/2 standard rate
③ Standard rate
④ Slip and skid indicator
【해설】 Standard rate tick marker 중간에 있는 작은 Tick marker는 1/2 standard rate를 나타낸다. (a)는 기수방위(heading)를 지시한다.

108. 항공기가 FL 250에서 지시대기속도(IAS) 250노트로 비행 중이다. 계기 오차 또는 위치 오차는 없고 (IAS=CAS) 압축성 수정을 위한 값은 6노트이다. FL 250에서 기온은 -40℃이다. 마하수는 얼마인가?
① Mach number 0.2 ② Mach number 0.4
③ Mach number 0.6 ④ Mach number 0.8
【해설】 • 먼저 이 기온에서 국지음속을 구한다.

【정답】 104.① 105.④ 106.③ 107.③ 108.③

$$LSS = 38.94 \sqrt{OAT(k)}$$

$$= 38.94 \sqrt{(OAT(℃) + 273)}$$

$$= 38.94 \sqrt{(-40) + 273}$$

$$= 38.94 \sqrt{233}$$

$$= 594.4 \ knots$$

• 다음은 계산반 또는 전자계산기를 이용해서 TAS를 구한다. CAS=250노트, 압축성 오차=6노트이다. 따라서 EAS는 244노트이고 TAS는 359노트이다.

• 끝으로 공식을 이용해서 마하수를 구한다.

$$M = \frac{TAS}{LSS} = \frac{359}{594.4} = 0.6$$

109. FL300에서 기온 -30℃, TAS 500노트로 비행하고 있을 때 마하수는?
① Mach number 0.50   ② Mach number 0.60
③ Mach number 0.72   ④ Mach number 0.82

【해설】 LSS는 608(644+1.2(-30))노트이다. 마하수는 0.82(500÷608)이다.

【정답】 109.④

[제3장] 추측항법 및 무선항법

[1] 이륙 전 준비
① 고도, 속도, 기종에 적합한 항공도와 항로 및 확인점을 결정한다.
② 항로에서 이용 가능한 항법보조시설 결정, 금지 또는 제한 구역, 장주, 장애물 등을 확인한다.
③ 기상보고 및 예보, 일출 및 일몰시각 확인, 사용 가용연료와 시간 등을 산출한다.

[2] 추측항법 단계
① 제1단계(비행계획 단계): 항공도와 기상정보를 바탕으로 비행할 구간에 대한 거리와 진기수방위(TH) 및 나기수방위(CH)를 결정한다.
  • 시계비행 항공도에 비행할 항로를 작도
  • 항공도에서 진항로/진코스(TC) 측정
  • 풍향풍속을 바탕으로 진기수방위(TH) 산출
  • 자차(Dev)를 적용하여 나기수방위(CH) 산출
② 제2단계(비행단계): 비행 중 나기수방위(CH), 진대기속도(TAS), 기타 자료로부터 항공도 그리고 항행기록부에 기록된 확인점을 따라 비행하고 있는지를 확인한다.

[3] 용어와 약어
① 진항로/진코스(true course; TC): 비행하고자 하는 방위를 항공도에서 작도한 선이다. 항로의 중간 부근에서 자오선과 이루는 각을 진북(true north)으로부터 시계방향으로 측정한 방위이다.
② 자항로/자코스(magnetic course; MC): 자북(magnetic north)으로부터 시계방향으로 측정한 방위이다. 편각 발생의 원인이다.
③ 나항로/나코스(compass course; CC): 나침반에서 발생한 오차를 적용하여 얻은 방위이다.
④ 진기수방위(true heading; TH): 진항로(TC)에 바람수정각(wind correction angle; WCA)을 고려하여 얻은 방위이다.
⑤ 자기수방위(magnetic heading; MH): 자항로에서 바람수정각(WCA)을 고려하여 얻은 방위각이다.
⑥ 나기수방위(compass heading; CH): 나항로(CC)에서 바람수정각을 고려하여 얻은 방위이다. 이들의 상호 관계를 도표로 나타내면 다음과 같다.

$$MC = TC \pm Var, \; CC = MC \pm Dev$$
$$MH = MC \pm WCA, \; CH = MH \pm Dev$$

⑦ 항적(track; TR): 지표면 위로 실제 비행한 경로이다.

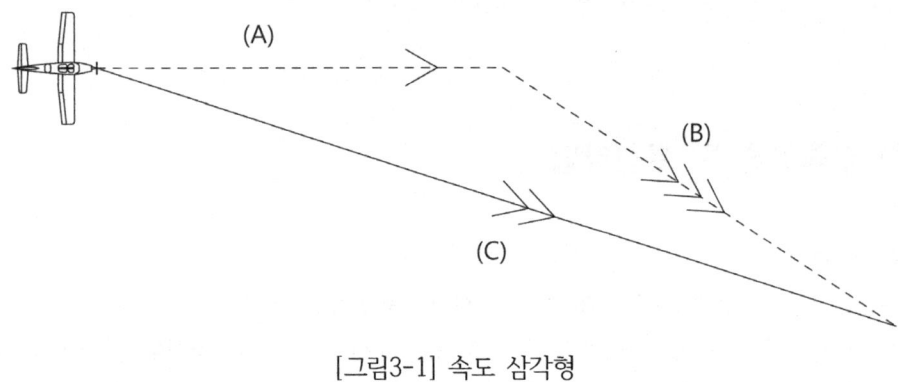

[그림3-1] 속도 삼각형

⑧ 대지속도(ground speed; GS): 지표면 선상으로 실제 비행한 속도로 바람 방향과 속도에 따라 크게 달라질 수 있다.
⑨ 추측위치(DR)와 공중위치(AP): 바람의 영향을 적용한 진기수방위/진대기속도이고 공중위치는 진기수방위와 진대기속도를 설정한 대기 중의 위치이다.

[4] 속도삼각형
① 비행 중 바람 영향: 항공기의 이동 속도와 방향 그리고 풍향풍속 벡터로 항공기는 이동한다.
② 속도삼각형(※ 바람삼각형이라고도 한다)
  • 진기수방위-진대기속도 벡터(TH-TAS): 진기수방위(TH) 방향으로 진대기속도(TAS)를 지시한다.(A-선)
  • 바람벡터(wind vector; WD-WS): 풍향풍속(B-선)
  • 항적-대지속도 벡터(ground vector; TR-GS): 진기수방위-진대기속도 벡터와 바람 벡터의 합력으로 실제 항공기가 이동하는 항적과 대지속도(GS)이다. (C-선)

(1) 편류(drift)
공기 속을 비행하는 항공기가 바람 방향에 따라 흐르는 현상으로 진기수방위(TH)와 항적(TR) 사이의 각으로 나타낸다. (편류각 기준: TH)
  ※ 풍속이 크면 편류각이 증가하고 진대기속도가 크면 편류각은 감소한다.
  ※ 진기수방위와 바람각에 따라 편류각이 증감한다.
① 편류 수정: 진항로/진코스(TC) 유지를 위해 기수를 바람이 불어오는 쪽으로 수정하여 비행한다.
② 조정 각도를 편류 수정각으로 적용한다.
③ 편류 수정법: 편류각과 편류 수정각은 평행사변형 방법을 적용하여 결정한다.

(2) 속도삼각형 3-벡터(6요소)
  ① 비행 중 알고 있는 요소: TH, TAS(CAS), WD, WS → TR/GS 산출
  ② 비행하려 할 때 알고 있는 요소: TC, TAS, WD, WS → TH/GS 산출
  ③ 비행 중 현재 TH와 TAS를 알고 항공도에서 TR과 거리를 알 때 → WD/WS 산출

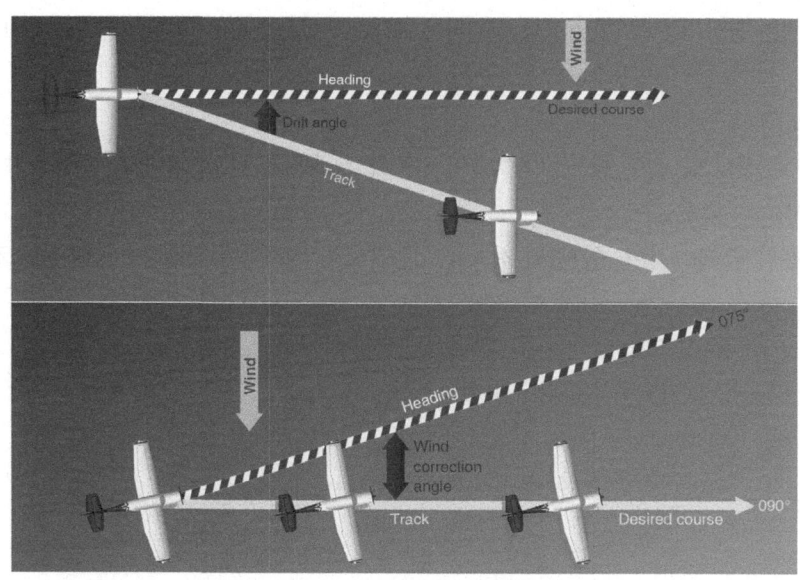

[그림3-2] 편류와 바람수정각

[5] 추측항법 실행

(1) 작도(plotting): 출발지 공항과 항로 그리고 목적지 공항까지의 항로 등을 선 또는 점으로 항공도상에 표시하는 것으로 항공기의 진행 상태를 표시한다.

(2) 항행기록부(navigation log): 시각, 고도, 속도, 기수방위, 실제 항적 변화, 실측 위치를 얻기 위한 위치 및 위치선을 연속으로 기록한 것이다.
  [기록내용]
  • 비행계획서에 기초한 항행기록부 작성
  • 비행 중 사항: 항법 제원 변화(고도, CAS, 기온변화), 바람과 기수방위 또는 TR 변화, 실측 계산, 편류 변화, 확인점 시각/위치, 위치보고 시각 및 위치, 기타

(2) 위치 표시
① Fix(fixed position): 항행안전시설을 이용하여 실측한 2개 이상의 위치선이 교차하는 지점이다.
② DR(dead reckoning position): 계산반을 이용하여 TR/TAS를 구한 후 경과시간에 따라 산출된 위치이다.
③ AP(air position): TH/TAS의 시간적 위치이고 바람에 따라 다르다.
   AP+WD/WS = DR, 무풍시 DR = AP

(3) 선회반경과 선회율
선회반경(radius of turn)은 항공기가 선회하는 데 필요한 수평 거리이다. 선회반경은 경사각과 TAS의 제곱에 따라 달라진다. 따라서 속도(TAS)가 증가하면 선회반경은 더 커진다. 항공기의 표준율 선회(rate

of turn; ROT)는 통상 2분 동안 360°를 선회하는 초당 3° 선회율이다. 고속 항공기는 반표준율 선회를 적용한다.

[선회율과 속도]
일정 경사각으로 선회 중 속도 증가는 선회율이 감소하고, 속도가 감소했을 때는 선회율이 증가한다.

[선회율과 경사]
일정 속도로 선회 중 경사각이 증가하면 선회율이 증가하고, 경사각이 감소하면 선회율도 감소한다.

(1) 선회율(rate of turn; ROT)
선회율(rate of turn; ROT) 공식은 다음과 같다.

$$ROT = \frac{1{,}091 \times tangent\ of\ the\ bank}{TAS} = \frac{1{,}091 \times 0.5773}{240} = 2.62\ degrees\ per\ second$$

(2) 선회반경(radius of turn)
선회반경(radius of turn)은 다음과 같은 공식을 적용해서 산출한다.

$$R = \frac{TAS^2}{11.26 \times tangent\ of\ the\ bank\ (30°)} = \frac{120^2}{11.26 \times 0.5773} = \frac{14{,}400}{6.50096} = 2{,}215$$

(4) 등시점(equal time point; ETP)
등시점(ETP; equal time point) 또는 임계점(CP; critical point)은 출발지와 목적지 사이 동일 거리가 되는 지점이다. 이것은 항로 비행 중 엔진고장과 같은 비상상황에서 어느 지점이 더 가까운 거리에 있는지를 결정하는 데 도움이 된다. A등급 항공기(9인승 이상 또는 최대이륙중량 5,700kg 이상 다발엔진 터보프롭 비행기 그리고 모든 다발엔진 터보제트 비행기)는 적합한 교체 공항으로부터 한-엔진 고장 순항속도와 정적 공기에서 90분 이상 비행할 때 모든 구간에서 등시점(ETP or CP)을 계산해야 한다. 등시점(ETP or CP)은 다음과 같은 공식을 적용해서 구한다.

출발 공항(A)에서 등시점(C)까지 거리 = $\frac{D \times H}{H + O}$

여기서
D: 두 지점(A~B) 사이의 전체 거리(NM)
H: ETP(C)에서 출발 공항(A)로 돌아오는 대지속도(knots)
O: ETP(C)에서 목적지 공항(B)까지 대지속도(knots)

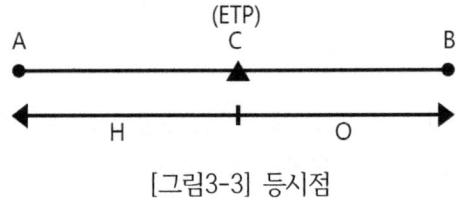

[그림3-3] 등시점

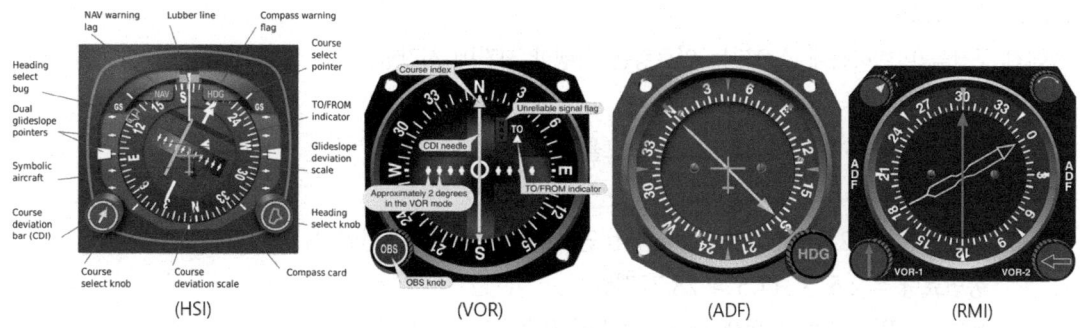

[그림3-4] 무선항법 계기

[6] 무선항법 계기

(1) 주요 무선항법에 사용되는 계기는 다음과 같다.

① VOR
② HSI(EHSI)
③ RMI
④ ADF

(2) VOR 위치결정(orientation)

VOR 계기를 이용한 위치결정은 TO/FR 지시기와 선택 레디얼의 관계를 이용해서 항공기가 VOR 송신소로부터 어디에 있는지 결정한다.

(3) ADF 위치결정(orientation)

ADF 계기는 방위판이 고정된 계기(구형)와 회전형 ADF 계기가 있다. 현재는 대부분 회전형 ADF 계기가 사용된다. 이 ADF 계기는 기수방위(heading)와 함께 지시하기 때문에 ADF 지시침 꼬리가 지시하는 방위(bearing)가 항공기 위치이다.

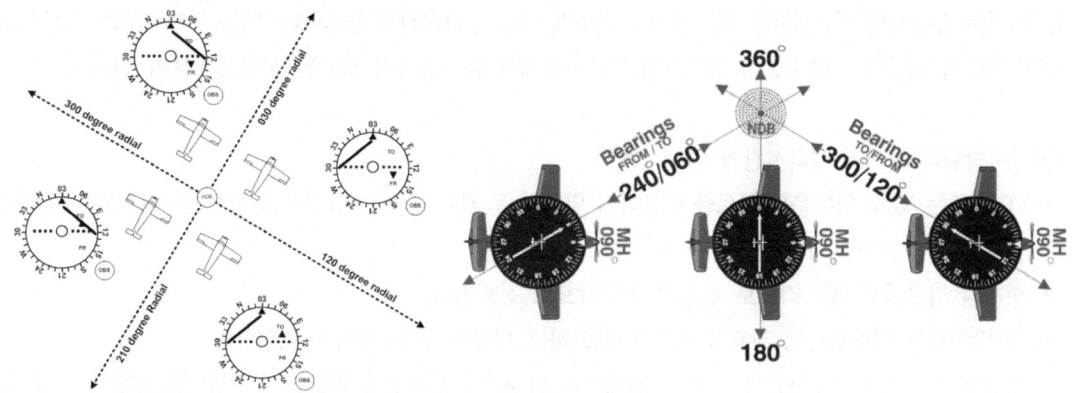

[그림3-5] VOR/ADF 위치결정(오리엔테이션)

[7] 연료 소모량

정해진 구간을 비행하는데 소요되는 연료량은 비행한 시간에 시간당 연료소모율을 곱해서 구할 수 있다.

[총연료량 = 비행시간 × 시간당 연료소모율]

[예문1] 항로 시간이 2시간 30분이고 시간당 연료소모율이 11.5갤런일 때 총연료량은?
　　　　총연료량 = 2.5 × 11.5 = 28.75갤런
　　　　비행시간을 산출하기 위해서는 거리를 대지속도로 나누어준다.
　　　　[비행시간 = 비행거리 ÷ 대지속도]

[예문2] 총비행거리 60NM을 대지속도 90노트로 비행했을 때 경과시간은?
　　　　비행시간 = 60 ÷ 90 = 0.66시간

[응용문제] 시간당 연료소모율이 10.5갤런이고 대지속도가 140노트일 때 560NM을 비행하는 데 소요되는 총연료량은 얼마인가?
　　　　- 비행시간 = 560 ÷ 140 = 4시간
　　　　- 총연료량 = 4 × 10.5 = 42갤런
　　　　※ 시간당 연료소모율은 총연료 소모량을 비행한 시간으로 나누어 산출할 수 있다.

[8] 송신소까지 시간, 거리, 연료 산출

(1) 이등변삼각형에 의한 방법

[그림3-6] 위 그림과 같이 삼각형의 두 각이 같으면 두 면의 길이가 같은 이등변삼각형의 원리를 이용한 방법이다.

① 인바운드 중인 레디얼에서 좌우로 R-10°를 선정한다. 그림에서는 R-270°를 비행 중 오른쪽의 R-260°를 선정했다.
② 선정된 레디얼을 향하여 10° 선회하고 시간을 체크한다.
③ CDI가 중앙이 될 때까지 일정한 기수방위(heading)를 유지하고 경과시간을 체크한다.
④ 여기서 송신소까지의 시간은 10° 방위각 변화에 대한 경과시간과 동일하다. 예를 들어 그림의 "②"지점에서 "③"에 도달하는 데 8분이 걸렸다면 "③"지점에서 송신소까지 소요된 시간은 8분이 된다.

(2) 두 방위각 사이의 경과시간에 의한 방법

① VOR 또는 NDB 인바운드 항로를 이용하여 임의의 두 레디얼 또는 방위각을 선정한다. [그림3-6] 아래 그림과 같이 R-270°와 R-260°를 선정했다.
② 현재의 항로에서 90° 각으로 선정된 방위각으로 선회한다.
③ 두 방위각을 비행하는데 경과한 시간을 체크하고 다음과 같은 공식에 대입한다.
④ NDB에서는 송신소와 90° 각을 이룬 상태에서 날개끝의 변화량을 관찰할 수 있고 VOR에서는 CDI를 이용하여 경과시간을 산출할 수 있다.

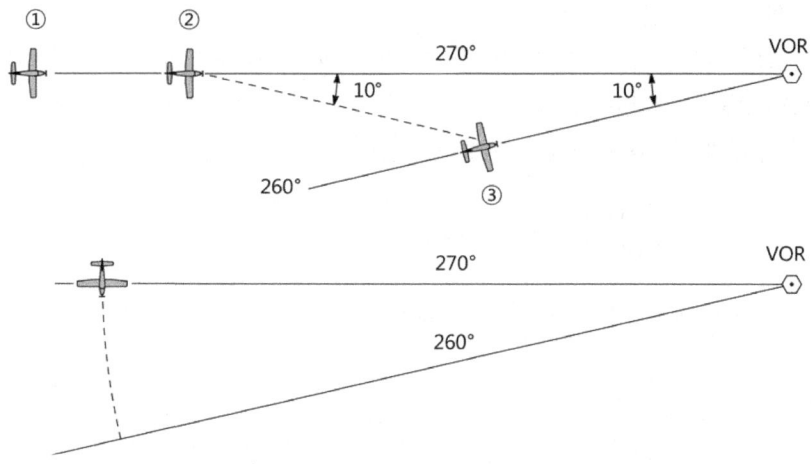

[그림3-6] 이등변삼각형 방법과 날개끝 방위각 변화량 측정

$$송신소까지의\ 시간(분) = \frac{60 \times 두\ 방위각\ 비행시간}{방위각\ 변화량}$$

$$송신소까지의\ 거리(NM) = \frac{TAS \times 두\ 방위각\ 비행시간}{방위각\ 변화량}$$

$$총연료량 = \frac{시간당 연료소모율 \times 송신소까지 비행시간(분)}{60}$$

[예문] 그림에서 10°의 방위각이 변화하는데 경과한 시간이 3.5분이고 항공기의 TAS가 90노트일 때 송신소까지의 시간과 거리는 얼마인가? (연료소모율 15GPH)
- 송신소까지의 시간 = (60 × 3.5) ÷ 10 = 21분
- 송신소까지의 거리 = (90 × 3.5) ÷ 10 = 31.5NM
- 총연료량 = (15 × 21) ÷ 60 = 5.3갤런

(3) 항로이탈 수정법

상대방위각이 특정 시간에 두 배가 되었을 때 송신소까지의 시간이 두 배가 되는데 경과한 시간이 된다. 예를 들어 상대방위각이 두 배가 되는데 소요된 시간이 5분이라면 현재 위치에서 송신소까지의 시간은 5분이 된다.

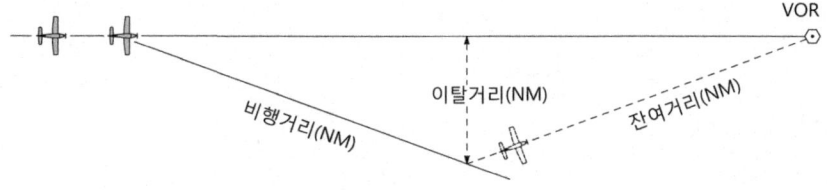

[그림3-7] 항로이탈 수정법

[9] 항로이탈 수정각 산출

[그림3-7]과 같이 예정된 항로를 따라 비행한 후 항공기의 위치를 확인했을 때 원하는 항로에서 벗어나 있다면 항로를 수정하는 방법이다.

① 1차 수정: 원래의 항로와 평행하게 비행하기 위한 수정각

$$1\text{차 수정} = \frac{\text{이탈거리}(NM)}{\text{비행거리}(NM)} \times 60$$

② 2차 수정: 목적지 송신소에 진입하기 위한 수정각

$$2\text{차 수정} = \frac{\text{이탈거리}(NM)}{\text{잔여거리}(NM)} \times 60$$

따라서 총수정각은 위의 두 수정각을 더한 값이 된다.

(예문) [그림3-7]과 같이 80NM을 비행한 후 원래의 항로로부터 약 6NM이 벗어났다. 송신소까지는 아직도 120NM이 남아있을 때 송신소에 진입하기 위한 총수정각은 얼마인가?
- 1차 수정각 = (6 ÷ 80) × 60 = 4.5°
- 2차 수정각 = (6 ÷ 120) × 60 = 3°

따라서 송신소에 진입하기 위한 총수정각은 4.5 + 3 = 7.5°가 된다.

[10] DME 원호의 비행거리 산출

[그림3-8]과 같이 DME 거리가 지정된 공항에서 DME 아크(arc)를 따라 비행했을 때 원호의 길이는 다음과 같은 공식에 적용하여 계산한다.

$$\text{비행거리} = \frac{DME\text{ 거리} \times \text{비행 방위각}}{60}$$

그림과 같이 DME 거리가 15NM일 때 R-300°에서 R-010°까지 비행했다면 원호의 거리는 다음과 같다.
  (15 × 70) ÷ 60 = 17.5NM

따라서 조종사가 R-300°부터 R-010°까지 70°의 방위각을 비행했을 때 원호(arc) 비행거리는 17.5NM이 된다.

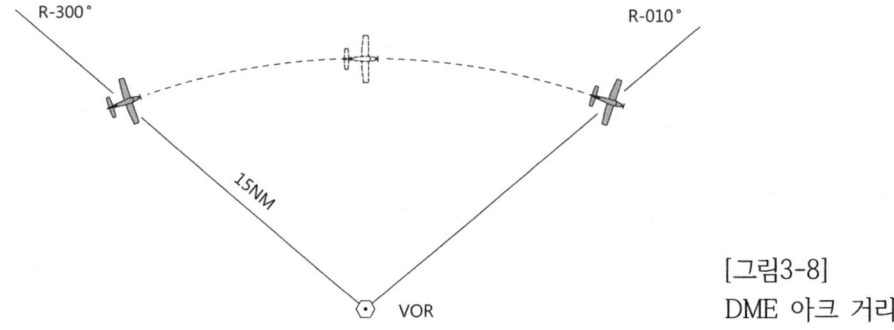

[그림3-8]
DME 아크 거리

[11] 비행계획서
비행계획서를 작성할 때 다음 사항에 유의하여 작성한다. [그림3-9, p, 70]
① 기입은 첫 번째 공란부터 시작하고 남는 공란은 비워 둔다.
② 모든 시간은 4자리 세계표준시(UTC)로 기입한다.
③ 모든 예상 경과 시간은 4자리 수(시간과 분)로 기입한다.
④ 항목3부터 시작되는 명암 처리된 공간은 ATC 기관에서 기입한다.
⑤ 조종사는 항목7부터 18까지 기입한다.
⑥ 항목19는 ATC 기관의 요구가 있거나 필요할 때 기입한다.

[항목7] 항공기 식별(최대 7개 문자)
항공기 식별(AIRCRAFT IDENTIFICATION)은 등록 기호(marking)를 기입한다.
(EIAKO, 4XBCD, N123B, KE002)

[항목8] 비행규칙과 비행방식(1~2개 문자)
① 비행 규칙(FLIGHT RULES): 조종사가 의도하는 다음 문자 중 하나를 기입한다.
  • I: IFR   • V: VFR
② 비행방식(TYPE OF FLIGHT): ATC에서 요구할 때 다음 문자 중 하나를 기입한다.
  • S: 정기 운송용 항공기   • M: 군용기
  • N: 부정기 운송용 항공기   • X: 이외의 항공기
  • G: 일반 항공기

[항목9] 항공기 수와 형식, 및 후류난기류 범주
① 항공기의 수(NUMBER; 1~2개 문자): 한 대 이상이라면 항공기 수를 기입한다.
② 항공기 기종(TYPE OF AIRCRAFT; 2~4개 문자): ICAO 지정 기호(DESIGNATOR)가 가용하다면 항공기 형식 지정 기호를 기입한다. 이 같은 지정 기호가 부여되지 않았거나 한 형식 이상의 항공기가 편대 비행할 때는 "ZZZZ"를 기입하고 항목18에 "TYP/...."로 시작하여 항공기 수와 형식들을 기입한다.
③ 후류난기류 범주(WAKE TURBULENCE CAT; 1개 문자): 빗금 "/" 다음에 항공기의 후류난기류 범주를 나타내는 다음 문자 중 하나를 기입한다.
  • H(HEAVY) - 최대이륙중량 136,000kg 이상 항공기
  • M(MEDIUM) - 최대이륙중량 136,000kg 이하 7,000kg 이상 항공기
  • L(LIGHT) - 최대이륙중량 7,000kg 또는 그 이하 항공기

[항목10] 장비(EQUIPMENT)-[별표1] [별표2] 참고

[항목13] 출발 공항과 시간(8개 문자)
① 출발 공항(DEPARTURE AERODROME)의 ICAO 네 문자 위치 식별문자를 기입한다. ICAO 식별문자가 없다면 "ZZZZ"를 기입하고 항목18에 "DEP/ "로 시작하여 공항 명칭을 기입한다.
② 시간(TIME)은 출발 전 제출되는 비행계획서의 예상출발시간을 기입하고 비행 중 제출하는 비행계획서의 시간은 비행계획서가 적용되는 첫 구간 상공에 도달하는 예상 시간을 기입한다.

[항목15] 순항속도, 비행고도, 항로
① 순항속도(CRUISING SPEED; 최대 5개 문자): 순항 구간의 첫 번째 또는 전체의 TAS를 기입한다.
- 단위가 킬로미터(kilometer)일 때는 K자 뒤에 4자리 수. (예) K0850
- 단위가 노트(knot)일 때는 N자 뒤에 4자리 수. (예) N0450
- 단위가 마하(Mach)일 때는 M자 뒤에 3자리 수. (예) M082

② 고도(LEVEL; 최대 5문자): 순항 구간의 첫 번째 또는 전체의 순항고도를 기입한다.
- 비행고도(FL)일 때는 F자 다음에 3자리 수(F080, F330)
- 표준 미터 층을 10미터 단위로 나타낼 때는 S자 다음에 4자리 수 (S1130)
- 고도를 100피트 단위로 나타낼 때는 A자 다음에 3자리 수(A045, A200)
- 고도를 10미터 단위로 나타낼 때는 M자 다음에 4자리 수(M0850)
- 비관제 공역 VFR 비행은 문자 VFR

③ 항로(ROUTE, 속도, 고도 및 비행규칙 변경 포함)
ⓐ 지정된 ATS 항로(2~7개 문자): 표준 출발 또는 도착 항로에 할당된 코드 지정번호를 포함하여 항로 또는 항로 구간에 할당된 코드 지정번호를 기입한다.(BCN1, B1, R14)
ⓑ 중요 지점(2~11개 문자): 그 지점에 지정번호 코드(2~5개 문자)를 기입하고
(LN, MAY, HADDY) 지정번호 코드가 없다면 다음 중 하나를 기입한다.
- 좌표에서 도(DEGREES)만 표시(7개 문자): 위도의 도를 2자리 수로 나타내고 다음에 북위(N), 남위(S)를 표시하고, 3자리 수로 경도의 도를 표시하고 동경(E), 서경(W)을 표시한다. 7개 문자를 구성하기 위해서 0을 삽입한다. (47N088W)
- 좌표의 도(DEGREES)와 분(MINUTES)을 표시(11개 문자): 위도와 10분 단위 분을 4자리 수로 기입하고 이어서 북쪽(N), 남쪽(S)을 표시한다. 경도와 10분 단위 분을 5자리 수로 기입하고 동쪽(E), 서쪽(W)을 표시한다. 11개 문자를 구성하는 데 필요할 때 0을 삽입한다. (4630N08705W)

ⓒ 항법시설로부터 방위와 거리: 항법시설의 식별(일반적으로 VOR)을 2개 문자 또는 3개 문자로 표시하고, 방위각은 3자리 수 자북으로 표시한다. 항법시설로부터 거리는 3자리 수 NM로 표시하고 6자리 수를 구성하는 데 필요할 때 0을 삽입한다. (SEL180050)

④ 속도와 고도 변경: 진대기속도(TAS) 5% 또는 마하 0.01 또는 그 이상 변화되는 지점 또는 곧 변화가 계획된 지점을 기입한다. 위치는 중요 지점에서 표기하는 방법과 동일하게 적용하고 "/"을 긋고 순항속도와 고도를 표기하는 방법과 같이 여백 없이 표기한다.

(예) LN/N0284A045, MAY/N0305F180
    HADDY/N0420F330
    4602N07805W/M082F330
    46N078W/M082F330

⑤ 비행규칙 변경(최대 3개 문자): 비행계획 변경이 계획된 지점은 중요 지점 표기와 속도 또는 고도의 변경을 표기하는 방법과 동일하게 나타내고 여백을 두고 다음 중 하나를 기입한다.
- VFR: IFR에서 VFR로 전환
- IFR: VFR에서 IFR로 전환

(예) LN VFR, LN/N0284A050 IFR

⑥ 순항 상승(최대 28개 문자): 문자 "C" 다음에 "/"로 시작하여 지점은 중요 지점을 표기하는 방법과 동일하게 적용하고 "/" 한 다음 순항 상승 중에 유지할 속도는 순항속도를 표기하는 방법과 동일하게 적용한다. 순항 상승 중 차지하게 될 두 고도를 순항고도를 기입하는 방법으로 기입하거나 계획된 순항고도 이상은 간격 없이 "PLUS"를 기입한다.

(예) C/48N060W/M082F280F320,
　　 C/48N060W/M082F280PLUS

[항목16] 목적지 공항, 총예정 비행시간, 교체공항, 제2의 교체공항

① 목적지 공항(DESTINATION AERODROME)과 총예정 비행시간(8개 문자): 목적지 공항의 ICAO 4개 지정 문자를 기입한다. ICAO 지정 문자가 없을 때는 "ZZZZ"를 기입하고 항목18에 "DEST/ "로 시작하여 공항 명칭을 기입한다.

② 총예정 비행시간(TOTAL EET): 총예정 비행시간을 시간과 분으로 나누어 기입한다.

③ 교체공항(ALTN AERODROME; 4개 문자): 교체공항의 ICAO 식별문자를 기입한다. ICAO 지정 문자가 없을 때는 "ZZZZ"를 기입하고 항목18에 "ALTN/ "으로 시작하여 공항 명칭을 기입한다.

④ 제2의 교체공항(2ND ALTN AERODROME; 4개 문자): 교체공항에도 착륙할 수 없을 때를 대비하여 제2의 교체공항을 선정하여 ICAO 식별문자를 기입한다.

[항목18] 기타 정보

기타 정보(OTHER INFORMATION)가 없을 때는 "0"을 기입하고 아래에 열거된 기타 필수 정보가 있을 때는 해당 지시 문자 다음에 필요 정보를 기입한다.

　EEF/ 중요 지점들 또는 FIR 경계선과 그들 지점까지 총예상 경과 시간
　　(예) EEF/CAP0745 XYZ0830
　　　　EEF/EINN0204
　RIF/ 수정된 목적지 공항에 대한 세부 항로를 기입하고 그 공항의 ICAO 4문자 위치
　　지정자를 기입한다.
　　　(예) RIF/DTA HEC KLAX
　　　　　RIF/ESP G49 CLA APPH
　REG/ 항목7의 항공기 식별이 다르다면 항공기의 등록 표식을 기입한다.
　SEL/ATC 기관이 지정한 특별 코드
　OPR/항목7의 항공기 식별과 불분명하다면 운용자 성명
　STS/ATC 기관에 의해서 특별히 취급되어야 하는 이유. 예를 들어 병원 항공기 또는
　　한 엔진 고장에서 한쪽 엔진으로 운용되는 항공기
　　(STS/HOSP, STS/ONE ENG INOP)
　TYP/항목9에 "ZZZZ"를 기입했다면 항공기 형식을 기입한다.
　PER/항공기 성능을 기입한다.
　COM/ATC 기관에서 요구하는 통신장비에 관한 중요 데이터
　　(예) COM/UHF only

DAT/데이터 연결 성능에 관한 중요 데이터를 S, H, V, M 중 하나 또는 그 이상 문자를 같이 기입한다.

  (예) DAT/S --- 위성 데이터 링크
    DAT/H --- HF 데이터 링크
    DAT/V --- VHF 데이터 링크
    DAT/M --- SSR Mode S 데이터 링크

NAV/ ATC 기관이 요구하는 항법장비에 관한 중요 데이터
DEP/항목13에 "ZZZZ"를 기입했다면 출발 공항의 명칭
DEST/항목16에 "ZZZZ"를 기입했다면 목적지 공항의 명칭
ALTN/항목16에 "ZZZZ"를 기입했다면 목적지 교체공항의 명칭
RALT/항로 교체공항의 명칭.
RMK/ATC 기관의 요구가 있거나 필요한 기타 정보를 기술한다.

[항목19] 보충 정보(SUPPLEMENTARY INFORMATION)
① 항속시간(ENDURANCE): E/항속시간을 시간과 분으로 기입한다.
② 탑승 인원(PERSON ON BOARD): P/관제기관의 요구가 있을 때 모든 탑승인원수를 기입한다. 비행계획서를 접수하는 시기에 탑승 인원을 모를 때는 "TBN"을 기입한다.
③ 비상 장비 및 생존 장비
R/(RADIO)
- UHF 243.0MHz가 가용하지 않으면 U자를 지워라.
- VHF 121.5MHz가 가용하지 않으면 V자를 지워라.
- 비상위치비컨 항공기(ELBA or ELT)가 아니면 E자를 지워라.

S/(SURVIVAL EQUIPMENT): 생존 장비를 적재하지 않았다면 모든 부호 지움
 (POLAR; P); 극지방 생존 장비를 적재하지 않았다면 P자를 지워라.
 (DESERT; D); 사막 지역 생존 장비를 적재하지 않았다면 D자를 지워라.
 (MARITIME; M); 해상 생존 장비를 적재하지 않았다면 M자를 지워라.
 (JUNGLE; J); 정글 생존 장비를 적재하지 않았다면 J자를 지워라.
J/(JACKETS; 구명조끼); 구명조끼를 적재하지 않았다면 모든 지정 부호를 지워라.
 (LIGHTS; L); 구명조끼에 등화 장비가 없으면 L자를 지워라.
 (FLUORES; F); 구명조끼에 형광물질이 없으면 F자를 지워라.
 (UHF; U) (VHF; V); 구명조끼의 무선 장비와 같이 U, V자 또는 모두 지움
D/(DINGHIES; 구명보트); 구명보트를 적재하지 않았다면 D와 C자를 지워라.
 (NUMBER) 구명보트를 적재했다면 대수를 기입한다.
 (CAPACITY): 적재된 구명보트에 탑승할 수 있는 총인원을 기입한다.
 (COVER): 구명보트가 포장되어 있지 않다면 C자를 지워라.
 (COLOUR): 적재된 구명보트의 색을 기입한다.
A/(AIRCRAFT COLOUR AND MARKINGS): 항공기 색을 기입한다.

REMARKS
N/ • 비고 사항이 없다면 N자를 지워라.
• 탑재된 기타의 생존장비와 기타 비고 사항이 있다면 기입한다.
C/(PILOT-IN-COMMAND): PIC의 이름을 기입한다.
FILED BY
비행계획서를 접수하는 회사, 대리인 또는 사람의 이름을 기입한다.

[별표1]
Aircraft COM, NAV, and Approach Equipment Qualifier
다음 문자 중 하나를 기입한다.
• N-비행경로를 위한 COM/NAV/접근보조장비를 탑재하지 않았거나 장비를 사용할 수 없을 때
• S-비행경로를 위한 표준 COM/NAV/접근보조장비를 탑재하였고 사용 가능할 때
• AND/OR-작동 가능한 COM/NAV/접근보조장비를 표시하려면 다음 문자 중 하나 이상을 기입한다.

[별표2]
Surveillance Equipment Codes(Transponder, ADS-B, ADS-C)
• N-비행경로를 위한 감시 장비를 탑재하지 않았거나 장비를 사용할 수 없을 때
• S-비행경로를 위한 표준 COM/NAV/접근보조장비를 탑재하였고 사용 가능할 때
• AND/OR-사용 가능한 감시 장비 또는 성능을 기술하기 위해서 다음 서술자(descriptor) 중 하나 이상을 기입한다. 최대 20개의 문자를 기입할 수 있다. [별표2]

[별표1]

A	GBAS landing system	J6	CPDLC FANS 1/A SATCOM (MTSAT)
B	LPV (APV with SBAS)	J7	CPDLC FANS 1/A SATCOM (Iridium)
C	LORAN C	L	ILS
D	DME	M1	ATC RTF SATCOM (INMARSAT)
E1	FMC WPR ACARS	M2	ATC RTF (MTSAT)
E2	D-FIS ACARS	M3	ATC RTF (Iridium)
E3	PDC ACARS	O	VOR
F	ADF	P1-P9	Reserved for RCP
G	GNSS	R	PBN
H	HF RTF (HF Radio Telephone)	T	TACAN
I	INS	U	UHF RTF
J1	CPDLC ATN VDL Mode 2	V	VHF RTF
J2	CPDLC FANS 1/A HFDL	W	RVSM approved
J3	CPDLC FANS 1/A VDL Mode A/0	X	MNPS approved
J4	CPDLC FANS 1/A VDL Mode 2	Y	VHF 8.33 kHz channel spacing capability
J5	CPDLC FANS 1/A SATCOM (INMARSAT)	Z	Other equipment carried or other capabilities

1. G(GNSS)-문자 G를 기입했다면 어떠한 외부 GNSS 증강 종류는 Item 18에 지시자 NAV/ 공백으로 분리한 다음 지정되어야 한다.
2. N-COM/NAV 장비를 탑재하지 않았거나 사용할 수 없을 때
3. Q (Not allocated)
4. R-문자 R을 기입했다면 성능에 충족하는 성능 기반 항법 수준은 Item 18에 지시자 PBN/ 에 지정해야 한다.
5. S-해당 ATS 당국이 다른 결합을 규정하지 않는 한 VHF RTF, VOR, ILS로 구성된 표준 장비.
6. Z-문자 Z를 기입했다면 Item 18에 COM/, DAT/, or NAV 다음에 탑재한 다른 장비를 지정한다.

[별표2]

SSR Modes A and C	
A	Transponder-Mode A (4 digits - 4,096 codes)
C	Transponder-Mode A (4 digits - 4,096 codes) and Mode C
SSR Modes S	
E	Transponder-Mode S, including aircraft identification, pressure-altitude and extended squitter (ADS-B) capability
H	Transponder-Mode S, including aircraft identification, pressure-altitude and enhanced surveillance capability
I	Transponder-Mode S, including aircraft identification, but no pressure-altitude capability
L	Transponder-Mode S, including aircraft identification, pressure-altitude, extended squitter (ADS-B) and enhanced surveillance capability
P	Transponder-Mode S, including pressure-altitude, but no aircraft identification capability
S	Transponder-Mode S, including both pressure altitude and aircraft identification capability
X	Transponder-Mode S with neither aircraft identification nor pressure-altitude capability
ADS-B capability	
B1	ADS-B with dedicated 1090 MHz ADS-B "out" capability
B2	ADS-B with dedicated 1090 MHz ADS-B "out" and "in" capability
U1	ADS-B "out" capability using UAT
U2	ADS-B "out" and "in" capability using UAT
V1	ADS-B "out" capability using VDL Mode 4
V2	ADS-B "out" and "in" capability using VDL Mode 4
ADS-C capability	
D1	ADS-C with FANS 1/A capabilities
G1	ADS-C with ATN capabilities

FLIGHT PLAN

PRIORITY: ≪ ≡ FF →
ADDRESSESS(S):

FILING TIME | **ORIGINATOR**

SPECIFIC IDENTIFICATION OF ADDRESSEE(S) AND/OR ORIGINATOR

3 MESSAGE TYPE: ≪ ≡ (FPL
7 AIRCRAFT IDENTIFICATION: G D I X Y
8 FLIGHT RULES: V
TYPE OF FLIGHT: G

9 NUMBER: ☐
TYPE OF AIRCRAFT: P 2 8 A
WAKE TURBULENCE CAT: / L
10 EQUIPMENT: S / S

13 DEPARTURE AERODROME: E G M A
TIME: 0 8 3 0

15 CRUISING SPEED: N 0 1 1 0
LEVEL: V F R → DCT BPK DCT DVR DCT
EET/LFFF0055
RMK/+337723321654

TOTAL EET

16 DESTINATION AERODROME: L F A T
HR. MIN: 0 1 1 0
ALTN AERODROME: L F A C
2ND ALTN AERODROME: E G M C

18 OTHER INFORMATION

SUPPLEMENTARY INFORMATION (NOT TO BE TRANSMITTED IN FPL MESSAGES)

19 ENDURANCE
HR. MIN: E/ 0 5 0 0
PERSONS ON BOARD: P/ 0 0 3
R/ UHF:☒ VHF:V ELBA:E

SURVIVAL EQUIPMENT: ☒ / POLAR:☒ DESERT:☒ MARITIME:☒ JUNGLE:☒
JACKETS: J / LIGHTS:L FLUORES:☒ UHF:☒ VHF:☒

DINGHIES: D /
NUMBER: 0 1
CAPACITY: 0 0 6
COVER: C
COLOUR: RED

AIRCRAFT COLOUR AND MARKINGS: A / WHITE/BLUE

REMARKS: ☒ /

PILOT-IN-COMMAND: C / Kim woo

FILED BY

SPACE RESERVED FOR ADDITIONAL REQUIREMENTS

[그림3-9] 비행계획서

[12] Chart Supplement

NEBRASKA 271

LINCOLN (LNK) 4 NW UTC−6(−5DT) N40°51.05' W96°45.55' **OMAHA**
1219 B S4 **FUEL** 100LL, JET A TPA—See Remarks ARFF Index—See Remarks H−5C, L−10I
NOTAM FILE LNK IAP, AD 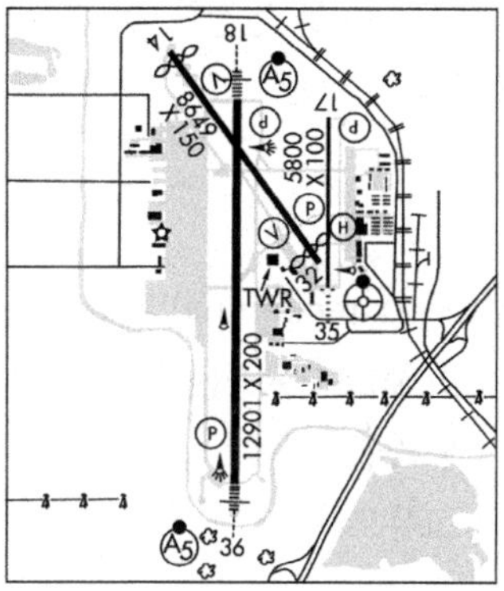
RWY 18−36: H12901X200 (ASPH−CONC−GRVD)   S−100, D−200,
  2S−175, 2D−400   HIRL
  RWY 18: MALSR. PAPI(P4L)—GA 3.0° TCH 55'. Rgt tfc.   0.4%
   down.
  RWY 36: MALSR. PAPI(P4L)—GA 3.0° TCH 57'.
RWY 14−32: H8649X150 (ASPH−CONC−GRVD)   S−80, D−170,
  2S−175, 2D−280   MIRL
  RWY 14: REIL. VASI(V4L)—GA 3.0° TCH 48'. Thld dsplcd 363'.
  RWY 32: VASI(V4L)—GA 3.0° TCH 50'. Thld dsplcd 470'.
   Pole.   0.3% up.
RWY 17−35: H5800X100 (ASPH−CONC−AFSC)   S−49, D−60
  HIRL   0.8% up S
  RWY 17: REIL. PAPI(P4L)—GA 3.0° TCH 44'.
  RWY 35: ODALS. PAPI(P4L)—GA 3.0° TCH 30'. Rgt tfc.
RUNWAY DECLARED DISTANCE INFORMATION
  RWY 14: TORA−8649   TODA−8649   ASDA−8649   LDA−8286
  RWY 17: TORA−5800   TODA−5800   ASDA−5400   LDA−5400
  RWY 18: TORA−12901 TODA−12901 ASDA−12901 LDA−12901
  RWY 32: TORA−8649   TODA−8649   ASDA−8286   LDA−7816
  RWY 35: TORA−5800   TODA−5800   ASDA−5800   LDA−5800
  RWY 36: TORA−12901 TODA−12901 ASDA−12901 LDA−12901
AIRPORT REMARKS: Attended continuously. Birds invof arpt. Rwy 18 designated calm wind rwy. Rwy 32 apch holdline
  on South A twy. TPA−2219 (1000), heavy military jet 3000 (1781). Class I, ARFF Index B. ARFF Index C level
  equipment provided. Rwy 18−36 touchdown and rollout rwy visual range avbl. When twr clsd MIRL Rwy 14−32
  preset on low ints, HIRL Rwy 18−36 and Rwy 17−35 preset on med ints, ODALS Rwy 35 operate continuously on
  med ints, MALSR Rwy 18 and Rwy 36 operate continuously and REIL Rwy 14 and Rwy 17 operate continuously
  on low ints. VASI Rwy 14 and Rwy 32, PAPI Rwy 17, Rwy 35, Rwy 18 and Rwy 36 on continuously.
WEATHER DATA SOURCES: ASOS (402) 474−9214. LLWAS
COMMUNICATIONS: CTAF 118.5   **ATIS** 118.05   **UNICOM** 122.95
  RCO 122.65 (COLUMBUS RADIO)
® **APP/DEP CON** 124.0 (180°−359°) 124.8 (360°−179°)
  TOWER 118.5 125.7 (1130−0600Z‡)   **GND CON** 121.9   **CLNC DEL** 120.7
AIRSPACE: CLASS C svc 1130−0600Z‡ ctc APP CON other times CLASS E.
RADIO AIDS TO NAVIGATION: NOTAM FILE LNK.
  (H) **VORTACW** 116.1   LNK   Chan 108   N40°55.43' W96°44.52'   181° 4.4 NM to fld. 1370/9E
  POTTS NDB (MHW/LOM) 385   LN   N40°44.83' W96°45.75'   355° 6.2 NM to fld. Unmonitored when twr clsd.
  ILS 111.1   I−OCZ   Rwy 18.   Class IB   OM unmonitored
  ILS 109.9   I−LNK   Rwy 36   Class IA   LOM POTTS NDB. MM unmonitored. LOM unmonitored when twr
   clsd.
COMM/NAV/WEATHER REMARKS: Emerg frequency 121.5 not available at twr.

LOUP CITY MUNI (0F4) 1 NW UTC−6(−5DT) N41°17.20' W98°59.41' **OMAHA**
2071 B **FUEL** 100LL   NOTAM FILE OLU L−10H, 12H
RWY 16−34: H3200X60 (CONC)   S−12.5   MIRL
  RWY 34: Trees.
RWY 04−22: 2040X100 (TURF)
  RWY 04: Tree.   **RWY 22:** Road.
AIRPORT REMARKS: Unattended. For svc call 308−745−1344/1244/0664.
COMMUNICATIONS: CTAF 122.9
RADIO AIDS TO NAVIGATION: NOTAM FILE OLU.
  WOLBACH (H) **VORTAC** 114.8   OBH   Chan 95   N41°22.54' W98°21.22'   253° 29.3 NM to fld. 2010/7E.

MARTIN FLD (See SO SIOUX CITY)

[그림3-10]

| 제3장 | 기출문제 및 예상문제

1. 시계비행 중 지상의 지형지물을 이용해서 항공기의 위치를 확인하거나 위치선(line of position; LOP)을 따라 자기 위치를 결정한 후 기수방위를 결정하는 방법은?
① 시계항법　　　　　　② 추측항법
③ 지문항법　　　　　　④ 천측항법

2. 추측항법(dead reckoning)의 원리는 간단하지만, 시간이 지날수록 오차가 커진다. 다음 중 오차가 커지는 가장 중요한 요소는 무엇인가?
① 조종사의 과실　　　　② 항공기의 속도 변화
③ 계기의 고유오차　　　④ 풍향 풍속의 변화

3. 추측항법(dead reckoning)에서 추측 위치를 나타내는 부호는?
① ✛　　　② ▣
③ △　　　④ ⊙

【해설】①은 공중위치(air position), ③은 고정위치(fix), 그리고 ④는 추측 위치를 나타낸다.

4. [그림3-11] 속도삼각형의 (A) 선은 무엇을 나타내는가?
① heading and true airspeed
② true course and ground speed
③ ground speed and true heading
④ magnetic heading and ground speed

5. [그림3-11] 속도삼각형의 (C) 선은 무엇을 나타내는가?
① 속도와 기수방위　　　② 대지속도와 항적
③ 진항로와 대지속도　　④ 대지속도와 진기수방위

6. [그림3-11] 속도삼각형의 (B) 선은 무엇을 나타내는가?
① wind direction and wind speed
② true course and ground speed
③ true heading and ground speed
④ airspeed and heading

【정답】 1.③　2.④　3.④　4.①　5.②　6.①

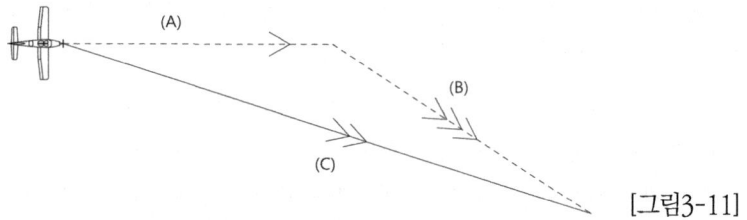

[그림3-11]

7. 공기의 이동이 항공기가 어디에서 이동하고 있는 속도에 영향을 주는가?
① 지표면 위에서 이동하는 항공기
② 편류를 수정하기 위해 동남쪽으로 이동하고 있는 항공기
③ 토크를 수정하기 위한 남쪽으로 이동하는 항공기
④ 바람을 따라 이동하고 있는 항공기
【해설】공기의 이동(motion of air)은 항공기가 지표면 위를 이동하고 있는 속도(ground speed)에 영향을 준다. 이것은 항공기의 대기속도(airspeed) 또는 공기 속을 통과해서 이동하는 속도에는 영향을 주지 않는다.

8. 북동쪽에서 불어오는 바람을 받으면서 항공기가 동쪽 코스로 비행하고 있다면 항공기 기수가 지향해야 하는 방향은?
① 편류를 수정하기 위해서 기수를 약간 동북쪽으로 향해야 한다.
② 편류를 수정하기 위해서 기수를 동남쪽으로 향해야 한다.
③ 토크를 수정하기 위해서 기수를 북쪽으로 향해야 한다.
④ 편류를 수정하기 위해서 기수를 약간 남동쪽으로 향해야 한다.
【해설】간단하게 그림을 그려 판단하면 쉽게 결정할 수 있다. 이 항공기는 편류(drift)를 수정하기 위해서 기수를 약간 동북쪽으로 향해야 한다.

9. 측풍 상황에서 ADF를 활용할 때 트래킹 절차에 대해서 맞는 것은?
① 아웃바운드 트래킹할 때 기수방위 수정은 반드시 ADF 지시침 반대로 적용해야 한다.
② 적절한 편류수정으로 원하는 인바운드 트래킹이 설정되었을 때 ADF 지시침은 기수 위치에서 바람이 불어오는 쪽으로 편향될 것이다.
③ 적절한 편류수정으로 원하는 아웃바운드 트래킹이 설정되었을 때 ADF 지시침은 기수 위치에서 바람이 불어오는 쪽으로 편향될 것이다.
④ 적절한 편류수정으로 원하는 아웃바운드 트래킹이 설정되었을 때 ADF 지시침은 꼬리 위치에서 바람이 불어오는 쪽으로 편향될 것이다.
【해설】ADF 지시침은 항상 송신소를 지시한다. 측풍(cross wind) 조건에서 기수는 항상 바람이 불어오는 방향으로 틀어 크래빙(crabbing)으로 기동한다.
• *인바운드; ADF 지시침은 기수 위치에서 바람이 불어오는 반대 방향으로 편향된다.*
• *아웃바운드; ADF 지시침은 꼬리 위치에서 바람이 불어오는 쪽으로 편향된다.*

【정답】 7.① 8.① 9.④

10. 측풍이 불고 있는 상황에서 ADF를 활용 중일 때 호밍(homing)에 대해서 맞는 것은?
① 송신소를 향한 곡선 비행경로를 초래한다.
② 송신소로부터 또는 송신소를 향하여 비행하기 위한 특정 항법의 한 형태이다.
③ 송신소를 향하기 위해서는 ADF가 자동 또는 수동으로 돌릴 수 있는 방위각을 갖추어야 한다.
④ ADF 지침의 머리와 계기 상부를 일치시켜 비행하면 직선 항적을 유지할 수 있다.

【해설】 ADF 지시침(needle)은 항상 송신소를 지시한다. 계기의 지시침을 계기 상부의 지표(index)에 맞추어 비행하면 송신소에 도달할 수 있다. 그러나 측풍은 항공기를 편류(drift)하게 만들고 조종사가 계속 지시침을 계기 상부 지표에 맞추고 비행하면 항적(track)은 곡선을 그리면서 송신소에 도달한다.

11. 측풍에서 ADF를 활용할 때 원하는 방위각을 유지하기 위한 트래킹에 대해서 맞는 것은?
① 아웃바운드 트래킹을 위해서 기수방위 수정은 ADF 지시침으로부터 멀어져야 한다.
② 적절한 편류수정으로 원하는 아웃바운드 트래킹이 설정되었을 때 ADF 지시침은 꼬리 위치의 바람 부는 반대쪽을 지시하게 될 것이다.
③ 적절한 편류수정으로 원하는 인바운드 트래킹이 설정되었을 때 ADF 지시침은 기수 위치의 바람 부는 반대쪽을 지시하게 될 것이다.
④ 적절한 편류수정으로 원하는 인바운드 트래킹이 설정되었을 때 ADF 지시침은 꼬리 위치의 바람 부는 쪽을 지시하게 될 것이다.

【해설】 NDB 송신소로부터 아웃바운드 트래킹 할 때 항공기 기수는 바람이 불어오는 쪽으로 크래빙하게 될 것이고, ADF 지시침은 머리 부분이 아래로 향하고 바람이 불어오는 측면으로 편향될 것이다.

12. Magnetic heading(MH)이 315°이고 ADF의 상대방위각(RB)이 140°를 지시하고 있다. 송신소로부터의 magnetic bearing(MB)은 얼마인가?
① 095°   ② 175°
③ 210°   ④ 275°

【해설】 자방위(MB)를 구하기 위해서는 다음과 같은 공식을 이용한다.
• MB(TO) = MH + RB, MB(FROM) = MB(TO) ± 180
• MB(TO) = 315 + 140 = 455 − 360 = 095
• MB(FROM) = 095 + 180 = 275

13. Magnetic heading(MH)이 250°이고 송신소를 향한 상대방위각(RB)이 140°이다. 송신소를 향한 magnetic bearing(MB)은 얼마인가?
① 050°   ② 040°
③ 030°   ④ 020°

【해설】 자방위(MB)를 구하기 위해서는 다음과 같은 공식을 이용한다.
• MB(TO) = MH + RB, MB(FROM) = MB(TO) ± 180
• MB(TO) = 250 + 140 = 390 − 360 = 030

【정답】 10.① 11.③ 12.④ 13.③

14. NDB 송신소를 향한 상대방위각(RB)이 345°이고, magnetic heading(MH)이 025°일 때 송신소로부터 magnetic bearing(MB)은 얼마인가?
① 190° ② 195°
③ 010° ④ 020°

【해설】 자방위(MB)를 구하기 위해서는 다음과 같은 공식을 이용한다.
• MB(TO) = MH + RB, MB(FROM) = MB(TO) ± 180

15. [그림3-12] 당신이 VOR 지시 (C)를 수신할 수 있는 항공기의 위치는?
① 2 ② 4
③ 6 ④ 5와 8번

【해설】 OBS는 180에 세팅되고 TO/FR 지시계는 FROM을 지시하고 있으므로 해당하는 항공기는 2, 5, 8 항공기이고 모두 송신소를 향하고 있다. 그러나 CDI는 좌로 편향되어 있어 항공기는 왼쪽에 있어야 한다.

16. [그림3-12] 당신이 VOR 지시 (E)를 수신할 수 있는 항공기의 위치는?
① 1과 3 ② 1과 4
③ 3과 7 ④ 7

【해설】 OBS는 180에 세팅되고 TO/FR 지시계는 어느 방향도 지시하지 않고 있으며 이는 항공기가 모호 구역(270도/090도)에 위치하기 때문이고 이에 해당하는 항공기는 1, 3, 7 항공기이다. OBS가 180도에 세팅되었고 CDI가 왼쪽으로 편향되었기 때문에 1번과 3번의 항공기가 해당한다. 7번 항공기는 CDI가 오른쪽으로 편향되어야 한다.

17. [그림3-12] 당신이 VOR 지시 (B)를 수신할 수 있는 항공기의 위치는?
① 1과 2 ② 1과 3
③ 3과 7 ④ 6

【해설】 OBS는 180에 세팅되어 있고 TO/FR 지시기는 TO를 지시하고 있으므로 항공기는 270°/090° 북쪽에 있다. CDI가 오른쪽으로 편향되어 있으므로 항공기는 R-360°의 오른쪽에 있어야 한다.

18. [그림3-12] 8번 항공기가 수신할 수 있는 VOR 지시계는?
① (A) ② (C)
③ (B) ④ (D)

【해설】 OBS가 180도에 세팅되어 있으므로 8번 항공기는 TO/FR 지시계가 FROM을 지시해야 한다. 접근 중이므로 CDI는 벗어난 방향으로 편향된다. 이를 수정하는 방법은 CDI의 반대 방향으로 수정해야 한다는 것에 주의한다.

【정답】 14.① 15.② 16.① 17.④ 18.④

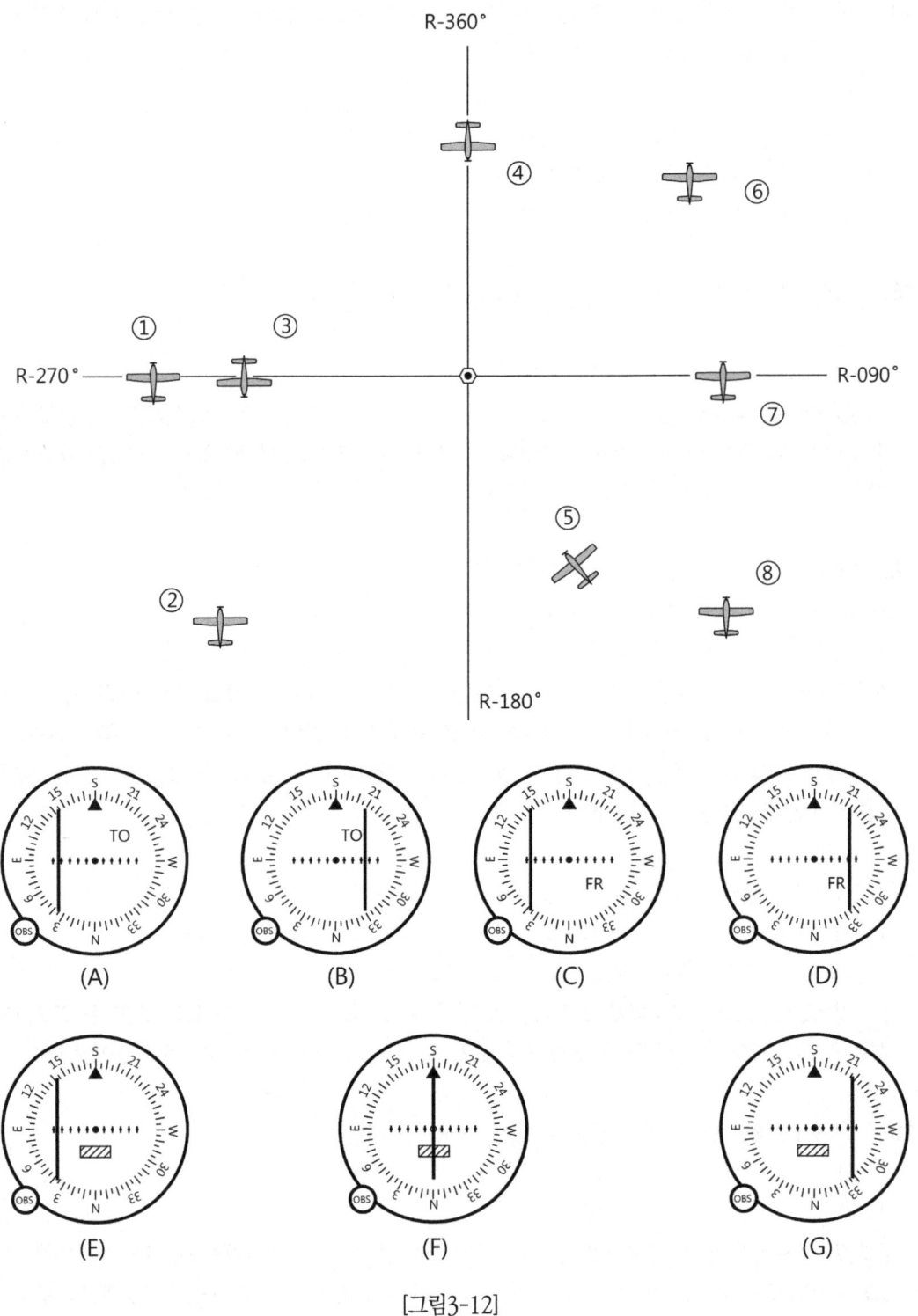

[그림3-12]

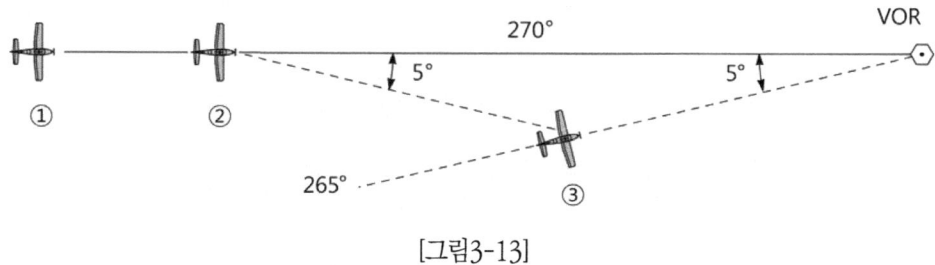

[그림3-13]

19. [그림3-12] 5번과 7번 항공기가 수신할 수 있는 VOR 지시계는?
① (A)와 (E)   ② (B)와 (E)
③ (C)와 (E)   ④ (D)와 (G)
【해설】 7번 항공기는 모호 구역(270°/090°)에 있으며 CDI는 항공기가 위치한 방향으로 편향되어야 한다.

20. [그림3-13] 항공기가 2번에서 3번 위치까지 비행하는데 13분이 지났다면 송신소까지 예상 시간은?
① 13분   ② 17분
③ 26분   ④ 30분
【해설】 송신소까지의 거리와 시간의 계산은 다음과 같은 이등변삼각형법을 적용한다.
  • 인바운드 레디얼을 선정한다.(R-270°)
  • 인바운드 중인 레디얼로부터 일반적으로 20° 이내의 레디얼을 선정(R-260°)한다.
  • 선정된 레디얼(R-260°)에서 CDI가 중앙이 되는 비행시간을 체크한다.
  • 선정된 레디얼에 도달한 시간이 송신소까지의 시간이 된다.

21. [그림3-13] 항공기가 2번 위치에서 15° 각도로 R-260°에 진입하는데 12분이 지났을 때 3번 위치에서 15° 각도로 송신소까지 비행하는 데 걸리는 시간은?
① 12분   ② 15분
③ 26분   ④ 30분

22. [그림3-14] 2번 위치에 항공기가 3번 위치까지 비행하는 데 15분이 걸렸다면 송신소까지 예상되는 시간은?
① 15분   ② 30분
③ 45분   ④ 60분
【해설】 송신소까지의 거리와 시간의 계산은 다음과 같은 이등변삼각형법을 적용한다.
  • 인바운드 레디얼을 선정한다.(R-090°)
  • 인바운드 중인 레디얼로부터 일반적으로 20° 이내의 레디얼을 선정한다.(R-105°)
  • 선정된 레디얼(R-105°)에서 CDI가 중앙이 되는 비행시간을 체크한다.
  • 선정된 레디얼에 도달한 시간이 송신소까지의 시간이 된다.

【정답】 19.④ 20.① 21.① 22.①

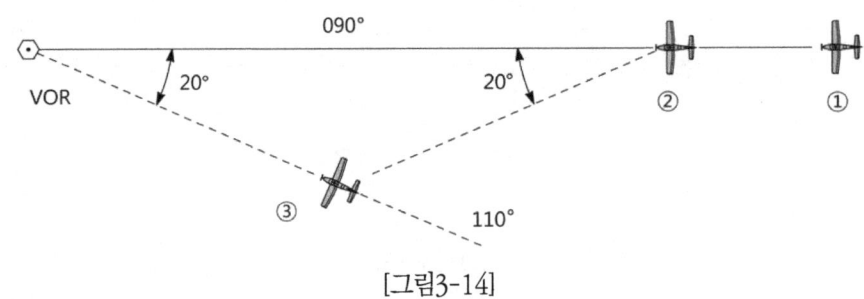

[그림3-14]

23. [그림3-14] 항공기가 2번 위치에서 10° 각도로 R-090°에 진입하는데 10분이 경과되었을 때 3번 위치에서 10° 각도로 송신소까지 비행하는 데 걸리는 시간은?
① 10분 ② 15분
③ 20분 ④ 25분

24. R-090°로 인바운드 중이고, 조종사가 OBS를 왼쪽으로 10° 돌리고 시간을 확인했다. 일정한 기수방위를 유지하던 중 CDI가 중앙이 될 때까지 8분이 경과되는 것을 알았다. 이 정보를 기준으로 송신소까지 ETE는?
① 4분 ② 8분
③ 16분 ④ 24분

[해설] 이등변삼각형법을 적용하고 있다. 조종사는 좌로 10°를 돌렸기 때문에 OBS는 R-080°이다. 선정된 레디얼까지 8분이 소요되었다는 것은 송신소까지 시간도 8분이 걸린다.

25. 자기수방위(MH) 270°와 TAS 120노트를 유지하던 중 VOR의 R-360°를 12:37에 통과했고, R-350°를 12:44에 통과했다. 송신소까지 대략적인 시간과 거리는?
① 42분과 84NM ② 42분과 91NM
③ 44분과 96NM ④ 46분과 98NM

[해설] 2개의 레디얼 통과시간을 이용하여 송신소까지 거리와 시간은 다음과 같은 공식을 적용하여 구한다.
- 송신소까지의 시간 = (60×7) ÷ 10 = 42분
- 송신소까지의 거리 = (120×7) ÷ 10 = 84NM

26. ADF 계기에 상대방위각(RB)이 265°에서 260°로 변화하는데 2분이 경과되었다. TAS 145노트라면, 송신소까지의 거리는?
① 26NM ② 37NM
③ 58NM ④ 65NM

[해설] 송신소까지의 거리 = (145×2) ÷ 5 = 58NM이다.

【정답】 23.① 24.② 25.① 26.③

27. ADF가 10°의 날개끝(wingtip)이 변화하는데 2분이 지시되고 TAS가 160노트라면, 송신소까지의 거리는?

① 15NM　　② 32NM
③ 36NM　　④ 42NM

【해설】 송신소까지의 거리 = (160×2) ÷ 10이다.

28. 자기수방위(MH) 090°와 TAS 110노트를 유지하던 중 VOR의 R-350°를 10:59에 통과했고, R-360°를 11:04에 통과했다. 송신소까지 대략적인 시간과 거리는?

① 30분과 55NM　　② 35분과 55NM
③ 30분과 60NM　　④ 35분과 60NM

29. 자기수방위(MH) 070°와 TAS 130노트를 유지하던 중 VOR의 R-160°를 15:44에 통과했고, R-150°을 15:49에 통과했다. 송신소까지 대략적인 시간과 거리는?

① 30분과 50NM　　② 35분과 55NM
③ 30분과 65NM　　④ 35분과 70NM

【해설】 • 송신소까지의 시간 = {(60×두 방위각 경과시간(분)} ÷ 방위각 변화량
• 송신소까지의 거리 = {(TAS×두 방위각 경과시간(분)} ÷ 방위각 변화량

30. 자기수방위(MH) 270°와 TAS 90노트를 유지하던 중 VOR의 R-250°를 13:29에 통과했고, R-255°를 13:33에 통과했다. 송신소까지 대략적인 시간과 거리는?

① 35분, 64NM　　② 42분, 70NM
③ 45분, 70NM　　④ 48분, 72NM

31. 다음과 같이 주어졌을 때 송신소까지의 거리는?
- 날개끝 방위각 변화　　5°
- 두 방위각 사이 경과시간　　5분
- TAS　　115노트

① 36NM　　② 57.5NM
③ 115NM　　④ 130NM

32. 다음과 같이 주어졌을 때 송신소까지의 거리는?
- 두 레디얼 변화　　10°
- 두 레디얼 사이 경과시간　　5분
- TAS　　130노트

① 65NM　　② 68NM
③ 70NM　　④ 72NM

【정답】 27.② 28.① 29.③ 30.④ 31.③ 32.①

【해설】 송신소까지의 거리는 = {(TAS×두 방위각 경과시간(분)} ÷ 방위각 변화량

33. ADF 상대방위각(RB)이 1.5분 경과시간에 095°에서 100°까지 변했다. 송신소까지 항로 비행시간은?
① 18분   ② 24분
③ 30분   ④ 35분
【해설】 송신소까지의 시간은 = {(60×두 방위각 경과시간(분)} ÷ 방위각 변화량

34. 일정한 헤딩을 유지하던 중 상대방위각(RB)이 5분에 배가 되어 10°가 되었다. TAS가 105노트라면, 송신소까지 대략적인 시간과 거리는?
① 5분과 8.7마일   ② 10분과 17마일
③ 15분과 31.2마일 ④ 18분과 32마일

35. 일정한 헤딩을 유지하던 중 6분 동안에 15°의 상대방위각(RB)이 두 배가 되었다. 송신소까지 비행하게 될 시간은?
① 3분   ② 6분
③ 12분 ④ 24분
【해설】 특정 시간에 상대방위각(relative bearing)이 두 배가 되었다는 것은 송신소까지 비행하는 데 걸리는 시간도 동일하다는 것을 의미한다.

36. 속도 135노트와 일정한 기수방위(heading)로 순항 중 ADF 지시침이 7분 동안에 상대방위각 315°에서 270°까지 변했다. 송신소까지 비행하게 될 대략적인 시간과 거리는?
① 7분과 16마일   ② 14분과 28마일
③ 19분과 38마일 ④ 21분과 40마일
【해설】 특정 시간에 상대방위각이 두 배가 되었다는 것은 송신소까지 비행하는 데도 동일 시간이 소요된다는 것을 의미하므로 송신소까지의 시간은 7분이 소요된다.
거리 = (135×7) ÷ 60 = 15.7NM이 된다.

37. ADF 상대방위각이 2.5분 동안에 270°에서부터 265°까지 변했다. 송신소까지 항로 비행시간은?
① 9분   ② 18분
③ 30분 ④ 39분
【해설】 송신소까지 시간 = [60×경과시간(분)] ÷ 방위각 변화량

38. ADF 상대방위각이 2.5분 동안에 090°에서부터 100°까지 변했다. TAS가 90노트일 때 송신소까지 대략적인 시간과 거리는?
① 12마일과 18분   ② 15마일과 22.5분
③ 22.5마일과 15분 ④ 32마일과 18분

【정답】 33.① 34.① 35.② 36.① 37.③ 38.②

【해설】• 송신소까지의 시간 = {(60×두 방위각 경과시간(분)} ÷ 방위각 변화량
• 송신소까지의 거리 = {(TAS×두 방위각 경과시간(분)} ÷ 방위각 변화량

39. VOR 수신기의 코스 반응성을 점검 중에 CDI가 중앙에서부터 마지막 점(dot)까지 이동시키기 위해서 양 측면으로 OBS를 몇도 돌려야 하는가?
① 5°에서 10°
② 8°에서 10°
③ 10°에서 12°
④ 18°에서 20°

【해설】 VOR 수신기의 감도를 점검하기 위해서는 CDI가 중앙에 위치해 놓고 왼쪽 또는 오른쪽으로 OBS를 돌렸을 때 방위각 변화량은 10~12° 사이여야 한다.

40. VOR 수신기를 점검하기 위해서 VOT를 활용할 때 CDI가 중앙을 지시해야 하고 OBS는 항공기가 어느 레디얼 선상에 있음을 지시해야 하는가?
① R-090°
② R-180°
③ R-270°
④ R-360°

【해설】 VOT를 이용한 VOR 수신기 점검 방법은 다음과 같다.
• OBS 360°, CDI 중앙, TO/FR 지시계는 FROM을 지시
• OBS 180°, CDI 중앙, TO/FR 지시계는 TO를 지시
문제에서 항공기는 레디얼 선상에 있으므로 R-360°를 의미하고 TO/FR 지시계는 FROM을 지시한다.

41. 항공기가 공항 표면의 지정된 점검 지점에 있을 때 조종사는 어떻게 VOR 수신기를 점검해야 하는가?
① OBS를 180° ±4도에 맞추고 CDI는 FROM과 함께 중앙을 지시한다.
② OBS를 지정된 레디얼에 맞춘다. CDI는 FROM 지시와 함께 ±4° 이내에서 중앙이 되어야 한다.
③ 항공기 기수가 VOR을 직접 지향하고 OBS를 000에 맞추었을 때 CDI는 TO 지시와 함께 ±4° 이내에서 중앙이 되어야 한다.
④ OBS를 360°에 맞추었을 때 CDI는 TO 지시와 함께 중앙을 지시한다.

【해설】 공항의 점검 지점에 항공기를 위치시키고 지정된 레디얼에 맞추었을 때 CDI는 FROM 지시와 함께 ±4° 이내에서 중앙이 되어야 한다.

42. 항공기가 VOR 송신소로부터 60마일 떨어진 지점에서 CDI가 1/5 편향을 지시하고 있다면 이것은 항로 중심으로부터 대략 몇 마일 벗어났음을 지시하는가?
① 1마일
② 2마일
③ 3마일
④ 6마일

【해설】 VOR 계기 중앙에는 CDI의 편차량을 지시하는 점(dot)이 좌우로 5개씩 표시되어 있다. 1도트는 1NM에서 약 200피트의 편차를 나타낸다. 따라서 30NM에서 1도트는 약 1마일의 편차가 된다.

43. 어떠한 상황에서 VOR의 역감지가 초래되는가?
① OBS로 선택한 방위각의 반대 방위각 기수방향으로 비행 중일 때
② 항공기가 위치한 방위각으로부터 90° 방위각에 OBS를 맞추었을 때
③ 항공기가 위치한 방위각으로부터 270° 방위각에 OBS를 맞추었을 때
④ 송신소 통과 후 OBS를 인바운드에서 아웃바운드 항로로 변경하지 못했을 때

【해설】 VOR 수신기의 역감지(VOR reverse sensing)가 초래되는 상황은 다음과 같다.
- *송신소를 향할 때(inbound) FROM 지시로 접근할 때*
- *송신소를 벗어날 때(outbound) TO 지시로 비행할 때*

44. VOR 송신소의 R-180° 선상으로 아웃바운드 트래킹하기 위해서 권장된 절차는 OBS를 어떻게 조절해야 하는가?
① 360°에 맞추고 기수방위 수정은 CDI 지시침을 향하여
② 360°에 맞추고 기수방위 수정은 CDI 지시침 반대로
③ 180°에 맞추고 기수방위 수정은 CDI 지시침을 향하여
④ 180°에 맞추고 기수방위 수정은 CDI 지시침 반대로

【해설】 아웃바운드 트래킹(outbound tracking) 할 때 항공기가 위치한 레디얼(radial)과 기수방위를 일치시키고 FROM 지시에서 CDI를 향하여 수정한다.

45. VOR 송신소의 R-215° 상으로 인바운드 트래킹하기 위해서 권장되는 절차는 OBS를 어떻게 조절해야 하는가?
① 215°에 맞추고 기수방위 수정은 CDI 지시침을 향하여
② 215°에 맞추고 기수방위 수정은 CDI 지시침 반대로
③ 035°에 맞추고 기수방위 수정은 CDI 지시침을 향하여
④ 035°에 맞추고 기수방위 수정은 CDI 지시침 반대로

【해설】 인바운드 트래킹(inbound tracking) 할 때 항공기가 위치한 레디얼과 반대의 기수방위에 일치시키고 TO 지시에서 CDI 지시침을 향하여 수정한다.

46. [그림3-15] 3번 계기군을 활용 중에 항공기가 좌로 180° 선회하여 직선비행을 하고 있다면 항공기는 어느 레디얼을 인터셉트할 것인가?
① R-135°   ② R-270°
③ R-310°   ④ R-360°

【해설】 RMI는 VOR 계기와 달리 지시침(needle)에 의해서 항공기의 레디얼을 지시한다. 3번 RMI의 기수방위는 300° 항공기는 R-135° 선상에 위치해 있다. 현재의 위치에서 좌로 180° 선회했을 경우 항공기는 송신소로부터 남동쪽에 있는 레디얼을 인터셉트하게 될 것이다.

【정답】 43.① 44.③ 45.③ 46.①

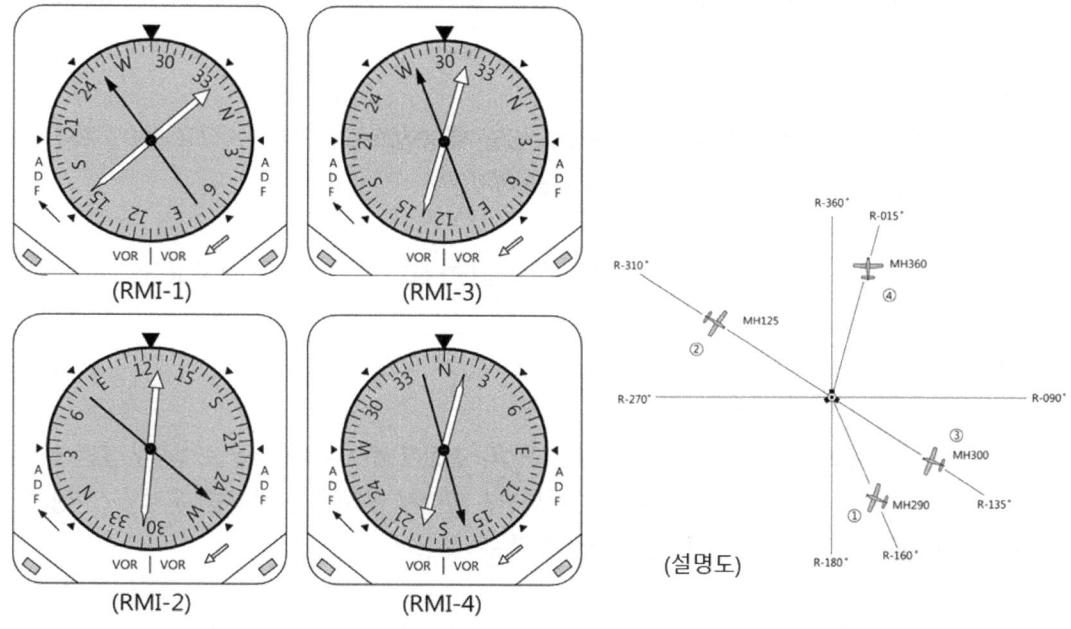

[그림3-15]

47. [그림3-15] 90° 좌선회 후 직선 항로가 R-180°을 인터셉트하게 되는 항공기의 위치를 나타내는 계기는 어느 것인가?

① 2　　　　　　② 3
③ 4　　　　　　④ 2와 3

【해설】 각 계기를 이용하여 항공기의 위치를 결정하고 좌로 90° 선회했을 때 R-180°를 인터셉트하는 계기를 찾는다. 3번 계기에서 항공기는 기수방위 300°에 R-135°에 위치해 있다. 90° 좌로 선회했을 때 R-150°를 인터셉트할 수 있다. (설명도 참고)

48. [그림3-15] 180° 선회가 30° 각도로 R-150°를 인테셉트하게 되는 항공기의 위치를 나타내는 계기는 어느 것인가?

① 1　　　　　　② 2
③ 3　　　　　　④ 4

【해설】 1번 계기는 40°로 인터셉트하고 4번 계기만이 30° 각도로 R-150°를 진입할 수 있다.

49. [그림3-15] 항공기가 VORTAC의 북서쪽에 있는 것을 지시하는 계기는?

① 1　　　　　　② 2
③ 3　　　　　　④ 4

【해설】 RMI의 지시침은 항상 송신소를 지시하고 지시침의 꼬리는 항공기의 위치를 지시한다. 따라서 VORTAC의 북서쪽은 R-270°에서 R-360° 사이에 있어야 한다.

【정답】 47.②　48.④　49.②

50. [그림3-15] 항공기가 선정된 VORTAC로부터 점점 멀어지는 것을 나타내는 계기는?
① 1   ② 2
③ 3   ④ 4

【해설】 기수방위와 지시침의 화살표 방향과 근접해 있을 때 송신소로 접근을 지시하고 기수방위와 화살표가 반대에 있을 때 송신소로부터 멀어지는 것을 지시한다.

51. [그림3-16] 현재의 기수방위를 유지하고 있다면 항공기가 60° 인바운드 각도에서 R-360°를 인터셉트하게 될 계기는 어느 것인가?
① 2   ② 3
③ 4   ④ 5

【해설】 HSI는 VOR보다 개선된 계기로 한눈에 항공기와 선정한 레디얼의 관계를 보여준다. 3번 계기는 R-180°에 맞추어 놓았고 항공기 기수방위는 240°이다. 따라서 현재의 기수방위를 유지하고 비행했을 때 항공기는 60° 각도로 선정한 항로를 인터셉트할 수 있다.

52. [그림3-16] 현재의 기수방위를 유지하고 있다면 HSI 계기②에 대한 서술은 어느 것이 맞는가?
비행기는
① 45° 아웃바운드 각도로 R-180°를 통과하게 될 것이다.
② 45° 각도로 R-225°를 인터셉트하게 될 것이다.
③ 45° 인바운드 각도에서 R-045°를 인터셉트하게 될 것이다.
④ 45° 인바운드 각도에서 R-360°를 인터셉트하게 될 것이다.

【해설】 HSI 계기 상에 항공기 기수방위(heading)는 225°를 가리키고 송신소를 향한 자방위는 235°를 지시하고 있다. 따라서 항공기는 R-055° 선상에 있다. 현재의 기수방위를 유지한다면 R-360°를 약 45°(227-180=47) 인바운드 각도로 통과하게 될 것이다.

53. [그림3-16] 현재 헤딩을 유지하고 있다면 어느 HSI 계기의 비행기가 75° 아웃바운드 각도로 R-060°를 인터셉트하게 될 것을 나타내는가?
① 3   ② 4
③ 5   ④ 6

【해설】 5번 그림의 자기수방위(MH)는 345°를 지시함으로 R-060°는 75° 각도로 횡단할 것이다. OBS는 240°에 조정되어 있고 TO/FR 지시기는 TO를 지시하고 있으므로 항공기는 CDI 오른쪽에서 접근 중이다.

54. [그림3-16] 비행기가 60° 인바운드 각도에서 R-360°를 인터셉트하기 위해서 150° 좌선회를 해야 하는 HSI 계기는 어느 것인가?
① 1   ② 2
③ 3   ④ 4

【정답】 50.④ 51.② 52.④ 53.③ 54.①

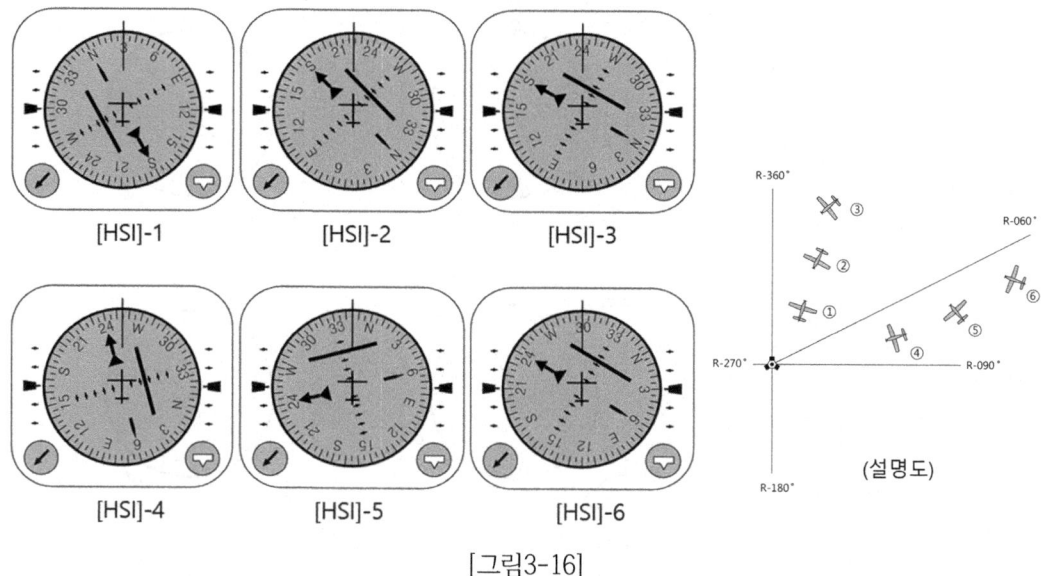

[그림3-16]

【해설】 ①번 그림의 항공기가 왼쪽으로 150° 선회했을 때 항공기 기수방위는 240°가 되고 R-360°를 60°각도로 인터셉트할 수 있다. OBS 180°에 TO 지시는 항공기가 북쪽에 있다는 것을 의미하고 CDI가 오른쪽으로 벗어난 것은 항공기가 R-360° 동쪽에 있다.

55. [그림3-16] 현재의 기수방위에서 HSI 계기 ④에 대해서 어느 것이 맞는가? 항공기는
① 15° 각도로 R-060°를 통과할 것이다.
② 25° 각도로 R-060°를 통과하게 될 것이다.
③ 30° 각도로 R-240°를 인터셉트하게 될 것이다.
④ 75° 각도로 R-180°를 통과하게 될 것이다.

【해설】 현재 항공기의 위치는 R-065° 선상이고 자기수방위(MH)는 255°이다. 현재의 기수방위를 그대로 유지하고 비행할 때 R-180°는 27°(255-180 = 75) 각도로 통과하게 될 것이다.

56. [그림3-17] 송신소의 북서쪽에 있는 항공기 위치를 나타내는 RMI 지시는?
① 1   ② 2
③ 6   ④ 7

【해설】 ADF의 회전방위판과 RMI 지시계는 다음과 같은 정보를 제공한다.
 • 자기수방위(MH): 계기 상단의 지표
 • 지시침의 화살표: 송신소를 향한 자방위(MB to)
 • 지시침의 꼬리: 송신소로부터의 자방위(MB from)
따라서 항공기의 위치는 지시침의 꼬리가 지시하는 방위각이 되기 때문에 ADF 고정방위판보다 위치 식별이 매우 용이하다.

【정답】 55.④   56.①

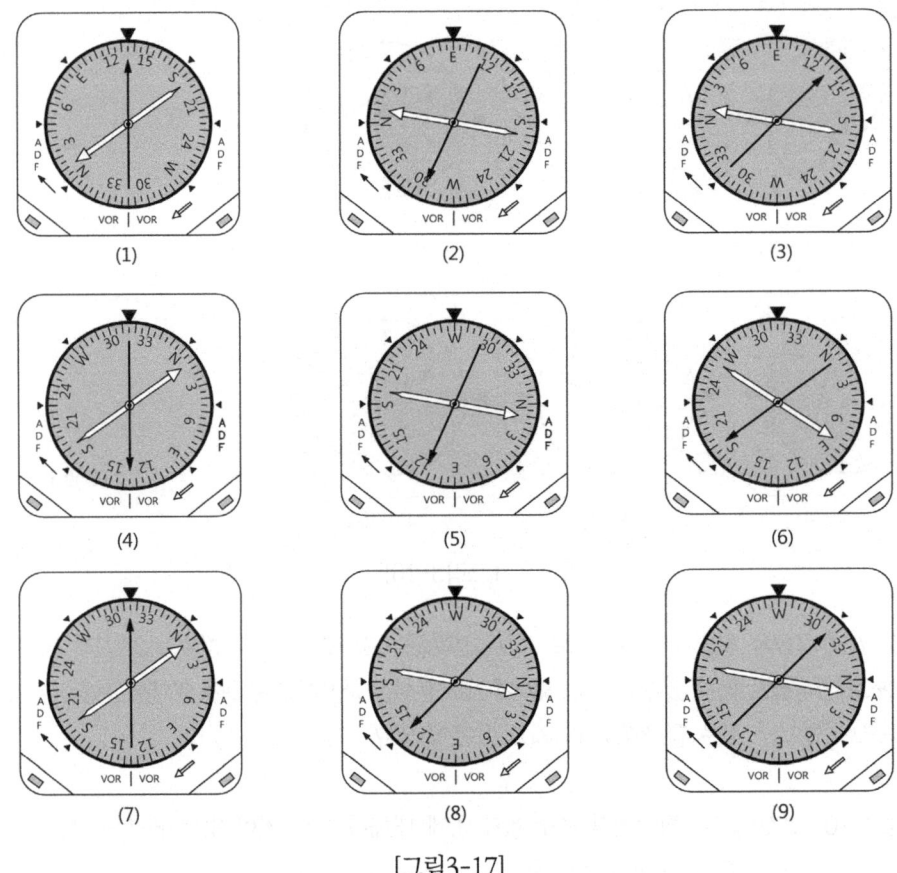

[그림3-17]

- 1번 항공기 위치는 320° 선상
- 2번 항공기 위치는 115° 선상
- 6번 항공기 위치는 010° 선상
- 7번 항공기 위치는 135° 선상

문제에서 북서쪽에 있는 항공기를 지시하는 계기는 1번이다.

57. [그림3-17] 항공기가 115° 베어링을 횡단하고 있는 RMI 지시는?
① 2   ② 5
③ 6   ④ 8

58. [그림3-17] RMI 2번 지시계가 지시하는 송신소를 향한 자방위(MB to the station)는?
① 295°   ② 225°
③ 125°   ④ 115°

【해설】 ADF의 회전방위판과 RMI 지시계는 다음과 같은 정보를 제공한다.
- 자기수방위(MH): 계기 상단의 지표

【정답】 57.① 58.①

• 지시침의 화살표: 송신소를 향한 자방위(MB to)
• 지시침의 꼬리: 송신소로부터의 자방위(MB from)

59. [그림3-17] 항공기가 315° 베어링으로 아웃바운드하는 것을 나타내는 RMI 지시계는?
① 1　　② 3
③ 4　　④ 9

60. DME 운용에 대해서 맞는 것은?
① DME는 VHF 주파수대로 운용된다.
② DME로부터 수신한 거리정보는 송신소로부터의 실제 수평거리이다.
③ DME로부터 수신한 거리정보는 경사거리를 SM으로 나타낸다.
④ DME 코드의 식별은 VOR 또는 로컬라이저 식별 코드가 매 3회 또는 4회 송신될 때 1회 송신된다.
【해설】 DME는 UHF 주파수대의 962-1,213MHz로 운용된다. DME의 식별은 VOR 또는 로컬라이저와 식별 코드 사이에 송신된다. VOR이 운용되지 않고 DME는 작동 중일 때 단일 식별 코드가 약 30초 간격으로 반복된다.

61. 가시선 고도 199NM까지 DME 장비의 정확도에 대해서 맞는 것은?
① 거리의 1마일 또는 6% 중 작은 오차
② 거리의 1마일 또는 3% 중 큰 오차
③ 거리의 1/2마일 또는 3% 중 큰 오차
④ 거리의 2마일 또는 3% 중 큰 오차

62. [그림3-9] 비행계획서의 항목 15에 하나 이상의 순항고도가 있다면 무엇을 기입해야 하는가?
① 첫 순항고도　　② 가장 높은 순항고도
③ 가장 낮은 순항고도　　④ 평균 순항고도
【해설】 기상과 바람 정보를 제공하는 기상 브리퍼(weather briefer)를 돕기 위해서 당신의 비행계획서에는 오직 첫 번째 순항고도(initial cruising altitude)만 기입한다. (p, 70)

63. [그림3-9] VFR 주간 비행을 위한 비행계획서의 항목 19 "Endurance"에 기입해야 하는 것은?
① 예상순항항로시간 +30분을 기입한다.
② 예상순항항로시간 +45분을 기입한다.
③ 항공기의 최대 적재 양을 시간으로 기입한다.
④ 적재한 가용연료의 양을 시간과 분으로 기입한다.
【해설】 비행계획서의 항목 19에 있는 "Endurance"에는 출발 시각에 항공기에 가용한 연료의 양(amount of usable fuel)을 기입한다. 이 항목은 비행시간의 시간과 분(hours and minutes)으로 계산하여 기입한다.

【정답】 59.③　60.④　61.③　62.①　63.④

64. [그림3-9] VFR 주간 비행을 위한 항목 16 "Destination Aerodrome"에 기입해야 하는 정보는?
① 목적지 공항 식별부호와 항공기가 계류하게 될 FBO의 명칭을 기입한다.
② 목적지 공항 식별부호와 도시명을 기입한다.
③ 목적지 도시와 주(지방)를 기입한다.
④ 목적지 공항이 속해 있는 주요 도시명만 기입한다.
【해설】 비행계획서의 항목 16 "Destination Aerodrome"에는 그 비행을 위해서 마지막으로 착륙하고자 하는 공항 식별부호(airport identifier) 또는 공항명칭(name of airport)을 기입한다. 공항명칭이 가용하지 않다면 도시명(city name)을 기입한다. 이 경우 중간기착(stopover)이 필요하다면 1시간 이내가 되어야 하고 1시간 이상의 중간기착이 요구된다면 비행계획서를 다시 제출해야 한다.

65. 비행 전 점검 중 항공기가 비행에 안전한 상태에 있는지를 결정하는 책임은?
① 기장(PIC)　　　　② 소유주 또는 운용자
③ 정비를 수행한 정비사　　④ 운항관리사
【해설】 비행 전 점검(preflight inspection) 중 항공기가 비행에 안전한 상태에 있는지를 결정하는 책임은 기장(pilot in command)에게 있다.

66. 항공기의 감항 상태를 유지해야 하는 책임은 누구에게 있는가?
① 기장　　　　② 소유주 또는 운용자
③ 정비사　　　④ 운항관리사
【해설】 항공기의 감항(airworthiness) 상태를 유지해야 하는 책임은 소유주 또는 운용자(owner or operator)에게 있다.

67. 그날의 첫 비행을 위한 항공기 비행 전 점검에 관해서 가장 올바르게 서술하고 있는 것은?
① 주변에 오일 혹은 그리스가 떨어져 있지 않은지 신속하게 점검한다.
② 문제가 있다고 지적된 부분을 중점적으로 점검한다.
③ 기장의 판단에 따라 순서로 점검한다.
④ 제작자의 권고에 따라 철저하고 체계적인 수단으로 점검한다.
【해설】 그날의 첫 비행을 위한 항공기 비행 전 점검은 제작자의 권고에 따라 철저하고 체계적인 수단(thorough and systematic means)으로 점검한다.

68. Chart Supplement에서 제공하고 있는 전체 정보의 항목과 이들 정보를 어떻게 읽는지를 참고해야 하는 것은?
① 각 Chart Supplement의 앞장에 있는 "Directory Legend Sample"을 참고한다.
② AIM을 참고한다.
③ Sectional, Terminal, 그리고 World 항공도에 있는 범례를 참고한다.
④ Sectional Chart의 여백에 제공되는 범례를 참고한다.

【정답】 64.② 65.① 66.② 67.④ 68.①

【해설】 각 Chart Supplement의 앞장에 있는 "Directory Legend Sample"은 Chart Supplement 안에 있는 전체 정보의 목록이 포함되어 있으며 또한 Chart Supplement 안에 있는 내용을 어떻게 읽어야 하는지에 대한 정보를 제공한다.

69. [그림3-10] 착륙하기 위해서 정오에 서쪽으로부터 Lincoln Municipal에 접근 중일 때 최초교신을 위한 주파수는? (p, 71)
① Lincoln Approach Control, 128.75 MHz
② Minneapolis Center, 128.75 MHz
③ Lincoln Tower, 118.8 MHz
④ Lincoln Approach Control, 124.0 MHz

【해설】 Chart Supplement에는 이 공항에 대한 주요 정보들이 포함되어 있다.
-AIRSPACE; CLASS C sve 1130-0600 ǂ
-APP/DEP CON; 124.0(180-359) 124.8(360-179)
이 공항의 현지 시각은 0530-0000(UTC-6)이다. 따라서 조종사는 이 시간대에 진입하기 전 접근관제소와 교신해야 한다. APP/DEP CON은 접근하고 있는 방향에 따라 2개가 지정되어 있다. 이 항공기는 서쪽에서 접근하고 있으므로 124.0 MHz로 Lincoln Approach Control과 교신해야 한다.

70. [그림3-10] Lincoln Municipal에서 적용되고 있는 장주는?
① RWY 14와 32는 우장주, RWY 18과 35는 좌장주
② RWY 14와 32는 좌장주, RWY 18과 35는 우장주
③ RWY 14-32는 우장주
④ RWY 18과 35는 좌장주

【해설】 각 활주로에 대한 정보를 참고한다. 기본적으로 모든 선회는 특별히 우장주(right pattern; Rgt tfc)를 지시하지 않는 한 좌장주이다. RWY 18과 35는 우장주로 지시되어 있다.

71. [그림3-10] Loup City Municipal은 도시와 관련해서 어디에 위치하는가?
① 북서쪽, 대략 5마일
② 북동쪽, 대략 5마일
③ 동쪽, 대략 7마일
④ 북서쪽, 대략 1마일

【해설】 첫 번째 줄의 "1 NW"는 해당 공항이 도시의 북서(northwest; NW)쪽 1마일 지점에 있음을 의미한다.

【정답】 69.④ 70.② 71.④

72. [그림3-10] 관제탑이 운용되지 않는 시간에 Lincoln Municipal에 착륙하기 위해서 권장되는 통신 절차는?

① 118.5 MHz로 공항교통을 모니터하고 당신의 위치와 의도를 방송한다.
② 교통조언을 위해서 122.95 MHz로 UNICOM과 교신한다.
③ 공항 상태를 위해서 ATIS를 청취하고 122.95 MHz로 당신의 위치를 방송한다.
④ 122.9 MHz로 공항교통을 모니터하고 당신의 위치와 의도를 방송한다.

【해설】 공항 관제탑이 업무를 종료했을 때 당신은 공항교통을 모니터하고 당신의 위치와 의도를 방송하기 위해서 CTAF를 청취해야 한다. COMMUNICATION 섹션에 CTAF 118.5로 지정되어 있다.

73. [그림3-10] Chart Supplement에는 공항표고, 활주로 시설, 그리고 관제탑 주파수에 관한 최신 정보가 포함된다. 이들 내용이 다르다면 어느 것에 우선해서 사용해야 하는가?

① Airport guide book　② Pilot's Handbook
③ AIM　④ Sectional Chart

【해설】 일반적으로 Chart Supplement에는 공항표고, 활주로 시설, 그리고 관제탑 주파수에 관한 최신 정보가 포함된다. 또한, 간행물 주기 사이에 구역 항공도의 업데이트에 관한 정보를 제공한다. Chart Supplement는 매 56일 주기로 발행되지만, Sectional Chart는 6개월마다 발행된다.

74. 공항에 대해서 가장 포괄적 정보를 제공하는 것은?

① Sectional Chart
② AIM
③ WACs
④ Chart Supplement

【해설】 Chart Supplement는 공항에 대한 전반적인 정보를 포함하고 있는 민간 비행 정보 간행물이다. Chart Supplement는 매 8주(56일) 주기로 발행된다.

75. 조종사가 비행정보센터(FSS)에서 얻을 수 있는 정보는?

① 항로를 잃었을 때 조력
② 활주 지시
③ 공항 연료 가격
④ 착륙 허가

【해설】 비행정보센터(Flight Service Station; FSS)는 비행 중 항로를 잃은(lost aircraft) 항공기를 돕는 역할을 한다. Sectional Chart에는 이들 시설과 교신할 수 있는 지시와 원격통신소(remote communication outlets; RCO)가 있다. 따라서 국지 공항(local airport)을 벗어나 원거리 비행을 계획할 때 FSS와 더 쉽게 교신이 가능한 것이 어느 FSS 주파수 인지를 확인하는 것은 비행 중 어려움에 부닥쳤을 때 도움을 요청하는데 유용할 수 있음을 기억하라.

【정답】 72.① 73.④ 74.④ 75.①

76. 비상상황으로 인하여 교체공항으로 전환할 때 조종사는 어떻게 해야 하는가?
① 주항법 수단으로 무전기에 의존한다.
② 전환하기 전에 모든 차트에 표시하고, 측정 및 계산 등을 완료한다.
③ 대략적인 계산 및 예측 그리고 가능한 한 신속히 새로운 항로로 전환하기 위해서 적절한 최단거리를 적용한다.
④ 지상 관제사의 허가를 요청하고 허가 후 전환한다.
【해설】 비상상황에서는 무엇보다도 시간이 매우 중요하다. 가용한 방법을 적용하여 교체공항의 대략적인 위치, 거리, 시간 등을 결정하고 최단거리를 활용할 수 있도록 계획한다.

77. 비행 중 조종간을 확실하게 인계하기 위한 3단계 절차 중 세 번째 올바른 절차는?
(1) You have the flight controls. (당신이 조종간을 잡으시오.)
(2) I have the flight controls. (내가 조종간을 잡았습니다.)
(3)

① You have the flight controls.
② I have the aircraft.
③ I have the flight controls.
【해설】 일반적으로 확실한 조종간을 인계하고 인수하는 절차는 다음과 같이 3단계로 수행할 것을 권장한다.
(1) You have the flight controls. (당신이 조종간을 잡으시오.)
(2) I have the flight controls. (내가 조종간을 잡았습니다.)
(3) You have the flight controls. (당신이 조종간을 잡았습니다.)

78. 항공기가 과적했을 때 초래될 수 있는 문제는?
① 상승률 감소, 기동성 증가, 그리고 구조적 하중 감소
② 실용상승한도 증가, 상승각 증가, 순항속도 증가
③ 이륙속도 감소, 기동성 증가, 그리고 이륙활주거리 감소
④ 상승률 감소, 과도한 구조적 하중, 그리고 순항 항속거리 감소
【해설】 항공기가 과적했을(overloading) 때 상승률이 떨어지고, 항공기 구조에 과도한 하중, 그리고 순항 항속거리(cruising range)가 짧아지는 원인이 될 수 있다. 과도한 무게로 인해서 항공기는 비행을 지지하는데 더 큰 양력의 양(amount of lift)을 발생시켜야 한다. 이것은 하중계수(load factor)가 증가하기 때문에 항공기에 더 큰 구조적 응력(structural tension)과 상승률을 낮추는 결과를 초래하고 또한 날개의 더 높은 받음각으로 인해서 항력을 증가시키고 이로 인해서 항속거리는 더 짧아진다.

【정답】 76.③ 77.① 78.④

79. 비상상황에 처했다면 항공기의 효율(무게)과 가용한 안전 마진에 관해서 올바르게 서술하고 있는 것은?
  ① 불충분한 무게로 인해서 감소한다.
  ② 과도한 무게로 인해서 감소한다.
  ③ 무게의 영향을 받지 않는다.
  ④ 무게가 무거울수록 더 큰 양력이 필요하지만, 항력이 감소하여 상쇄된다.
  【해설】 과도한 항공기의 무게는 대부분의 측면에서 항공기 성능을 떨어뜨린다. 무게가 무거울수록 더 큰 양력이 필요하고 부가 항력(additional drag)이 증가하면서 더 많은 연료가 필요하다. 비상상황에 처했다면 성능이 떨어졌기 때문에 더 치명적일 수 있고 안전 마진(safety margin)은 감소하게 될 것이다.

80. 무선항법 계기 없이 VFR 항법 중 추측항법으로 계산한 기수방위와 대지속도는 지속 모니터하고 어떻게 수정해야 하는가?
  ① 지문항법과 바람삼각형
  ② 바람삼각형
  ③ 액체 컴퍼스와 대지속도 지시기
  ④ 확인점으로부터 관찰된 것과 같은 지문항법
  【해설】 비행 전에 계산한 기수방위(heading)와 대지속도는 지속 확인해야 하고 확인점(checkpoints)으로부터 관찰된 것과 같은 지문항법(pilotage)으로 업데이트해야 한다.
  ※ Pilotage(지문항법); 시계비행을 할 때 지형지물을 확인하면서 비행하는 항법
  ※ Dead reckoning(추측항법); 바람의 방향과 속도를 측정하고, 항로 및 항공기의 지면에 대한 속도(대지속도)를 계산하여 추정 위치를 계산하면서 항행하는 항법

81. 지방횡단비행을 무선항법계기 없이 수행되는 항법은 통상 추측항법과 어떠한 방법으로 수행해야 하는가?
  ① 지문항법   ② 바람삼각형
  ③ 나침반 기수방위 ④ 지역항법
  【해설】 무선항법 계기 없이 수행되는 지방횡단비행의 항법은 추측항법과 지문항법으로 수행해야 한다. 바람삼각형(wind triangle)은 항공기 움직임과 바람 사이의 상관관계를 그래픽으로 보여주는 것이다. 이것은 공중벡터(air vector), 대지벡터(ground vector), 그리고 바람벡터(wind vector)를 이용해서 원하는 값을 구할 수 있다.

82. 당신은 지방횡단비행을 하고 있고 바람 방향을 수정했다면 당신이 따라야 하는 것은?
  ① 당신이 원하는 일반 코스   ② Magnetic heading
  ③ Compass heading   ④ True heading
  【해설】 진기수방위(true heading; TH)는 바람을 수정한 진코스(true course; TC)이다. Heading or course는 마그네틱 컴퍼스를 참고해서 비행하는 것이기 때문에 자기수방위(magnetic heading)에서 비행하는 것이다. 자기수방위는 바람 방향과 편각(variation; VAR)을 수정해서 작도한 코스(plotted course)이다. 이 문제에서 자기수방위(magnetic heading)도 맞을 수 있지만 바람 방향만을 위해서 수

【정답】 79.② 80.④ 81.① 82.④

정한 것을 요구하고 있으므로 True heading이 되어야 한다.

83. 불안전 착륙 접근으로부터 복행에 관해서 가장 잘 서술하고 있는 것은?
① 그 순간의 환경이 절대적으로 필요하지 않는 한 실행해서는 안 된다.
② 복행은 지표면으로부터 100피트 이상의 고도에서만 실행되어야 한다.
③ 대기속도와 관계없이 착륙 플레어가 시작된 후 시도해서는 안 된다.
④ 불안전 착륙을 방지하기 위한 마지막 시도에 복행하는 것이 바람직할 수 있다.
【해설】 지상으로부터 높이와 관계없이 복행을 조기에 결심했고, 양호한 계획에 따를 수 있으며, 적절한 절차로 수행할 수 있다면 안전한 복행(go-around)이 실행되어야 한다. 착륙 접근 중 위험 상황을 조기에 발견할수록 결심이 더 빨라질 수 있고 조기에 복행을 실행함으로써 안전하게 절차를 수행할 수 있다. 따라서 불안전 착륙을 방지하기 위한 복행의 결심이 빠를수록 마지막 순간까지 기다리는 것보다 더 현명할 수 있다.

84. 관제공항에서 비행을 종료했을 때 VFR 비행계획서를 어떻게 종결시켜야 하는가?
① 항공기가 활주로에서 벗어났을 때 관제탑에서 자동으로 종결시킨다.
② 조종사는 착륙하자마자 가까운 비행정보센터 또는 다른 관제시설에 비행계획서를 종결시켜야 한다.
③ 항공기가 착륙을 위해서 관제탑과 교신했을 때 관제탑이 가까운 운항실에 지시를 중계한다.
④ 항공기가 목적지 공항 관제탑과 교신했을 때 자동으로 종결된다.
【해설】 관제공항에서 비행을 종료했을 때 조종사는 착륙하자마자 DVFR 혹은 VFR 비행계획서를 가까운 비행정보센터(운항실) 또는 다른 지방항공청 시설에 비행계획서를 종결시켜야 한다.

85. 순항 비행 중 출발 공항으로 회항하거나 목적지 공항까지 비행할 때 동일 시간이 소요되는 중간지점은?
① Change over point
② Crossover point
③ Equal time point
④ Return point

86. 비행계획 중 고려해야 하는 등시점(ETP)은?
① 무풍 상태에서 출발지와 목적지 사이의 중간지점이다.
② 등시점을 계산하는 목적은 최단거리 비행을 달성하기 위한 것이다.
③ 등시점을 결정할 때 바람 요소는 고려하지 않는다.
④ 등시점 측정의 기준은 항상 출발점이다.

87. 등시점(ETP)에 관한 내용으로 틀린 것은?
① 다발엔진 터보제트 비행기는 한-엔진 고장 순항속도를 고려해야 한다.
② 9인승 이상 다발엔진 터보프롭 비행기는 모든 구간에서 계산해야 한다.
③ 정적 공기에서 90분 이상 비행할 때 모든 구간에서 계산해야 한다.
④ 다발엔진의 경우 모든 엔진이 정상 상태로 고려한다.

【정답】 83.④ 84.② 85.③ 86.① 87.④

88. 공항을 이륙하여 목적지까지 300NM인 항로를 TAS 150노트로 계획했다. 뒤바람(tailwind)이 30노트일 때 출발 공항으로부터 ETP는?
① 90NM   ② 110 NM
③ 120 NM   ④ 130 NM

[해설] • 전체 거리(D): 300NM
• 출발 공항으로 회항할 때 대지속도(H): 150-30=120
• 목적지 공항으로 계속 비행하기 위한 대지속도(O): 150+30=180
• 출발 공항에서 등시점까지 거리= $\dfrac{D \times H}{H+O} = \dfrac{300 \times 120}{120+180} = \dfrac{36000}{300} = 120\,NM$

89. 공항을 이륙하여 목적지까지 400NM인 항로를 TAS 250노트로 계획했다. 항로 중간지점까지 첫 구간은 맞바람(headwind)이 30노트이고, 목적지 공항까지 두 번째 구간은 뒤바람 50노트일 때 출발지 공항까지 ETP는?
① 93 NM   ② 173 NM
③ 193 NM   ④ 213 NM

[해설] • 전체 거리(D): 400NM
• 출발 공항으로 회항할 때 대지속도(H): 250+30=280
• 목적지 공항으로 계속 비행하기 위한 대지속도(O): 250+50=300
• 출발 공항에서 등시점까지 거리= $\dfrac{D \times H}{H+O} = \dfrac{400 \times 280}{280+300} = \dfrac{112,000}{580} = 193\,NM$

90. [그림3-18] 바람이 착륙방향지시기와 같이 불고 있다면 조종사는 어느 활주로에 착륙해야 하는가?
① RWY 18, 왼쪽에서 측풍을 예상해야 한다.
② RWY 22, 바람을 정면으로 받는다.
③ RWY 36, 오른쪽에서 측풍을 예상해야 한다.
④ RWY 18, 오른쪽에서 측풍을 예상해야 한다.

[해설] RWY 22-4는 폐쇄되었다. 사면체(tetrahedron)의 뾰족한 부분이 바람이 불어오는 방향이 되고 착륙 방향이 된다. 이것을 기수로 연상하면 쉽다. 사면체 지시에 적합한 활주로는 RWY 18이 가장 적절하고 이때 바람은 오른쪽에 불어오게 될 것으로 예상해야 한다.

91. [그림3-18] RWY 18-36의 종단에 그려진 화살표가 그려진 구역이 지시하는 것은?
① 활주만을 위해서 사용될 수 있다.
② 활주, 이륙, 그리고 착륙을 위해서 사용할 수 있다.
③ 착륙에는 활용할 수 없지만, 활주와 이륙에 사용할 수 있다.
④ 착륙 방향을 지시한다.

[해설] RWY 18-36의 종단에 그려진 화살표가 그려진 구역은 이설시단을 지시한다. 이 구역은 활주,

【정답】 88.③   89.③   90.④   91.③

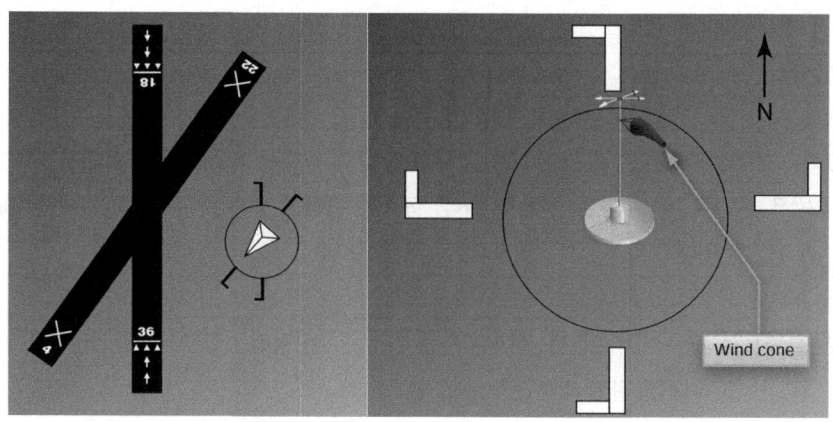

[그림3-18]   [그림3-19]

이륙에만 사용할 수 있고 착륙은 허용되지 않는다.

92. [그림3-19] 선분원의 지시에 따라 이 공항의 장주는 어떻게 지시되고 있는가?
① RWY 36; 좌장주, RWY 18; 우장주
② RWY 18; 좌장주, RWY 36; 우장주
③ RWY 9; 우장주, RWY 27; 좌장주
④ RWY 27; 좌장주, RWY 9; 우장주

【해설】 선분원(segmented circle)은 비관제 공항(uncontrolled airport)에서 장주 패턴 정보를 제공하기 위해서 설치된다. 착륙방향지시기(landing direction indicator)는 선분원 밖에 "ㄱ"-자 모양으로 그려지면서 점선 원 근처 직선은 활주로의 방향을 그리고 꺾어진 부분은 장주 방향을 지시한다.

93. [그림3-19] RWY 26에 착륙을 지시하고 있는 선분원에 따른 바람은?
① 왼쪽 45도 뒤바람   ② 왼쪽 45도 맞바람
③ 오른쪽 45도 뒤바람   ④ 오른쪽 45도 맞바람

【해설】 바람 주머니(wind cone or wind sock)에 따른 바람 방향은 북서풍이다. 선분원 중앙에 있는 바람 주머니는 RWY 26으로 착륙할 때 오른쪽 45도 방향에서 맞바람(right-quartering headwind)을 예상할 수 있다.

94. [그림3-19] 선분원에 있는 바람 주머니(wind sock)의 지시에 따라 사용할 수 있는 활주로와 장주 패턴은?
① RWY 9, 우장주   ② RWY 18, 우장주
③ RWY 36, 좌장주   ④ RWY 27, 좌장주

【해설】 바람 주머니에 따른 바람 방향은 북서풍이다. 착륙방향지시기의 끝단 "ㄱ" 모양이 장주 방향을 지시한다.

【정답】 92.①   93.④   94.③

95. [그림3-19] 선분원이 지시하고 있는 장주 비행은 어느 구역을 피하도록 정렬되어 있는가?
① 공항의 남쪽 ② 공항의 북쪽
③ 공항의 남동쪽 ④ 공항의 북동쪽

【해설】 착륙방향지시기에 따르면 공항의 남동쪽 구역 상공의 비행을 피하도록 지정되어 있다. 활주로로부터 모든 출발은 북쪽 또는 서쪽으로 향해야 한다. 공항을 향하고 있는 모든 접근은 180°부터 90°까지 도착패턴을 지시하고 있다.

96. 마이크로폰 클릭으로 자동 메뉴로부터 선택된 자동 기상, 무선 점검, 그리고 공항조언정보를 제공하는 컴퓨터화된 명령 반응 체계를 위한 약어는?
① GCA ② AUNICOM
③ UNICOM ④ MUNICOM

【해설】 AUNICOM은 마이크로폰 클릭(microphone clicks)으로 자동 메뉴로부터 선택된 자동 기상, 무선 점검, 그리고 공항조언정보를 제공하는 컴퓨터화된(computerized) 명령 반응 체계(command response system)이다.

【정답】 95. ③ 96. ②

[제4장] 계산반

[1] 소개

항법(navigation)을 위한 각 제원을 산출하기 위해서는 필수적으로 계산 도구가 있어야 하고 이를 위해서 고안된 계산반은 오랫동안 조종사의 필수 항법용 도구로 활용됐다. 계산반은 논리적 사고를 요구하기 때문에 초보자들은 이 계산반으로 숙달할 것을 권장한다. 계산반은 사용자에 따라 오차가 발생하고 특히 단위가 클수록 오차의 크기 또한 증가한다. 계산반의 오차를 감소시키고 소수점까지 정확한 값을 얻을 수 있으며 휴대가 간편한 전자계산기(electronic flight computer)가 개발되어 많은 초임 조종사들의 필수품이 되었다. 비행용 컴퓨터라고도 하는 이 계산기는 항법에 활용될 수 있는 모든 계산 방식이 입력되어 있으므로 사용자는 원하는 메뉴를 선택하여 입력하면 정확한 값을 얻을 수 있다.

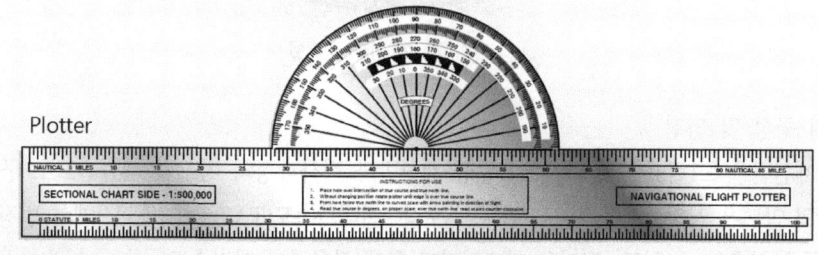

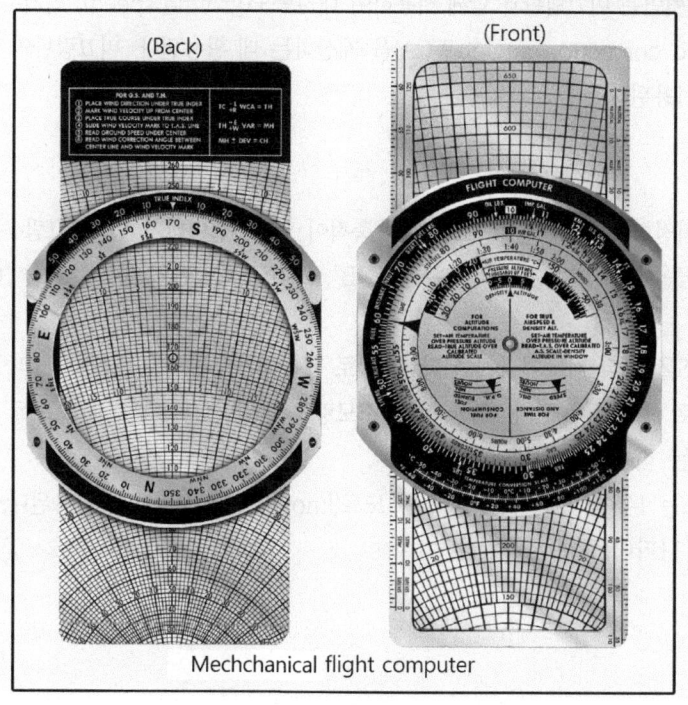

[그림4-1] 계산반과 전자계산기, 플로터

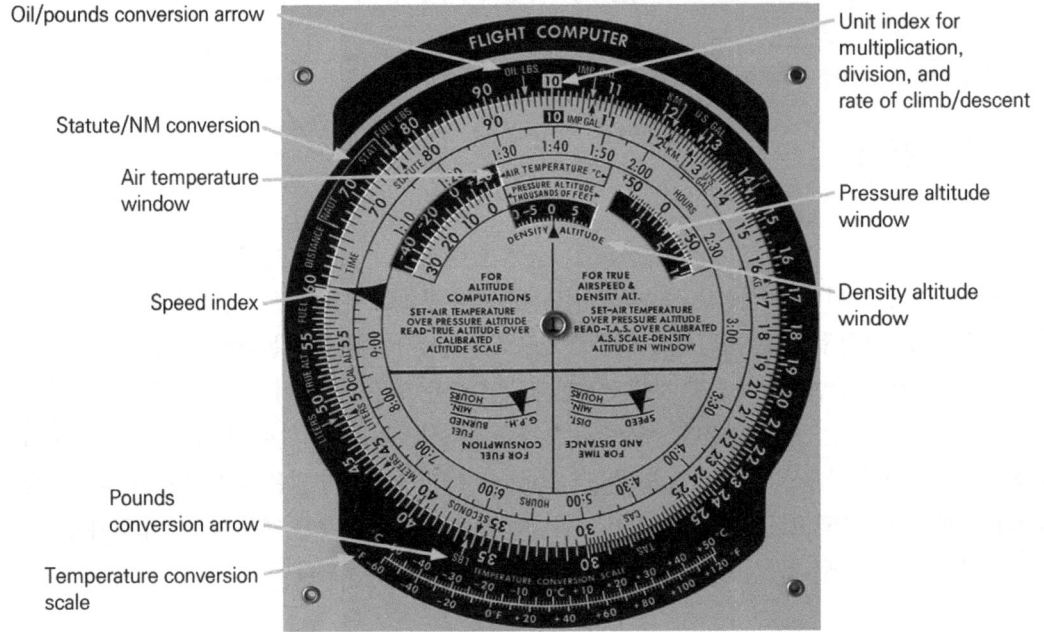

[그림4-2] 계산반 구성

(1) 계산반의 구성 및 명칭
추측항법용 계산반은 [그림4-1, 2]와 같이 원형 계산반과 직사각형의 미끄럼 계산반으로 구성되어 있다. 원형 계산반의 앞면은 시간, 거리, 속도, 연료 소모량, 진대기속도(TAS), 해리(NM)에서 법정 마일(SM)로 전환, 고도 등을 산출할 수 있고, 뒷면은 미끄럼판과 함께 사용하여 대지속도(ground speed), 진기수방위(true heading), 바람수정각(wind correction angle; WCA)을 계산하는 데 활용된다. 미끄럼판의 앞면은 저속 그리고 뒷면은 고속에 사용된다.

(2) 축척(scale)
원형 계산반은 고정된 판 위에 회전형 판으로 구성되고 3개의 축적이 있다. 설명하기 쉽게 [그림4-3]과 같이 외부의 고정판에 새겨진 눈금을 "A", 회전판의 외부 눈금을 "B", 그리고 회전판의 내부 눈금을 "C"축척이라 가정하고 설명한다.
① A축척은 마일, 갤런 또는 TAS를 나타내는 데 활용된다. 마일로 활용될 때 축척은 비행한 거리 또는 항공기 속도를 단위 시간당 마일로 산출할 수 있다. 또한, 연료 소모량을 단위 시간당 갤런과 소모될 총연료량을 갤런으로 나타낸다. TAS는 하단에 표시되어 있다.
② B축척의 눈금은 시간의 분 또는 IAS를 시간당 마일 또는 노트(knots)로 나타내는 데 활용된다.
③ C축척의 눈금은 시간과 분을 나타내는 데 활용된다.

(3) 축척의 변화
① A, B축척의 활용
A, B축척의 각 눈금은 축척에 따라 다양하게 활용될 수 있다. 예를 들어 지시하는 값이 35일 때 축척에

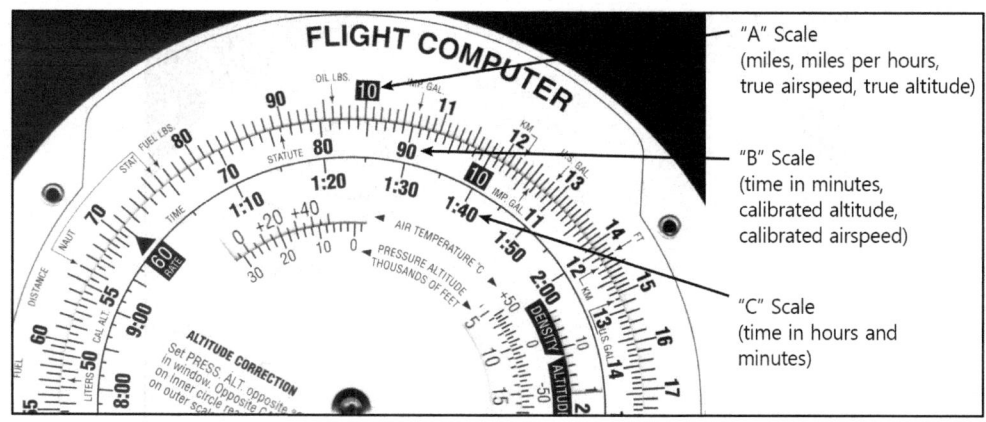

[그림4-3] 축척

따라 0.35, 3.5, 35, 350, 3500 등으로 원하는 축척을 활용할 수 있다. A, B축척의 14와 15 사이의 눈금은 10등분으로 되어 있어 한 눈금은 0.1을 지시한다. 그러나 140과 150 축척의 경우는 한 눈금은 1을 지시하고 1400과 1500의 축척에서 한 눈금은 10을 지시한다. A, B축척의 15와 16 사이는 5등분 되어 있으므로 한 눈금은 0.2, 2, 20, 200을 지시한다. [그림4-3]

② C축척의 활용

C축척은 시간과 분을 나타내고 5분 또는 10분 간격으로 표시되어 있다. 예를 들어 1:10부터 2:00까지 한 눈금은 5분 간격을 지시하고 2:00부터는 10분 간격을 지시한다. C축척은 B축척에 비해서 매우 크기 때문에 세부 시간을 제공하지 못하고 이때는 B축척을 보조로 활용할 수 있다. 예를 들어 [그림4-3]과 같이 C축척의 1:10과 1:20 위의 B축척은 70과 80을 지시하고 C축척에서 한 눈금은 5분을 지시하나 B축척에서는 1분을 지시한다. 따라서 1:14분은 B축척의 4번째 눈금이 되고 74분이 된다. 또한 [그림4-2]에서 2:30에서 3:00 사이는 한 눈금이 10분을 지시하고 바로 위의 B축척은 15와 18을 지시하면서 한 눈금은 2분을 지시한다. 왼쪽부터 시작하여 C축척의 2:30에서 위의 B축척으로 이동하여 2:32, 2:34, 2:36, 2:38 그리고 다시 C축척으로 내려와 2:40이 된다. 그리고 C축척의 2:40을 분으로 환산하면 B축척의 160분이 된다.

③ 속도지표(speed index)

속도지표는 [그림4-6]과 같이 회전판에 새겨진 커다란 삼각형 부호로 나타내고 시간과 거리를 산출하는 참고로 활용된다. 속도지표는 항상 60분 또는 1시간을 나타낸다. 이 속도지표에 의해서 지시되는 눈금 역시 0.6, 6, 60, 600 또는 6,000과 같은 축척으로 사용된다.

[2] 시간과 거리

(1) 시간 산출

시간당 120마일(MPH)로 비행하는 항공기가 140마일을 비행하기 위해서는 얼마의 시간이 요구되는가?

[계산반]
① 시간당 120마일을 비행할 수 있으므로 시간 지표를 A축척의 12에 맞춘다.

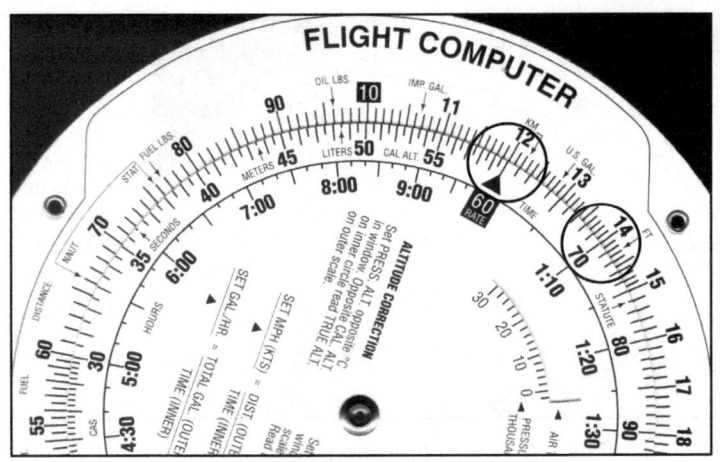

[그림4-4] 시간 계산

② 비행할 거리가 140마일이므로 A축척에서 시계방향으로 이동하여 14와 일치하는 C축척의 눈금과 만나는 지점 1:10이 된다. 분으로 환산하면 B축척의 70이 되므로 70분이 된다.
따라서 140마일을 비행하는 데는 1시간 10분이 소요된다. [그림4-4]
[계산기]
① 메뉴 "LEG TIME"을 선택하고 거리 140을 입력
② 속도 120을 입력하면 01:10이 출력된다.

【연습문제】
1. 시간당 90마일로 비행하는 항공기가 120마일을 비행하는 데 걸리는 시간은?
   1:20 또는 80분
2. 시간당 110마일로 비행하는 항공기가 33마일을 비행하는 데 걸리는 시간은?
   18분
3. 시간당 136마일로 비행하는 항공기가 86마일을 비행하는 데 걸리는 시간은?
   38분

(2) 거리 산출
시간당 100마일(MPH)로 비행하는 항공기가 2시간 동안 비행했다면 비행한 거리는?
[계산반]
① 시간당 100마일 비행하므로 속도지표를 10에 맞춘다.
② 2시간 동안 비행했으므로 C축척의 2:00과 일치하는 A축척은 20이 된다.
   따라서 비행거리는 200마일이다. [그림4-5]
[계산기]
① 메뉴 "DISTFLN"을 선택하고 속도 100을 입력
② 시간 2시간을 입력하면 비행거리 200을 출력

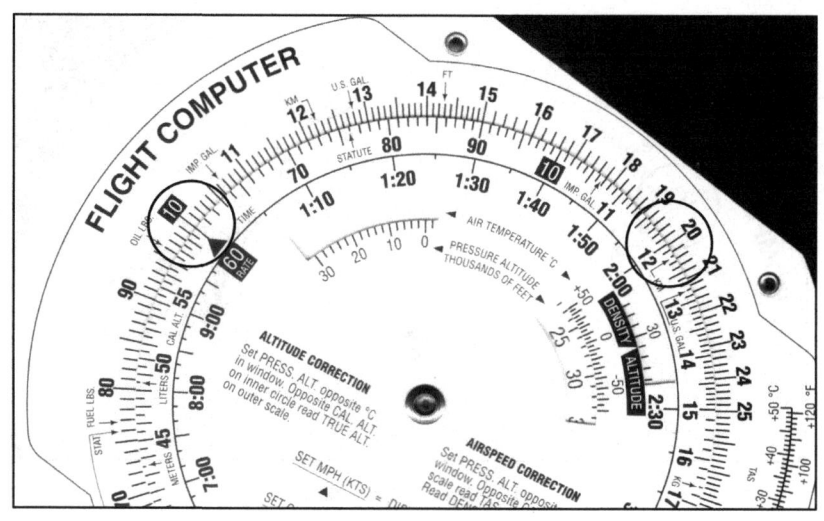

[그림4-5] 거리 계산

【연습문제】

1. 속도-120MPH, 시간-1:30일 때 비행할 수 있는 거리는? *180마일*
2. 속도-90MPH, 시간-1:40일 때 비행할 수 있는 거리는? *150마일*
3. 속도-175MPH, 시간-3:32일 때 비행할 수 있는 거리는? *618마일*

(3) 속도 산출

항공기가 200마일을 비행하는데 1:40이 소요되었을 때 비행속도는?
 [계산반]
 ① 비행한 거리 200마일을 A축척의 20과 C축척의 1:40을 일치시킨다.
 ② 속도지표가 지시하는 값 120마일이 된다. [그림4-6]
 [계산기]
 ① 메뉴 "GS"를 선택하고 거리 200을 입력
 ② 시간 01:40분을 입력하면 대지속도 120출력

【연습문제】

1. 거리-120마일, 시간 1:20일 때 속도는? *90마일*
2. 거리-300마일, 시간 2:00일 때 속도는? *150마일*
3. 거리-35마일, 시간 0:19일 때 속도는? *110마일*

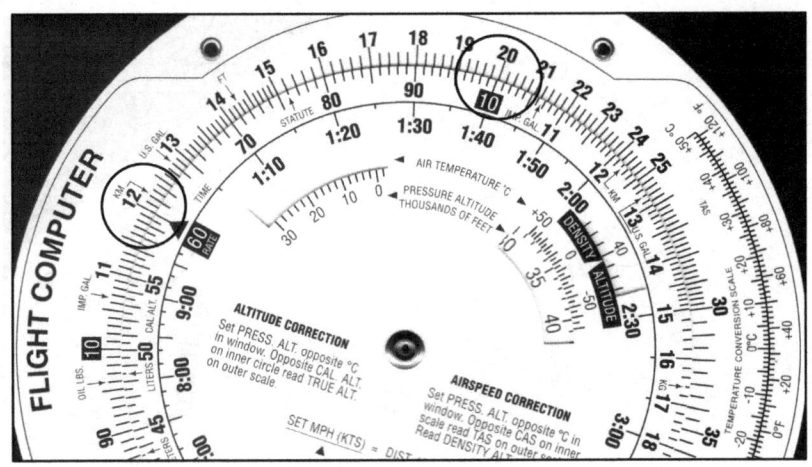

[그림4-6] 속도 계산

(4) 단거리와 시간(short time and distance) 산출

비행거리 및 시간이 몇 분 또는 몇 초를 요구하거나 2.5마일 등과 같이 단거리를 요구할 때는 "time index" 대신에 "36" 지표를 이용한다. B축척에 [그림4-7]과 같이 "seconds"라는 문자와 함께 작은 화살표로 표시되어 있고 이는 3,600초를 의미한다. 또한, B축척은 모두 초를 나타내고 C축척은 분을 나타낸다. 예를 들어 시간당 101마일을 비행하는 항공기가 1.12마일을 비행하는데 얼마의 시간이 소요되는가?

[계산반]
① "36" 지표를 A축척의 101에 맞춘다.
② A축척의 1.12와 일치하는 B축척의 눈금은 40이 된다. 따라서 1.12마일을 비행하는 데는 40초가 걸린다.

[계산기]
① 메뉴 "LEG TIME"을 선택하고 거리 1.12를 입력
② 속도 101을 입력하면 39초가 출력

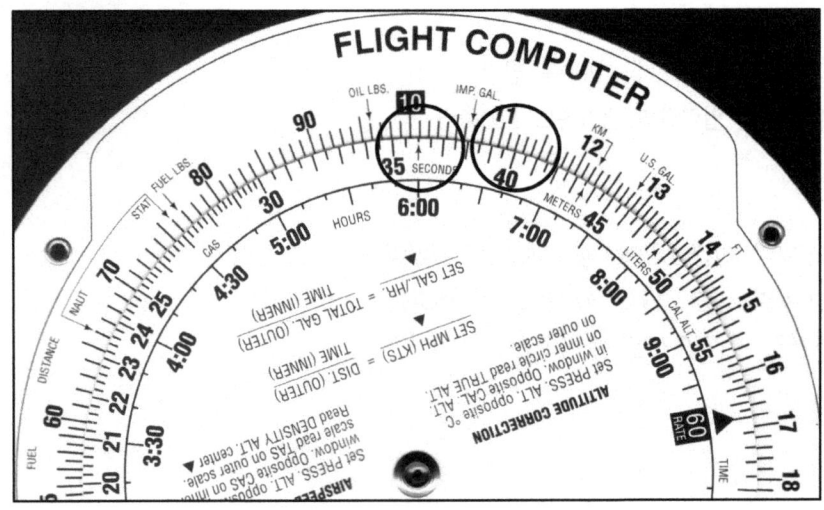

[그림4-7] 단거리와 시간 계산

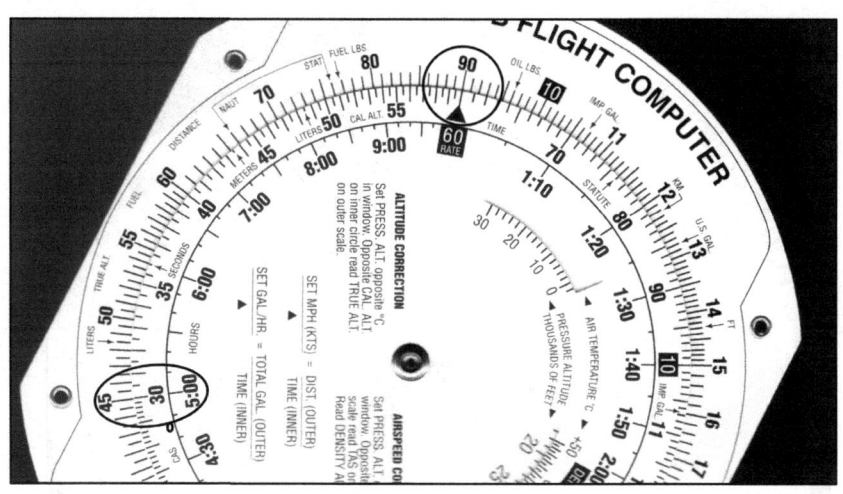

[그림4-8] 비행시간 계산

【연습문제】
1. 속도 120MPH, 거리 1.5마일일 때 비행시간은? 45초
2. 속도 150MPH, 거리 2마일일 때 비행시간은? 48초

[3] 연료 소모량

연료 소모량 산출은 시간과 거리를 산출하는 방법과 같은 방법으로 구할 수 있다.

(1) 비행시간 산출

시간당 9갤런(GPH)의 연료가 소모되는 항공기가 45갤런을 적재했을 때 얼마를 비행할 수 있는가?

[계산반]
① 시간당 9갤런이 소모됨으로 "speed index"를 90에 맞춘다.
② 45갤런의 연료량은 A축척의 45가 되고 시간은 C축척의 5:00을 구할 수 있다. [그림4-8]

[계산기]
① 메뉴 "ENDUR"을 선택하고 연료량 45를 입력
② 시간당 연료소모율 9를 입력하면 비행시간 05:00이 출력

【연습문제】
1. 연료소모율 15GPH, 가용 연료량 50갤런일 때 비행시간은? 3:20
2. 연료소모율 12GPH, 가용 연료량 60갤런일 때 비행시간은? 5:00
3. 연료소모율 18GPH, 가용 연료량 68갤런일 때 비행시간은? 3:46

(2) 연료 소모량

시간당 9갤런(GPH)의 연료를 소모하는 항공기가 2:00 시간을 비행했을 때 소모된 총연료량은?

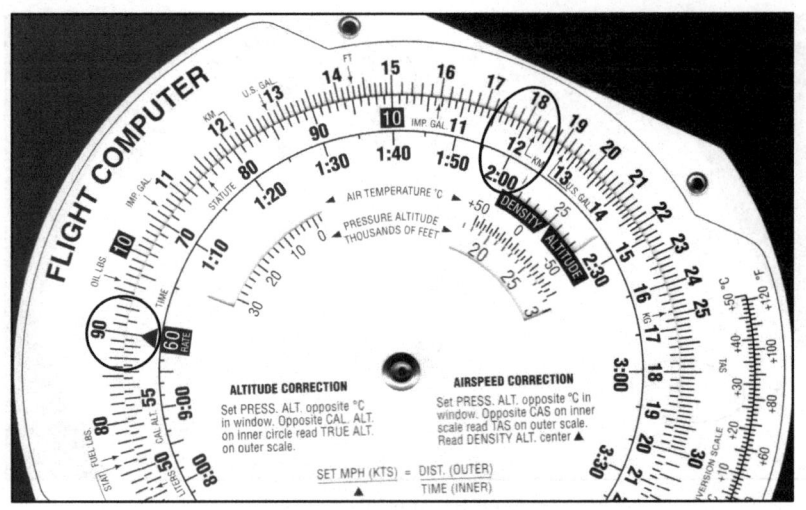

[그림4-9] 연료 소모량 계산

[계산반]
① 시간당 9갤런이 소모됨으로 "speed index"를 90에 맞춘다.
② 2시간을 비행했으므로 C축척의 2:00과 일치하는 A축척의 지시는 18이 된다.
  따라서 총소모된 연료량은 18갤런이다. [그림4-9]

[계산기]
① 메뉴 "FUELREQ"를 선택하고 연료량 18을 입력
② 시간당 연료소모율 9를 입력하면 비행시간 02:00이 출력

【연습문제】
1. 연료소모율 15GPH, 20분 비행했을 때 총연료량은? 5갤런
2. 연료소모율 20GPH, 3시간을 비행했을 때 총연료량은? 60갤런
3. 연료소모율 11GPH, 28분 비행했을 때 총연료량은? 5.15갤런

(3) 연료소모율
항공기가 2시간 30분 동안 비행했을 때 80갤런의 연료가 소모되었다면 시간당 연료소모율은 얼마인가?

[계산반]
① 소모된 총연료량이 80갤런이므로 A축척의 80과 C축척의 2:30을 일치시킨다.
② 시간당 연료소모율은 속도지표가 지시하는 값 32가 되고 시간당 연료소모율은 32갤런이 된다.
  [그림4-10]

[계산기]
① 메뉴 "FPH"를 선택하고 연료량 80 입력
② 시간 02:30을 입력하면 시간당 연료소모율 32 출력

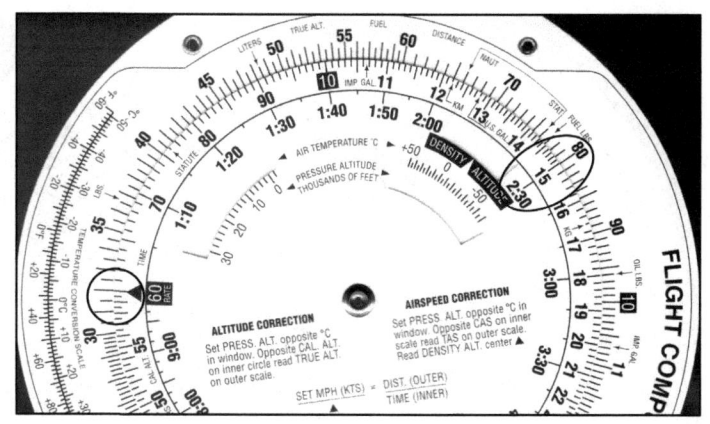

[그림4-10] 연료소모율 계산

【연습문제】
1. 연료 소모량 10갤런, 비행시간 50분일 때 연료소모율은? 12갤런
2. 연료 소모량 50갤런, 비행시간 4:00일 때 연료소모율은? 12.5갤런
3. 연료 소모량 36갤런, 비행시간 4:11일 때 연료소모율은? 8.6갤런

[4] TAS 산출

진대기속도(TAS)를 산출하기 위해서는 기압고도, 외부 기온 그리고 수정대기속도(CAS)가 주어져야 한다. CAS는 모든 교육 목적상 지시속도(IAS)와 일치한다. 계산반 중앙 왼쪽에 "FOR TRUE AIRSPEED & DENSITY ALTITUDE"에 지시되어 있다. [그림4-11]과 같이 기온과 기압고도를 일치시킨다. B축척의 눈금은 수정대기속도를 지시한다. 따라서 주어진 CAS 값과 A축척의 눈금이 일치하는 값이 TAS가 되고 밀도고도는 원판 중앙 상단의 "DENSITY ALTITUDE"의 삼각형이 지시하는 값이다. 예를 들어 고도 10,000피트와 외기기온 -10℃, IAS가 130MPH일 때 TAS는?

[계산반]
① 고도 10,000과 기온 -10℃를 일치시킨다.
② 지시속도가 130마일은 수정대기속도 130마일과 일치한다. B축척의 13과 일치하는 A축척은 15이다. 따라서 TAS는 150마일이 된다.

[계산기]
① 메뉴 "PLANTAS"를 선택하고 기압고도 10,000을 입력
② 기온 -10을 입력
③ 수정대기속도(CAS) 130을 입력하면 밀도고도, 마하수, 진대기속도(TAS) 150이 출력된다.

【연습문제】
1. 고노 6,000피트, 기온 -20℃, 지시속도 120마일에서 TAS는? 125마일
2. 고도 5,000피트, 기온 15℃, 지시속도 125마일에서 TAS는? 137마일
3. 고도 12,000피트, 기온 -10℃, 지시속도 150마일에서 TAS는? 180마일

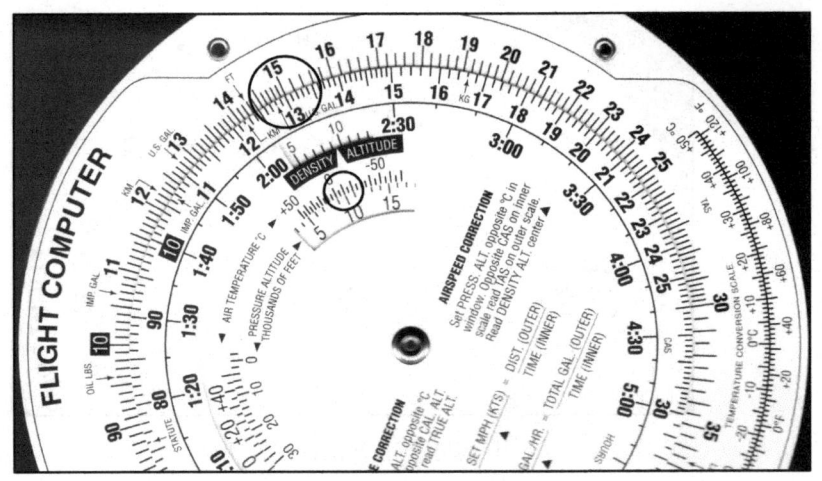

[그림4-11] TAS 계산

[5] 마하수를 TAS로 전환

주어진 기온에서 마하수를 TAS의 노트로 전환하기 위해서는 회전원판을 돌리면 "MACH NO. INDEX" 화살표가 나타난다. 먼저 기온을 이 화살표에 맞추고 B축척이 마하수를 지시하고 A축척은 TAS를 지시한다. 예를 들어 기온 10℃에서 마하 0.8은 TAS가 몇 노트인가?

[계산반]
① 회전원판을 돌려 마하수 화살표를 기온에 맞춘다.
② B축척의 80과 만나는 A축척의 지시는 525노트가 된다.

[계산기]
① 메뉴 "PLANM#"를 선택하고 기온 10 입력
② 마하수 0.8을 입력하면 진대기속도(TAS) 525 출력

【연습문제】
 1. 기온 10℃에서 마하수가 1일 때 TAS는? 656노트
 2. 기온 20℃에서 마하수가 0.8일 때 TAS는? 534노트
 3. 기온 15℃에서 마하수 1.36일 때 TAS는? 900노트

[6] 거릿값 전환

해상마일(NM)을 육상마일(SM)로 또는 육상마일을 해리 그리고 육상마일을 킬로미터로 전환한다.

(1) NM→SM으로 전환

고정판의 A축척에 "NAUT"와 "STAT"가 화살표로 표시되어 있고 B축척을 돌려 원하는 값에 일치시켜 거리를 전환할 수 있다. 예를 들어 80NM은 육상마일(SM)로 얼마인가?

[계산반]
① B축척을 돌려 80을 A축척의 "NAUT" 화살표에 일치시킨다.
② A축척의 "STAT" 화살표가 지시하는 B축척은 92가 된다.
[계산기]
① 계산기를 "ON"시키고 전환하고자 하는 마일 80을 입력한다.
② 자판의 "CONV"를 누른 후 화면 오른쪽 아래에 "CONV"가 나타난다.
③ 자판의 "NM → SM" 버튼을 누르면 92이 출력된다.

(2) SM→NM으로 전환
육상마일 80SM은 몇 해상마일(NM)인가?
[계산반]
① B축척을 돌려 80을 A축척의 "STAT" 화살표에 일치시킨다.
② A축척의 "NAUT" 화살표가 지시하는 B축척은 69.5가 된다.
[계산기]
① 계산기를 "ON"시키고 전환하고자 하는 육상마일 80을 입력한다.
② 자판의 "CONV"를 누른 후 화면 오른쪽 아래에 "CONV"가 나타난다.
③ 자판의 "SM → NM" 버튼을 누르면 69.5가 출력된다.

(3) SM→KM으로 전환
고정판의 A축척에 "STAT" 화살표에 육상마일 값을 일치시키고 A축척의 "KM" 화살표가 지시하는 B축척의 값을 읽으면 된다. 예를 들어 90SM은 몇 킬로미터인가?
[계산반]
① B축척을 돌려 90을 "STAT"에 일치시킨다.
② A축척의 "KM" 화살표가 지시하는 값은 144.8킬로미터가 된다.
[계산기]
① 계산기를 "ON"시키고 전환하고자 하는 육상마일 90을 입력한다.
② 자판의 "CONV"를 누른 후 화면 오른쪽 아래에 "CONV"가 나타난다.
③ 자판의 "SM → NM" 버튼을 누르면 78.2 출력된다.
④ 다시 자판의 "CONV"를 누른 후 "NM → KM"을 누르면 114.8이 출력된다.

【연습문제】
1. 150 NM은 육상마일로 얼마인가? 173 SM
2. 80 SM은 해상마일로 얼마인가? 69.5 NM
3. 133 SM은 몇 킬로미터인가? 214 KM
4. 50 KM은 육상마일로 얼마인가? 31 SM

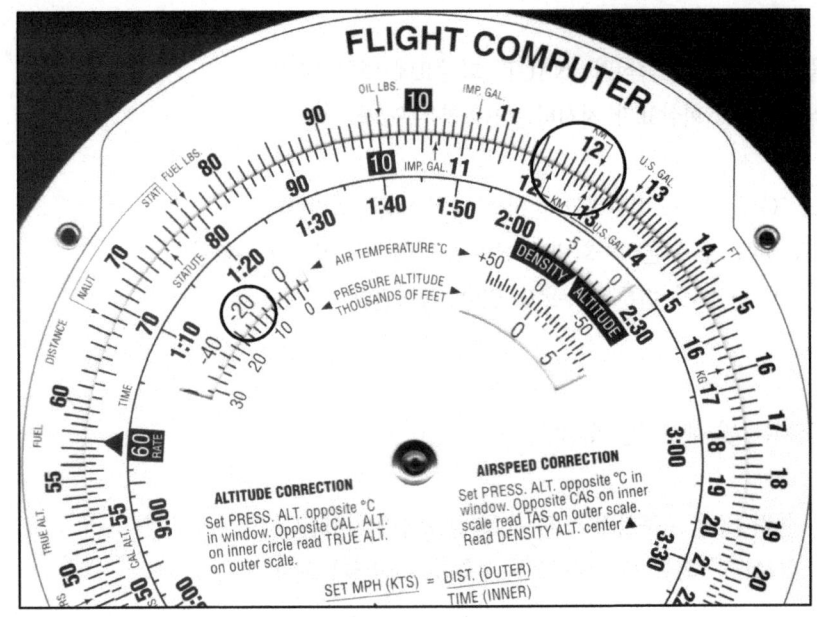

[그림4-12] 진고도(TA) 계산

[7] 진고도(TA) 산출

진고도를 산출하는 데는 기압고도, 기온 그리고 지시고도(IA)에 대한 정보가 요구된다. 기압고도는 기압고도계 수정치를 29.92에 맞추었을 때 고도계가 지시하는 고도이다. 예를 들어 기압고도가 12,000피트이고 기온이 -20℃에서 비행 중 지시고도는 12,500피트를 지시하고 있다. 이때 진고도(TA)는 얼마인가?

[계산반]

① 고도를 산출하는 데는 회전판 왼쪽에 있는 기압고도와 기온 눈금을 활용한다.
② 기온 -20에 기압고도 12를 맞춘다.
③ B축척의 눈금에 지시고도 12.5가 지시하는 A축척의 값은 12를 지시한다. 따라서 진고도는 12,000피트가 된다. [그림4-12]

【연습문제】

1. 기압고도 8,000피트, 지시고도 6,000피트, 기온 -10℃ 일 때 진고도(TA)는?
   5,800피트
2. 기압고도 9,000피트, 지시고도 10,000피트, 기온 -20℃ 일 때 진고도(TA)는?
   9,400피트
3. 기압고도 10,000피트, 지시고도 9,000피트, 기온 -10℃ 일 때 진고도(TA)는?
   8,800피트

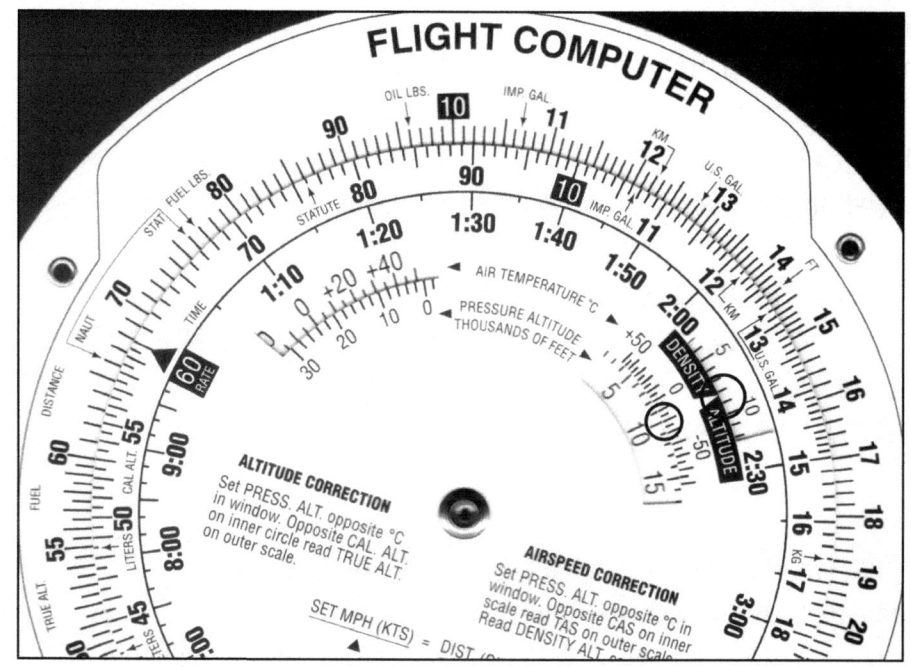

[그림4-13] 밀도고도 계산

[8] 밀도고도

밀도고도를 산출하기 위해서는 기압고도와 기온에 대한 정보가 요구된다. 밀도고도는 회전판 오른쪽의 기압고도와 기온 눈금을 활용한다. 예를 들어 기압고도 10,000피트에서 기온이 -20℃일 때 밀도고도는? [그림4-13]

[계산반]

① 회전판을 돌려 기온 -20과 기압고도 10을 일치시킨다.
② 중앙에 있는 "DENSITY ALTITUDE" 화살표가 지시하는 값 8,100피트가 밀도고도이다.

[계산기]

① 메뉴 "PLANTAS"를 선택하고 기압고도 10,000을 입력
② 기온 -20을 입력
③ 수정속도(CAS)는 주어진 값이 없으므로 "0"을 입력하면 밀도고도 8,112가 출력

【연습문제】

1. 기압고도 15,000피트, 기온 -30℃ 일 때 밀도고도는? 13,000피트
2. 기압고도 5,000피트, 기온 0℃ 일 때 밀도고도는? 4,300피트
3. 기압고도 4,000피트, 기온 -25℃ 일 때 밀도고도는? 해수면(-100피트)

[9] 곱하기와 나누기
곱셈과 나눗셈은 회전판의 "10"이 쓰여 있는 작은 박스를 활용한다.

(1) 곱하기
항공기가 분당 400피트로 8분 동안 상승했다면 고도는 얼마가 되는가?
 [계산반]
 ① B축척에 있는 "10" 박스를 A축척의 40에 맞춘다.
 ② 8분 동안 비행했으므로 B축척 80이 지시하는 A축척은 32가 된다. 따라서 고도는 3,200피트이다.
  [그림4-14, 위]
  ※ 계산기는 일반 계산법과 같이 400 × 8 = 3,200피트

(2) 나누기
항공기가 19분 동안에 8,000피트를 강하했다면 강하율은 얼마인가?
 ① B축척의 19와 A축척의 80을 일치시킨다.
 ② "10" 박스가 지시하는 A축척은 42를 지시하고 있다. 따라서 강하율은 420피트가 된다.
  [그림4-14, 아래]
  ※ 계산기는 일반 계산법과 같이 8,000 ÷ 19 = 420피트

【연습문제】
 1. 상승률이 분당 300피트, 상승시간 15분일 때 상승한 고도는? 4,500피트
 2. 강하율이 분당 500피트, 강하시간 5분일 때 강하한 고도는? 2,500피트
 3. 고도 6,000피트를 강하하는 데 8분이 소요되었다면 분당 강하율은? 750피트
 4. 고도 9,000피트를 상승하는 데 15분이 소요되었다면 분당 상승률은? 600피트
 5. 항공기에 적재된 화물의 암이 50인치이고 무게가 250파운드일 때 모멘트는? 12,500파운드-인치
 6. 총 모멘트가 162,000파운드-인치이고 총무게가 3,000파운드일 때 무게중심(C.G.)은? 54인치

[10] NM → Feet로 전환
일반적으로 표준계기출발(SID) 절차에 상승률은 NM당 피트로 명시되어 있다. 그러나 일반 승강계의 상승률(ROC)은 분당 피트로 조정되어 있으므로 이를 전환해 주어야 한다. "speed index"는 대지속도를 지시하는 데 활용되고 모든 B축척은 NM당 피트를 지시하고 A축척은 분당 피트로 수직속도를 지시한다. 예를 들어 대지속도가 120노트에서 NM당 상승률(ROC)이 300피트라면 분당 몇 피트가 되는가?
 ① 속도지표를 돌려 120에 맞춘다.
 ② B축척의 30은 A축척의 60을 지시하므로 분당 상승률은 600피트이다.

【연습문제】
 1. 대지속도 120노트, NM당 상승률이 450피트일 때 MPF는? 900피트

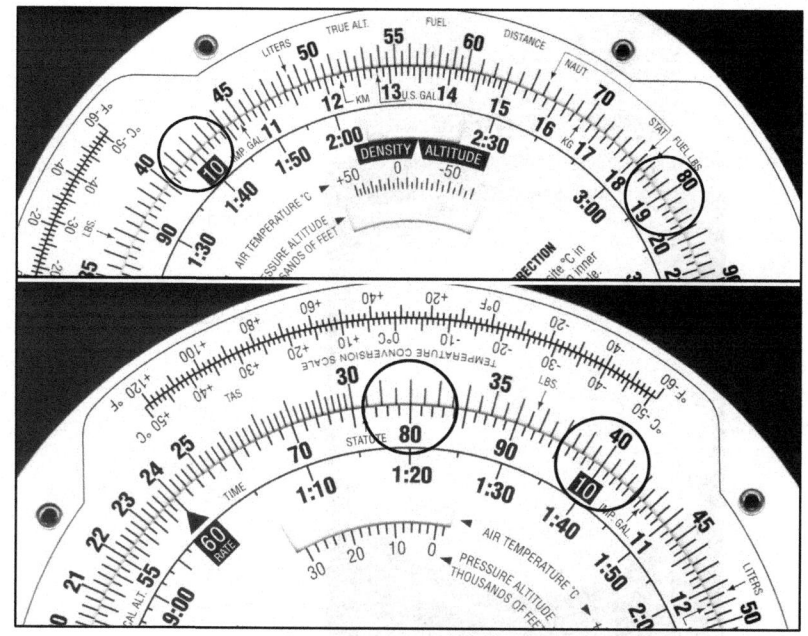

[그림4-14] 곱셈과 나눗셈

2. 대지속도 90노트, NM당 상승률이 300피트일 때 MPF는? 450피트
3. 대지속도 105노트, NM당 상승률이 400피트일 때 MPF는? 700피트

[11] 기온 값 전환

기온을 나타내는 단위는 섭씨와 화씨로 구분되어 있다. 이 두 값의 전환은 계산 방법으로도 구할 수 있으나 계산반 아래에 기온 전환 축척을 그려놓았기 때문에 쉽게 두 값을 서로 전환하여 활용할 수 있다. 예를 들어 50℉는 10℃가 된다. [그림4-2]

[계산기]
① 계산기를 "ON"시키고 전환하고자 하는 기온 화씨 50을 입력한다.
② 자판의 "CONV"를 누른 후 화면 오른쪽 아래에 "CONV"가 나타난다.
③ 자판의 "℉ → ℃" 버튼을 누르면 10이 출력된다.
※ 섭씨에서 화씨로 전환은 같은 방법으로 "℃ → ℉"로 입력하면 된다.

[12] 계산반의 바람면

계산반의 바람면은 회전 방위각과 직사각형 판으로 구성된다. 직사각형 판은 상하로 움직일 수 있어 미끄럼판이라고도 한다. 미끄럼판은 [그림4-15]와 같이 양면으로 구성되어 있다. 항공기 속도에 따라 한쪽 면은 250마일 이하 그리고 반대 면은 250마일 이상의 속도에 적용된다. 그림은 250마일 이하의 속도에 적용된다. 일반항공 조종사는 대부분 저속면을 활용한다. 미끄럼판 중심에 새겨진 숫자는 속도를 나타내고 회전판 중심으로부터의 거리를 나타내기도 한다. 중심으로부터 그려진 아크는 중심으로부터의 좌우 각도를 나타낸다. 회전판은 자유롭게 회전할 수 있고 외부에 360° 방위가 그려져 있다. 회전판은 투명 플라스틱으로

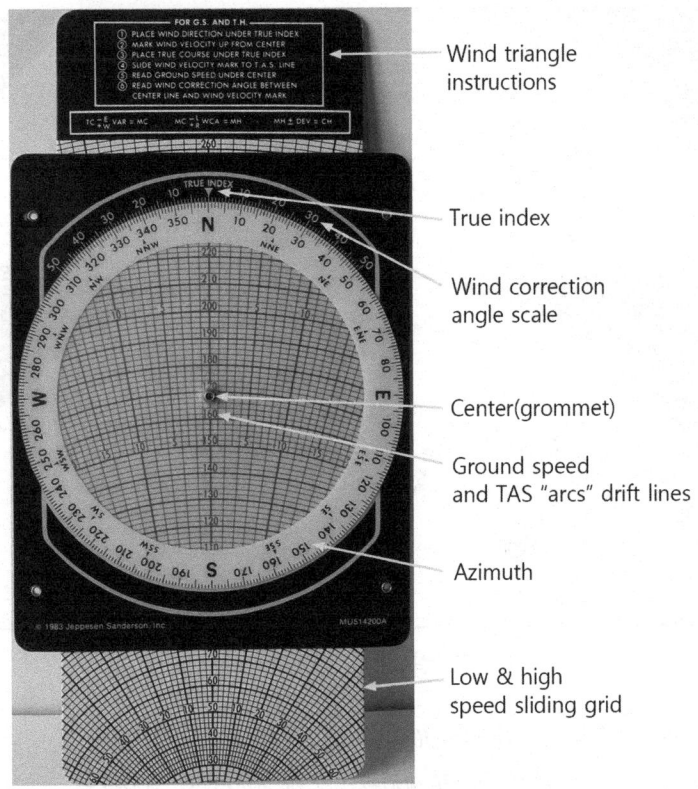

[그림4-15] 미끄럼판-풍향풍속

되어 있어 연필을 사용할 수 있다. 회전판 중심에는 조그마한 그로밋(grommet)이 있고 미끄럼판의 중심을 이동하게 고안되어 있다.

(1) 대지속도와 진기수방위(true heading) 산출
비행계획을 수립하여 특정 항로가 선정되면 바람수정각을 계산하여 적절한 항공기 기수방위를 결정해야 한다. 바람의 영향을 고려한 대지속도는 정확한 항로 시간을 산출하는 근거가 된다. 진기수방위와 대지속도를 산출하기 위해서는 진항로/진코스(true course: TC), 진대기속도(TAS), 바람 방향과 속도를 알아야 한다. 다음과 같이 주어진 조건에서 대지속도(ground speed)와 진기수방위(true heading; TH)는 얼마인가?
- 진항로/진코스(true course; TC) 050°
- TAS 170MPH
- 바람 100°/20MPH

[계산반] [그림4-16]
① True index에 바람 방향 100을 일치시킨다.
② 미끄럼판을 이동하여 굵은 숫자를 임의로 선정하여 회전판의 그로밋(grommet)에 맞춘다.
 여기서는 180을 선정했다.
③ 그로밋에서 위로 바람 속도 20이 되는 지점을 연필로 표시한다.

④ 회전판을 돌려 true index에 진항로(true course) 50에 맞춘다.
⑤ 미끄럼판을 이동하여 연필로 표시한 점과 TAS 170선과 일치시킨다.
⑥ 바람수정각(wind correction angle; WCA)과 방향은 연필로 표시한 점의 위치가 되므로 오른쪽으로 약 5°가 된다.
⑦ 진기수방위(true heading; TH)는 진항로(50)에서 바람수정각(+5)을 적용하면 55°가 된다. 진기수방위는 바람수정각이 오른쪽일 때는 더해주고 왼쪽일 때는 감해준다.
⑧ 그로밋이 지시하는 숫자는 157이고 이것이 대략적인 대지속도이다.

[계산기]
① 메뉴 "HDG/GS"를 선택하고 바람 방향 100을 입력
② 바람 속도 20을 입력
③ 진항로(TC) 050을 입력
④ 진대기속도(TAS) 170을 입력하면 대지속도 156.4에 진기수방위 055가 출력된다.

【연습문제】
1. 진항로/진코스(TC) 030°, TAS 170MPH, 바람 080°/20일 때 진기수방위와 대지속도는?
   진기수방위(TH) 35°, 대지속도(GS) 156마일
2. 진항로/진코스 300°, TAS 180MPH, 바람 210°/25일 때 진기수방위와 대지속도는?
   진기수방위 292°, 대지속도 178마일
3. 진기수방위 310° TAS 120MPH, 바람 180°/16일 때 진기수방위와 대지속도는?
   진기수방위 304°, 대지속도 130마일

(2) 풍향풍속 계산
바람 방향과 속도를 산출하기 위해서는 진항로(true course), 진기수방위(true heading), TAS, 대지속도(ground speed)에 대한 정보가 필요하다. 다음과 같이 주어진 조건에서 풍향풍속을 계산하라.
• 진항로(TC) 190°
• 대지속도(GS) 110마일
• 진기수방위(TH) 185°
• TAS 115마일

[계산반] [그림4-17]
① true index에 진기수방위 190을 맞춘다.
② 미끄럼판을 이동하여 그로밋에 대지속도 110에 일치시킨다.
③ 진항로는 190°인데 진기수방위는 185°를 유지하고 있으므로 바람수정각은 5°이고 왼쪽에서 불어오고 있다.
④ 회전판 그로밋에 대지속도 110을 지시한 상태에서 TAS 115선에 바람수정각 왼쪽 5에 연필로 표시한다.
⑤ 회전판을 돌려 연필로 표시한 점이 중심선에 일치할 때까지 돌린다.
⑥ 바람 속도는 연필로 표시한 점과 그로밋 사이의 거리 11마일이 된다.

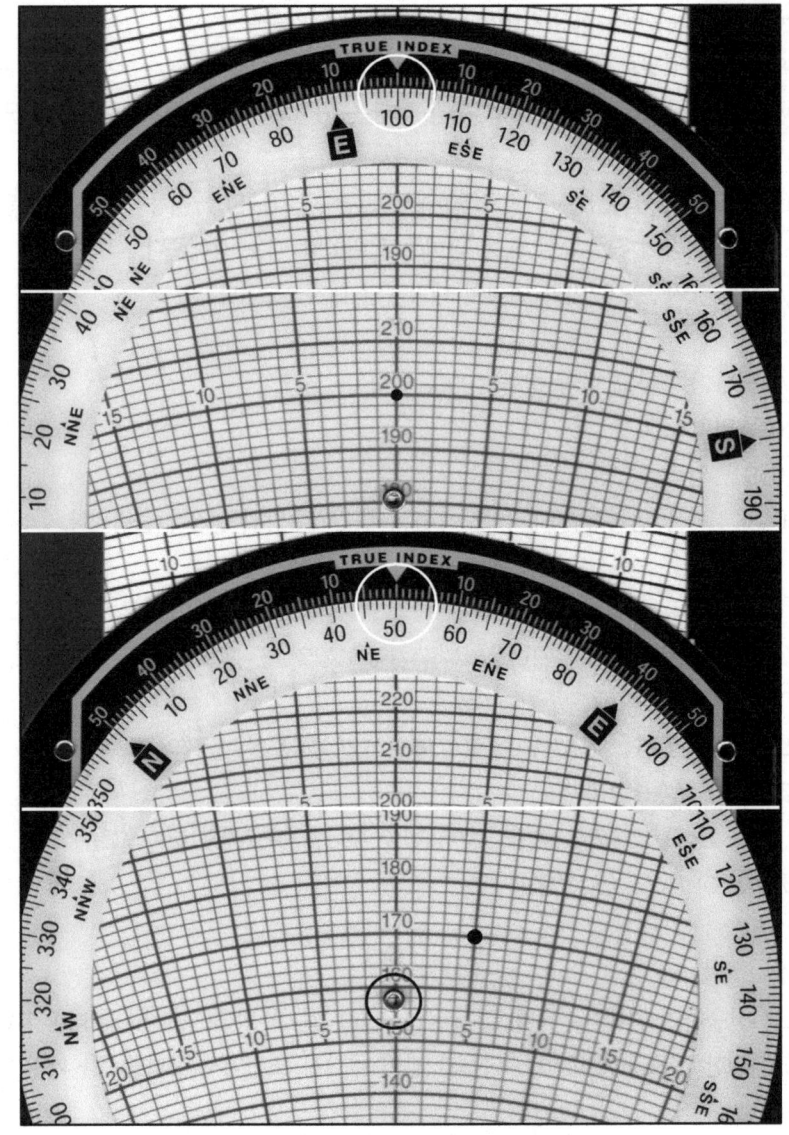

[그림4-16] 대지속도와 진기수방위

⑦ 바람 방향은 true index가 지시하는 방위 125°이다.

[계산기]

① 메뉴 "WIND"를 선택하고 진항로(TC) 190을 입력한다.
② 진대기속도(TAS) 115를 입력한다.
③ 대지속도(GS) 110을 입력한다.
④ 진기수방위(TH) 185를 입력하면 바람 방향은 124° 풍속 11이 출력된다.

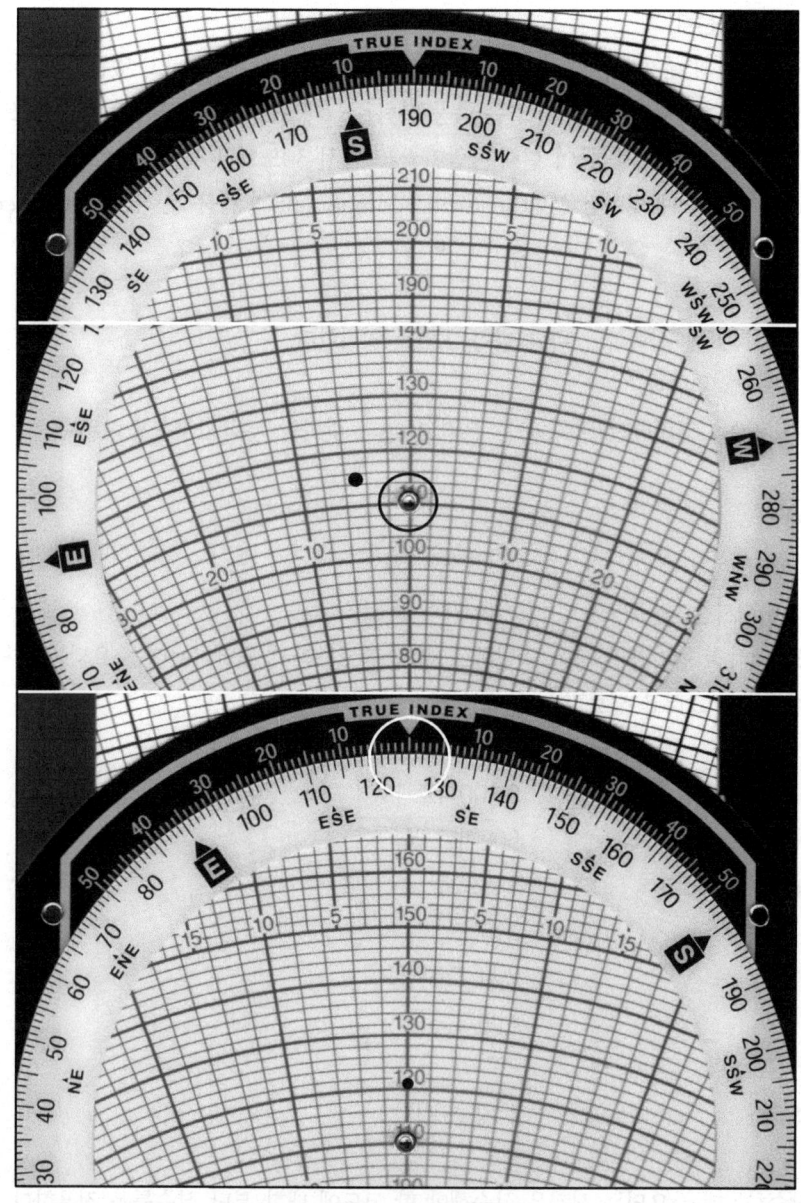

[그림4-17] 풍향풍속 계산

【연습문제】

1. 진항로 150°, 대지속도 130마일, 진기수방위 155°, TAS 140마일에서 바람 방향과 속도는?
   바람 202°/15

2. 진항로 270°, 대지속도 210마일, 진기수방위 265°, TAS 190마일에서 바람 방향과 속도는?
   바람 129°/27

3. 진항로 067°, 대지속도 184마일, 진기수방위 050°, TAS 168마일에서 바람 방향과 속도는?
   바람 311°/54

[13] 맞바람과 측풍 분력

활주로에 존재하는 바람의 존재는 항공기의 성능을 초과할 수 있으므로 운용하고 있는 항공기의 측풍 한계 내에 있는지를 판단할 수 있어야 한다. 이 같은 측풍 분력은 그래프를 이용하여 산출할 수 있으나 "계산기"로도 간단히 결정할 수 있다. 예를 들어 현재 바람이 220°에서 30노트가 불고 있는 상태에서 RWY 18에 착륙을 시도하고자 한다. 이때 맞바람 분력(headwind component)과 측풍 분력(crosswind component)은 얼마인가?

[계산기]

① 메뉴 "X/H-WIND"를 선택하고 바람 방향 220을 입력한다.
② 바람 속도 30을 입력한다.
③ 활주로 방향 180을 입력하면 왼쪽 측풍 분력 19.3과 맞바람 분력 23이 출력된다.

[14] 종합문제

(1) 나기수방위, 비행시간, 연료량

다음과 같은 조건에서 비행기가 공항을 출발했을 때 순항고도까지 도달하는데 소요되는 대략적인 시간, 거리, 나기수방위(CH), 그리고 연료량은 얼마인가?

- 공항표고   1,000피트
- 순항고도   9,500피트
- 상승률   500피트/분
- 평균진대기속도(TAS) 135노트
- 진항로(TC)   215°
- 평균 풍향풍속   290°/20노트
- 편각(Var)   서편각 3°
- 자차(Dev)   -2°
- 평균 연료소모율   13갤런/시간

① 상승시간: 상승하는데 소요되는 시간은 상승해야 할 고도에 대한 분당 상승률을 적용한다. 공항표고가 1,000이고 순항고도가 9,500피트이므로 실제 상승해야 할 고도는 8,500피트가 되고 시간은 17분(8,500÷500)이 소요된다.

② 나기수방위(compass heading; CH)를 구하기 위해서는 진항로(TC)에 편각을 적용하여 자항로(MC)를 구하고 바람수정각을 적용하여 자기수방위(MH)를 구한다.

  • MC = TC±Var, MC = 215 + 3 = 218

③ 주어진 풍향풍속과 TAS를 이용하여 바람수정각(WCA)과 대지속도를 구한다.

  [계산반]

- 바람면의 지표에 바람 방향 290을 맞춘다.
- 투명판 중심의 원을 기준으로 바람 속도 20이 되는 지점에 연필로 표시한다.

- true index에 진항로 215를 일치시킨다.
- 미끄럼판을 움직여 연필로 표시한 점과 TAS 135를 일치시킨다.
- 투명판의 그로밋이 지시하는 숫자가 대지속도(GS) 128노트이다.
- 바람수정각(WCA)은 오른쪽으로 8°이므로 더해주어야 한다.
- MH = MC ± WCA, MH = 218 + 8 = 226°

[계산기]
- 메뉴 "HDG/GS"를 선택하고 바람 방향 290을 입력한다.
- 바람 속도 20을 입력한다.
- 진항로(TC) 215를 입력한다.
- 진대기속도(TAS) 135를 입력하면 대지속도(GS) 128.4와 헤딩 223°가 출력된다.
  여기서 자기수방위(MH)는 편각 +3°를 적용한 방위이므로 226°가 된다.

④ 마지막으로 나기수방위(CH)는 자차를 적용한다.
- CH = MH ± Dev, CH = 226 - 2 = 224

⑤ 거리는 시간과 대지속도를 곱해서 구한다.
- 거리 = 시간 × 대지속도(GS) = (17 × 128) ÷ 60 = 36 NM

⑥ 총연료량은 시간과 연료소모율을 곱해서 구한다.
- 연료량 = 시간 × 연료소모율 = (17 ÷ 60) × 13 = 3.68갤런

(2) 자기수방위(MH)와 대지속도(GS)
다음과 같은 조건에서 자기수방위와 대지속도는 얼마인가?
- 진항로(TC)   238°
- 편각(Var)   서편각 3°
- 지시속도(IAS)   160노트
- 외기기온   -15°
- 기압고도   8,500피트
- 풍향풍속   160°/25노트

① 먼저 TAS를 알아야 대지속도를 구할 수 있다. 계산반을 이용하여 다음과 같이 TAS를 구한다.
- 계산반 오른쪽 면에 외기기온(-15℃)과 기압고도(8,500피트)를 일치시킨다.
- 회전판의 외부 눈금 160(지시속도)과 고정판이 일치하는 값이 진대기속도 177노트이다.

② TAS를 구했으므로 뒷면을 이용하여 대지속도를 구한다.

[계산반]
- True index에 바람 방향 160에 일치시키고 그로밋을 임의 숫자를 기준으로 그로밋에서 바람 속도 25가 되는 지점에 연필로 표시한다.
- 내부 회전판을 돌려 진항로(238)를 True index에 일치시킨다.

- 미끄럼판을 움직여 TAS 177선과 연필로 표시한 점이 일치하도록 한다.
- 그로밋이 지시하는 숫자 171이 대지속도이다.
- 바람수정각은 왼쪽으로 8°가 된다.

③ 자기수방위(MH)는 다음과 같은 공식을 적용하여 구한다.
- MC = TC ± Var, MH = MC ± WCA,
- MC = 238 + 3 = 241, MH = 241 - 8 = 233

[계산기]
- 메뉴 "PLANTAS"를 선택하고 기압고도 8,500을 입력한다.
- 기온 -15를 입력한다.
- 지시속도 160을 입력하면 밀도고도, 마하수 그리고 진대기속도(TAS) 177이 출력된다.
- 메뉴 "HDG/GS"를 선택하고 바람 방향 160을 입력한다.
- 바람 속도 25를 입력한다.
- 진항로(TC) 238을 입력하면 진대기속도 177은 자동으로 출력되고 다시 입력하면 대지속도 170노트와 진기수방위(TH) 230°가 출력된다. 편각 +3°를 적용했을 때 자기수방위(MH)는 233°가 된다.

(3) 지시속도(IAS)
지방횡단비행 중 A 지점을 15:00에 통과했고 B 지점을 15:30에 도착할 예정이다. 다음 정보를 활용하여 B 지점에 도달하는데 요구되는 지시속도(IAS)를 결정하라.

- A와 B 사이의 거리   70NM
- 바람예보   310°/15노트
- 기압고도   8,000피트
- 외기기온   -10℃
- 진항로(TC)   270°

두 지점 사이의 거리와 시간이 주어졌으므로 대지속도를 구하고 TAS를 구한 후 CAS를 구한다.
[계산반]
- 외부 원의 눈금 70에 내부 회전판의 30을 일치시키고 60 index가 지시하는 값이 대지속도(GS) 140이다.
- 뒷면의 True index에 바람 방향 310을 일치시키고, 그로밋에 대지속도 140을 일치시키고 바람 속도 15가 되는 지점에 연필로 표시한다.
- 내부 회전판을 돌려 True index에 진항로(TC) 270을 일치시킨다.
- 연필로 표시된 지점 선상이 TAS 152가 된다.
- 계산반의 전면을 이용하여 외기기온 -10℃와 8,000피트를 일치시키고 외부 원의 눈금 TAS 152가 지시하는 내부 회전판 눈금 137노트가 IAS이다.

[계산기]
- 메뉴 "GS"를 선택하고 거리 70을 입력한다.
- 시간 30분을 입력하면 대지속도 140이 출력된다.

- 커서를 이동하여 "ReqTAS"를 선택하고 바람 방향 310을 입력한다.
- 바람 속도 15를 입력한다.
- 진항로(TC) 270을 입력한다.
- 대지속도 140을 입력하면 TAS 151.8이 자동으로 출력된다.
- 커서를 이동하여 "ReqCAS"를 선택하고 기압고도 8,000을 입력한다.
- 기온 -10을 입력(10을 입력하고 "+/-"를 입력) 하면 TAS 151.7은 자동 출력되고 재입력하면 CAS 137이 출력된다.

(4) 대지속도와 연료량

다음과 같이 주어졌을 때 대략적인 대지속도와 연료 소모량은 얼마인가?

- 거리　　　　　　340SM
- 진항로(TC)　　　260°
- 바람　　　　　　245°/45노트
- TAS　　　　　　135MPH
- 연료 소모량　　　12.7갤런/시간

이 문제를 해결하기 위해서 먼저 속도 단위를 통일해야 하고, TAS가 마일로 주어졌기 때문에 시간당 마일(MPH)을 사용한다. 따라서 바람 속도 45노트를 마일로 전환하면 약 52마일이 된다. (계산반의 외부 눈금의 "NAUT"에 45를 일치시키고 "STAT"가 지시하는 눈금 약 52가 되고, 계산기를 이용하여 45를 입력하고 "CONV"를 누르고 "NM → SM"을 누르면 51.78이 출력된다.)

[계산반]
- True index에 바람 방향 245에 일치시키고 그로밋(그로밋)을 임의 숫자를 기준으로 그로밋으로부터 바람 속도 52가 되는 지점에 연필로 표시한다.
- 내부 회전판을 돌려 진항로(260)를 True index에 일치시킨다.
- 미끄럼판을 올려 TAS 135선과 연필로 표시한 점이 일치하도록 한다.
- 그로밋이 지시하는 숫자 84가 대지속도(GS)이다.
- 연료량을 구하기 위해서 비행시간을 구해야 한다. 계산반 전면의 "60 index"를 84에 일치시키고 340이 지시하는 시간은 약 4시간 3분(243분)이 된다.
- 시간당 연료소모율이 12.7이므로 "60 index"를 12.7에 일치시키고 내부 회전판의 4시간 3분(243분)이 지시하는 외부 원 눈금이 총연료량 51.2이다.

[계산기]
- 메뉴 "Hdg/GS"를 선택하고 차례로 입력하면 GS 84가 출력되고 커서를 이동하여 "Leg Time" 선택한 후 거리 340을 입력한다.
- GS는 자동 출력되고 재입력하면 4시간 2분의 비행시간이 출력된다.
- 커서를 이동하여 "Fuel Req"을 선택하고 입력하면 시간이 자동 출력된다.
- 시간당 연료소모율 12.7을 입력하면 총연료량 51.3이 출력된다.

|제4장| 기출문제 및 예상문제

1. 비행한 거리를 계산하기 위해서 어떻게 해야 하는가?
　① 시간과 대기속도를 곱한다.　　　② 시간과 지시속도를 곱한다.
　③ 시간과 등가속도를 곱한다.　　　④ 시간과 대지속도를 곱한다.
　【해설】 주어진 시간 동안 비행한 거리(distance)를 구하기 위해서는 비행한 시간과 대지속도(ground speed)를 곱해야 한다. [시간×대지속도=비행거리]

2. 항공기가 대지속도 98노트로 2분 30초를 비행했을 때 얼마를 비행할 수 있는가?
　① 2.45NM　　　② 3.35NM
　③ 4.08NM　　　④ 5.23NM
　【해설】 대지속도가 98노트이므로 분당 대지속도는 약 1.63(98÷60)노트이다. 따라서 비행한 거리는 2.5×1.63 = 4.08이 된다.

3. 다음과 같은 상황에서 59NM을 비행하는 데 걸리는 시간은?
　| True course(TC): 011°, Wind: 330°/25, TAS: 100 knots |
　① 44분　　　② 40분
　③ 48분　　　④ 50분
　【해설】 주어진 조건에서 대지속도(GS)를 먼저 구한다.
　[계산반]
　・바람 면의 index에 바람 방향 330을 맞춘다.
　・투명판 그로밋을 기준으로 바람 속도 25가 되는 지점에 연필로 표시한다.
　・index에 true course(TC) 011을 일치시킨다.
　・미끄럼판을 움직여 연필로 표시한 점과 TAS 100을 일치시킨다.
　・투명판의 그로밋이 지시하는 숫자가 대지속도(GS) 80노트이다.
　대지속도 80노트로 59NM을 비행하는 데는 약 44분이 걸린다.
　[계산기]
　・대지속도 계산: 메뉴 "HDG/GS"를 선택한다.
　・비행 소요 시간 계산: 메뉴 "LEG TIME"을 선택

4. 다음과 같은 상황에서 105NM을 비행하는 데 걸리는 시간은?
　| True course(TC): 090°, Wind: 155°/25, TAS: 125 knots |
　① 56분　　　② 59분
　③ 62분　　　④ 66분

【정답】 1.④　2.③　3.①　4.①

5. 다음과 같은 상황에서 49NM을 비행하는 데 걸리는 시간은 얼마인가? 상승에 필요한 2분을 더하라.

| True course(TC): 144°, Wind: 030°/12, TAS: 95노트 |

① 23분　　② 27분
③ 31분　　④ 35분

6. 다음과 같은 상황에서 53NM을 비행하는 데 걸리는 시간은 얼마인가? 상승을 위해서 3분을 더하라.

| True course(TC): 345°, Wind: 300°/14, TAS: 90 knots |

① 38분　　② 43분
③ 48분　　④ 55분

【해설】 주어진 조건에서 대지속도(GS)를 먼저 구한다.
- 바람 면의 index에 바람 방향 300을 맞춘다.
- 투명판 그로밋을 기준으로 바람 속도 14가 되는 지점에 연필로 표시한다.
- index에 true course 345를 일치시킨다.
- 미끄럼판을 움직여 연필로 표시한 점과 TAS 90을 일치시킨다.
- 투명판의 그로밋이 지시하는 숫자가 대지속도(GS) 80노트이다.

따라서 대지속도(GS) 80노트로 53NM을 비행하는 데는 약 40분이 소요된다. 그리고 상승하는 데 3분이 소요됨으로 총소요 시간은 43분이 된다.

7. A-공항에서 B-공항까지 거리가 22.5NM이다. 다음과 같은 조건에서 예상 순항 비행시간은 얼마인가?

| True course(TC): 127°, Wind: 200°/20, TAS 110 knots, Var 7°E |

① 11분　　② 13분
③ 16분　　④ 19분

【해설】 [계산반]
- 대지속도(GS)를 구한다.
- 바람 면의 index에 바람 방향 200을 맞춘다.
- 투명판 그로밋을 기준으로 바람 속도 20이 되는 지점에 연필로 표시한다.
- index에 true course(TC) 127을 일치시킨다.
- 미끄럼판을 움직여 연필로 표시한 점과 TAS 110을 일치시킨다.
- 투명판의 그로밋이 지시하는 숫자가 대지속도(GS) 102노트이다.
- 비행시간을 계산한다.
- 거리는 약 22.5NM이다.
- 거리(22.5NM)와 속도(102노트)를 알았으므로 계산반을 이용하여 시간을 구한다.
- 회전판의 60 index를 102에 맞추고
- 외부 고정판의 22.5와 회전판 첫 번째 눈금과 만나는 점 13.3분이 된다.
※ 문제에서 제시된 편각(Var)은 이 문제와 관계없다.

【정답】 5.③　6.②　7.②

[계산기]
- 대지속도
  • 메뉴 "HDG/GS"를 선택   • 바람 방향 200 입력
  • 바람 속도 20 입력   • 진항로(TC) 127 입력
  • TAS 110 입력하면 대지속도(GS) 102노트 출력
- 비행시간 계산
  • 메뉴 "LEG TIME"를 선택
  • 거리 22.5 입력
  • 대지속도 102.4 자동 출력 또는 입력하면 약 13분 출력

8. A-공항에서 B-공항까지 거리가 60NM이다. 다음과 같은 조건에서 예상 순항 비행시간은 얼마인가?
| True course(TC): 332°, Wind: 290°/20, TAS 110 knots, Var 8°E |
① 25분   ② 30분
③ 38분   ④ 41분

9. Pressure altitude 40,000피트에서 TAS 370노트로 비행하는 항공기의 음속(speed of sound)은 얼마인가? (단, 외기기온 -50°C)
① 0.55   ② 0.64
③ 0.76   ④ 0.89

【해설】 [계산반]
회전판을 돌려 마하수 화살표에 기온 -50을 맞춘다. 고정판이 TAS를 지시하기 때문에 370과 회전판 눈금이 만나는 값 0.64가 마하수이다.

[계산기]
비행용 계산기를 이용하여 메뉴 "REQ CAS"를 선택한다.
고도 40,000피트, 기온 -50도, 진대기속도(TAS) 370을 입력하면 마하수 0.64와 밀도고도 및 CAS를 구할 수 있다.

10. 외기기온(OAT)이 -10°C이고, pressure altitude 10,000피트에서 TAS 300노트로 비행하는 항공기의 음속(speed of sound)은?
① 0.47   ② 0.59
③ 0.67   ④ 0.75

11. 기압고도 15,000피트에서 진대기속도 150노트로 비행하는 항공기의 음속은 얼마인가?
(단, 외기기온 -20°C)
① 0.18   ② 0.24
③ 0.39   ④ 0.45

【정답】 8.③ 9.② 10.① 11.②

12. 외부 기온이 -25°C이고, 기압고도 18,000피트에서 진대기속도 350노트로 비행하는 항공기의 음속은 얼마인가?
① 0.37   ② 0.47
③ 0.57   ④ 0.67

13. 비행계획을 수립하는 데 있어서 A-지점과 B-지점은 10NM이고, B-지점에서 C-지점까지는 50NM이다. 당신이 A-지점을 14:56에 B-지점을 15:01에 통과했다면 C-지점에 도착할 수 있는 시간은?
① 15:16   ② 15:21
③ 15:26   ④ 15:30

【해설】 거리와 시간이 주어졌고 대지속도(ground speed: GS)를 구한 후 B-지점에서 C-지점까지 걸리는 시간을 계산할 수 있다.
[계산반]
• A에서 B까지 소요 시간 5분(1501-1456)
• 대지속도를 구하는 방법은 회전판 50과 고정판의 10을 일치시키고 60 index가 지시하는 값 120이 된다. 따라서 대지속도는 120노트이다.
• 50마일을 120노트로 비행했을 때 약 25분이 소요된다.(60 index를 고정판 120에 맞추고 고정판 50이 지시하는 회전판의 25가 된다.
[계산기]
- 대지속도 계산
• 메뉴의 "GS"를 선택한다.
• 거리 10NM을 입력
• 시간 5분을 입력하면 대지속도 120 출력
- 소요 시간 계산
• 메뉴 "LEG/TIME" 선택
• 거리 50 입력
• 대지속도 120 자동 출력 또는 입력하면 시간 25분 계산

14. A-지점에서 B-지점까지의 거리가 77NM이고 비행하는 데 35분이 소요되었다면 이 항공기의 대지속도(GS)는 얼마인가?
① 112노트   ② 122노트
③ 132노트   ④ 142노트

15. A-지점에서 B-지점까지 12NM이고 이 구간을 비행하는 데 5분이 소요되었을 때 B-지점으로부터 60NM에 있는 목적지 공항까지는 몇 분이 소요되고 대지속도(GS)는 얼마인가?
① 20분, 144노트   ② 20분, 134노트
③ 25분, 134노트   ④ 25분, 144노트

【정답】 12.③   13.③   14.③   15.④

[해설] 거리와 시간이 주어졌고 대지속도(ground speed; GS)를 구한 후 B-지점에서 C-지점까지의 소요 시간을 계산할 수 있다.

[계산반]
- A에서 B까지의 소요 시간 5분
- 대지속도를 구하는 방법은 회전판 50과 고정판의 12를 일치시키고 60 index가 지시하는 값 144가 된다. 따라서 대지속도는 144노트이다.
- 60마일을 144노트로 비행했을 때 약 25분이 소요된다.(60 index를 고정판 144에 맞추고 고정판 50이 지시하는 회전판의 25가 된다.

[계산기]
- 대지속도 계산
- 메뉴의 "GS"를 선택한다.
- 거리 12NM을 입력
- 시간 5분을 입력하면 대지속도 144 출력
- 소요 시간 계산
- 메뉴 "LEG/TIME" 선택
- 거리 60 입력
- 대지속도 144 자동 출력 또는 입력하면 시간 25분 계산

16. A-지점에서 B-지점까지 20NM이고 이 구간을 비행하는 데 10분이 소요되었을 때 B-지점으로부터 100NM에 있는 목적지 공항까지는 몇 분이 소요되고 대지속도는?
① 45분, 120노트   ② 45분, 130노트
③ 50분, 130노트   ④ 50분, 120노트

17. 다음과 같은 조건에서 true course(TC)가 011°일 때 magnetic heading(MH)은 얼마인가?
| Wind: 330°/25, TAS 100 knots, Var 11°E |
① 002°   ② 012°
③ 351°   ④ 341°

[해설] Magnetic heading(MH)은 true heading(TH)에서 편각(Var)을 가감해 주어야 하고 이들의 관계는 다음과 같다. [MH = TH ± Var]
True course(TC)에서 true heading을 구하기 위해서는 true course에 바람수정각(wind correction angle; WCA)을 가감해 주어야 한다. [TH = TC ± WCA]
- 바람 면의 index에 바람 방향 330을 맞춘다.
- 투명판 그로밋을 기준으로 바람 속도 25되는 지점에 연필로 표시한다.
- index에 true course 011을 일치시킨다.
- 미끄럼판을 움직여 연필로 표시한 점과 TAS 100을 일치시킨다.
- 연필로 표시한 점과 중심선과의 사이 각이 바람수정각(WCA) 9도가 된다. 여기서 연필로 표시한 점이

[정답] 16.④ 17.③

왼쪽에 있으면 진항로(TC)에서 바람수정각을 감해주고, 오른쪽에 있으면 진항로(TC)에 바람수정각을 더한다. 따라서 진항로(TC) 011에서 9도를 감해주면 002도가 된다. 마지막으로 자기수방위(MH)를 구하기 위해서 편각을 적용한다. 편각은 동편각은 감하고 서편각은 더해준다. 이를 정리하면 다음과 같다.
TH = TC ± WCA, MH = TH ± Var, MH = 002 - 11 = 351

18. 다음과 같은 조건에서 true course(TC)가 080°일 때 magnetic heading(MH)은 얼마인가?
| Wind: 145°/20, TAS 120 knots, Var 6°E |
① 035°   ② 083°
③ 135°   ④ 165°

19. A-공항에서 B-공항까지 비행하기 위한 MH과 CH을 결정하라.
| True course: (TC) 021°, Wind: 330°/25, TAS 110 knots, Var 7°E, Dev + 5° |
① 025°, 007°   ② 023°, 007°
③ 017°, 009°   ④ 004°, 009°

【해설】 바람수정각(WCA)을 결정한다.
- 바람 면의 index에 바람 방향 330을 맞춘다.
- 투명판 그로밋을 기준으로 바람 속도 25가 되는 지점에 연필로 표시한다.
- True index에 진항로(TC) 021을 일치시킨다.
- 미끄럼판을 움직여 연필로 표시한 점과 TAS 110을 일치시킨다.
- 연필로 표시한 점과 중심선과의 사이 각이 바람수정각(WCA)이고 왼쪽 10도가 된다.
- 진기수방위(TH)는 진항로(TC)에서 바람수정각을 감해준 011(021-010)이 된다.
  TH = TC ± WCA
- 자기수방위(MH)는 진기수방위(TH)에서 편각을 가감하면 004(011-7)가 된다.
  MH = TH ± Var
- 나기수방위(CH)는 자기수방위에서 자차(Dev)를 가감하면 009(004 + 5)가 된다.
  CH = MH ± Dev

20. 시간당 연료소모율이 80파운드이고 대지속도(GS)가 180노트라면, 460NM을 비행하는 데 얼마의 연료가 필요한가?
① 205파운드   ② 212파운드
③ 360파운드   ④ 460파운드

21. 시간당 연료소모율이 86파운드이고 대지속도(GS)가 130노트라면, 350NM을 비행하는 데 얼마의 연료가 필요한가?
① 231파운드   ② 240파운드
③ 245파운드   ④ 250파운드

【정답】 18.② 19.④ 20.① 21.①

22. 순항고도 6,500피트에서 시간당 연료소모율이 95파운드이고 대지속도(ground speed; GS)가 173노트인 비행기가 450NM을 비행하는데 얼마의 연료가 요구되는가?

① 248파운드 ② 265파운드
③ 274파운드 ④ 284파운드

【해설】 [계산반]
- 계산반을 이용하여 60 index를 고정판 173에 맞추고
- 고정판의 450과 만나는 점의 회전판 내부 원의 시간 눈금은 2:36분을 지시한다.
- 60 index를 95에 맞추고 2:36분과 만나는 고정판의 지시는 248이 된다.
- 계산에 의한 방법으로 2:36분을 시간으로 환산한다. 2.60시간이 되고 총연료량은 2.60×95 = 248파운드가 된다.

[계산기]
- 비행시간 계산
- 메뉴 "LEG TIME" 선택
- 거리 450 입력
- 대지속도 173을 입력하면 비행시간 2:36분 출력
- 총연료량 계산
- 메뉴 "FUEL REQ" 선택
- 시간 2:36분 입력
- 시간당 연료 소모량 95를 입력하면 총연료량 247 출력

23. A-공항에서 B-공항까지 거리가 410NM이고 대지속도 180노트로 비행하는데 320파운드의 연료가 소모되었다면 시간당 연료 소모량은 얼마인가?

① 140파운드 ② 142파운드
③ 144파운드 ④ 146파운드

24. A-공항에서 B-공항까지 거리가 390NM이고 대지속도 150노트로 비행하는데 68갤런의 연료가 소모되었다면 시간당 연료 소모량은 얼마인가?

① 24갤런 ② 26갤런
③ 28갤런 ④ 30갤런

【해설】 [계산반]
- 계산반을 이용하여 60 index를 고정판 150에 맞추고
- 고정판의 390과 만나는 점의 회전판 내부 원의 시간 눈금은 2:36을 지시한다.
- 회전판의 시간 2:36과 고정판의 눈금 68과 일치시킨다.
- 60 index가 지시하는 고정판의 눈금은 26.1이 된다. 계산에 의한 방법으로 시간당 연료량은 68 ÷ 2.6 = 26.1파운드가 된다.

【정답】 22.① 23.① 24.②

[계산기]
- 비행시간 계산
• 메뉴 "LEG TIME" 선택   • 거리 390 입력
• 대지속도 150 입력하면 비행시간 02:36 출력
- 시간당 연료량 계산
• 메뉴 "FPH" 선택   • 총연료량 68 입력
• 비행시간 2:36 자동 출력 또는 입력하면 시간당 연료량 26.2 출력

25. A-공항에서 B-공항까지 거리가 250NM이고 대지속도 130노트로 비행하는데 80갤런의 연료가 소모되었다면 시간당 연료 소모량은 얼마인가?
① 42갤런   ② 48갤런
③ 45갤런   ④ 50갤런

26. 항공기가 순항고도 500피트 그리고 대지속도 45 mph에서 비행하고, 연료는 시간당 3갤런을 소모한다면 총 75 SM을 비행하는 데 얼마의 연료가 필요한가?
① 6갤런   ② 5갤런
③ 3갤런   ④ 8갤런
【해설】 원하는 거리를 비행하는 데 소모되는 연료량을 구하기 위해서 먼저 비행시간을 구해야 한다. 이를 위해서 총 비행거리를 대지속도(ground speed)로 나누면 된다. 다음 비행시간에 시간당 연료소모율(fuel consumption rate)을 곱해주면 된다.
• 75÷45=1.67시간
• 1.67×3=5갤런

27. 목적지 공항까지 거리가 약 50NM이다. 이 구간을 비행하는 데 30분이 소요되었다면 대지속도는?
① 100노트   ② 110노트
③ 90노트   ④ 80노트
【해설】 대지속도(ground speed)는 비행거리를 시간으로 나눈 값은 100(50÷0.5)이다.

28. 시간당 연료소모율이 45파운드이고 대지속도가 120노트인 비행기가 150NM을 비행하는데 얼마의 연료가 요구되는가?
① 56파운드   ② 65파운드
③ 70파운드   ④ 85파운드
【해설】 비행시간을 구하고 총연료량은 비행시간에 연료소모율을 곱한다. 사례에서 비행시간은 1.3시간(150÷120=1.25)이다. 시간당 연료소모율이 45파운드이므로 1.3시간 동안 총연료량은 59파운드이다.

【정답】 25.① 26.② 27.① 28.①

29. 순항고도 6,000피트에서 시간당 연료소모율이 9.5갤런이고 대지속도(GS)가 120노트인 비행기가 250NM을 비행하는데 얼마의 연료가 소요되는가?
① 12갤런　　② 15갤런
③ 20갤런　　④ 28갤런

【해설】 비행시간을 먼저 구하고 총연료량은 비행시간에 연료소모율을 곱한다. 사례에서 비행시간은 2.0시간(250÷120=2.0)이다. 시간당 연료소모율이 9.5갤런이므로 2.0시간 동안 총연료량은 19.7갤런이다.

30. 다음과 같이 주어졌을 때 송신소까지 비행하는데 요구되는 대략적인 연료량을 계산하라.
- 날개끝 변화량　　　　　　　　15°
- 두 방위각 사이 경과시간　　　6분
- 연료소모율　　　　　　　　　 8.6갤런/시간

① 17.84 갤런　　② 8.88 갤런
③ 6.88 갤런　　 ④ 3.44갤런

【해설】 [계산반]
- 송신소까지의 시간을 먼저 계산해야 한다.
- 송신소까지 시간 = (60×6)÷15 = 24분
- 60 index를 시간당 연료소모율 8.6에 맞추고 회전판 24와 만나는 고정판의 눈금 3.44를 읽는다.

[계산기]
- 메뉴 "FUEL REQ"을 선택하고 입력
- 시간 24분 입력
- 시간당 연료소모율 8.6 입력
- 연료 3.4갤런 출력

[공식]
- 송신소까지의 시간은 = {(60×두 방위각 경과시간(분)} ÷ 방위각 변화량
- 총연료량 = 시간 × 시간당 연료 소모량
- 송신소까지 시간 = (60×6)÷15 = 24분이고, 시간으로 환산하면 0.40시간이다.
- 시간당 연료소모율이 8.6갤런이므로 0.40×8.6= 3.44갤런이 된다.

31. 다음과 같이 주어졌을 때 송신소까지 비행하는데 요구되는 연료량은?
- 날개끝 방위각 변화　　　　　 5°
- 경과시간　　　　　　　　　　 6분
- 연료소모율　　　　　　　　　 12갤런/시간

① 8.2갤런　　② 14.4갤런
③ 18.7갤런　 ④ 20.5갤런

【해설】 우선 송신소까지의 비행시간을 계산하고 계산반이나 계산기 또는 공식에 적용하여 구한다.
- 송신소까지의 시간 = {(60×두 방위각 경과시간(분)} ÷ 방위각 변화량

【정답】 29.③　30.④　31.②

- 송신소까지의 거리 = {(TAS×두 방위각 경과시간(분)} ÷ 방위각 변화량
- 총연료량 = 비행시간 × 시간당 연료 소모량

32. 다음과 같이 주어졌을 때 송신소까지 비행하는데 소요되는 시간, 거리, 연료량은?
- 날개끝 방위각 변화량   15°
- 두 방위각 경과시간   7.5분
- TAS   85노트
- 연료소모율   9.6갤런/시간

① 30분; 42.5마일; 4.80갤런   ② 32분; 48마일; 5.58갤런
③ 38분; 42.5마일; 5.58갤런   ④ 48분; 48마일; 4.58갤런

【해설】
- 송신소까지의 시간 = {(60×두 방위각 경과시간(분)} ÷ 방위각 변화량
- 송신소까지의 거리 = {(TAS×두 방위각 경과시간(분)} ÷ 방위각 변화량
- 총연료량 = 비행시간 × 시간당 연료 소모량

33. 다음과 같은 조건에서 바람 속도와 방향을 결정하라.
- True course(TC)   105°
- True heading(TH)   085°
- TAS   95노트
- Ground speed   87노트

① 020°와 32노트   ② 030°와 38노트
③ 040°와 35노트   ④ 200°와 32노트

【해설】 [계산반]
- 계산반 뒷면의 미끄럼판을 이용하여 그로밋(작은 구멍)을 대지속도 87에 일치시킨다.
- 내부 회전판을 돌려 true index에 진항로(TC) 105를 일치시킨다.
- 항로(course)와 기수방위(heading)의 편차는 20도 왼쪽으로 편류수정을 적용하고 있다. 따라서 TAS 95 선을 따라 왼쪽 20도 지점에 연필로 표시한다.
- 내부 회전판을 돌려 연필로 표시한 점과 미끄럼판의 중앙선이 일치하도록 한다.
- True index가 지시하는 값이 바람 방향 020도이고, 그로밋으로부터 위로 연필로 표시한 지점까지의 길이가 풍속 33노트를 나타낸다.

34. 다음과 같은 조건에서 바람 속도와 방향을 결정하라.
- True course(TC)   345°
- True heading(TH)   355°
- TAS/Ground speed(GS)   85 knots/95 knots

① 095°와 19노트   ② 113°와 19노트
③ 238°와 18노트   ④ 120°와 20노트

【정답】 32.① 33.① 34.②

35. 진기수방위(TH) 350°는 335°의 진항로(TC)의 결과이고, TAS 140노트가 115노트의 대지속도(GS)를 초래한다면, 바람은?
 ① 015°와 30노트 ② 035°와 40노트
 ③ 290°와 40노트 ④ 030°와 30노트

36. 다음과 같은 조건에서 바람 속도와 방향을 결정하라.
 • True course(TC)   045°
 • True heading(TH)   055°
 • TAS   150 knots
 • Ground speed   140 knots
 ① 118°, 34노트   ② 125°, 27노트
 ③ 118°, 27노트   ④ 125°, 34노트

37. 진기수방위(TH) 170°는 160°의 진항로(TC)의 결과이고 TAS 90노트가 110노트의 대지속도(GS)를 초래한다면 바람은?
 ① 304°, 26.5노트   ② 309°, 28.5노트
 ③ 310°, 30.5노트   ④ 315°, 32노트

38. 다음과 같이 주어졌을 때 규정에 따라 야간 VFR 조건에서 비행기는 얼마나 멀리 비행할 수 있는가?
 • 이륙할 때 가용연료   36갤런
 • 연료소모율   12.4갤런/시간
 • 일정한 대지속도   140노트
 • 이륙 후 비행시간   48분
 ① 189NM   ② 224NM
 ③ 245NM   ④ 294NM

【해설】 비행할 수 있는 총시간을 먼저 구하고 그 시간에서 이미 비행한 시간과 예비 시간을 빼주고 나머지 시간으로 비행할 수 있는 거리를 계산한다.

39. 다음과 같이 주어졌을 때 규정에 따라 주간 VFR 조건에서 비행기는 얼마나 멀리 비행할 수 있는가?
 • 이륙할 때 가용연료   36갤런
 • 연료소모율   12.4갤런/시간
 • 대지속도   140노트
 • 이륙 후 비행시간   48분
 ① 294NM   ② 224NM
 ③ 189NM   ④ 154NM

【정답】 35.② 36.③ 37.① 38.① 39.②

40. 다음과 같이 주어졌을 때 규정에 따라 야간 VFR 조건에서 비행기는 얼마나 멀리 비행할 수 있는가?

- 이륙할 때 가용연료   40갤런
- 연료소모율   12.2갤런/시간
- 대지속도   120노트
- 이륙 후 비행시간   1시간 30분

① 216NM   ② 156NM
③ 321NM   ④ 121NM

【해설】 비행할 수 있는 총시간을 먼저 구하고 그 시간에서 이미 비행한 시간과 예비 시간을 빼주고 나머지 시간으로 비행할 수 있는 거리를 계산한다.

41. 지방횡단비행 중 A 지점을 15:00에 통과했고 B 지점을 15:30에 도착할 예정이다. 다음 정보를 활용하여 B 지점에 도달하는데 요구되는 지시속도(IAS)를 결정하라.

- A와 B 사이의 거리   70NM
- 바람 예보   310°/15노트
- 기압고도   8,000피트
- 외기기온   -10℃
- 진항로(TC)   270°

① 126노트   ② 137노트
③ 152노트   ④ 160노트

【해설】 두 지점 사이의 거리와 시간이 주어졌으므로 대지속도를 구하고 TAS를 구한 후 CAS를 구한다.

[계산반]
- 외부원의 눈금 70에 내부 회전판의 30을 일치시키고 60 index가 지시하는 값이 대지속도 140이다.
- 뒷면 True index에 바람방향 310을 일치시키고, 그로밋에 대지속도 140을 일치시키고 바람 속도 15가 되는 지점에 연필로 표시한다.
- 내부 회전판을 돌려 True index에 진항로(TC) 270을 일치시킨다.
- 연필로 표시된 지점 선상이 TAS 152가 된다.
- 계산반의 전면을 이용하여 외기기온 -10℃와 8,000피트를 일치시키고 외부원의 눈금 TAS 152가 지시하는 내부 회전판 눈금 137노트가 IAS이다.

[계산기]
- 메뉴 "GS"를 선택하고 거리 70 입력
- 시간 30분 입력하면 대지속도 140 출력
- 커서를 이동하여 "ReqTAS"를 선택하고 바람 방향 310 입력
- 바람 속도 15를 입력
- 진항로(TC) 270 입력
- 대지속도 140을 입력하면 TAS 151.8 자동 출력
- 커서를 이동하여 "ReqCAS"를 선택하고 기압고도 8,000 입력

【정답】 40.④ 41.②

- 기온 -10 입력(10을 입력하고 "+/-"를 입력) 하면 TAS 151.7은 자동 출력
- 재입력하면 CAS 137 출력

42. 지방횡단비행 중 X 지점을 15:50에 통과했고 Y 지점을 16:20에 도착할 예정이다. 다음 정보를 활용하여 Y 지점에 도달하는데 요구되는 지시속도(IAS)를 결정하라.

- X와 Y 사이의 거리　　　　70NM
- 바람 예보　　　　　　　　115°/25노트
- 기압고도　　　　　　　　9,000피트
- 외기기온(OAT)　　　　　-05℃
- 진항로(TC)　　　　　　　088°

① 138노트　　　　② 143노트
③ 162노트　　　　④ 171노트

43. 다음과 같은 조건에서 magnetic heading(MH)과 ground speed(GS)는 얼마인가?

- True course　　　　　　　258°
- Var　　　　　　　　　　　10°E
- Inidcated airspeed(IAS)　　142 knots
- OAT　　　　　　　　　　+05°
- Pressure altitude　　　　　6,500 feet
- Wind　　　　　　　　　　350°/30

① 260도, 155노트　　　　② 270도, 157노트
③ 280도, 158노트　　　　④ 290도, 155노트

【해설】 먼저 TAS를 알아야 대지속도를 구할 수 있다. 계산반을 이용하여 다음과 같이 TAS를 구한다.
- 계산반 오른쪽 면에 외기기온(+5도)과 기압고도(6,500피트)를 일치시킨다.
- 회전판의 외부 눈금 142(지시속도)와 고정판이 일치하는 값은 157이고 이것이 TAS이다.
- TAS를 구했으므로 뒷면을 이용하여 대지속도를 구한다.
  - True index에 바람 방향 350도에 일치시키고 그로밋 임의 숫자를 기준으로 그로밋으로부터 바람 속도 30이 되는 지점에 연필로 표시한다.
  - 내부 회전판을 돌려 진항로(258)를 True index에 일치시킨다.
  - 미끄럼판을 이동시켜 TAS 157 선과 연필로 표시한 점이 일치하도록 한다.
  - 그로밋이 지시하는 숫자 155가 대지속도이다.
  - 바람수정각은 오른쪽으로 12도가 된다.
- 자기수방위(MH)는 다음과 같은 공식을 적용하여 구한다.
  - MC = TC ± Var,　MH = MC ± WCA
  - MC = 258 - 10 = 248, MH = 248 + 12 = 260

【정답】 42.② 43.①

44. 다음과 같은 조건에서 자기수방위(MH)와 대지속도(GS)는 얼마인가?

- True course   300°
- Var   15°E
- Indicated airspeed 160 knots
- OAT   -10°
- Pressure altitude   4,500 feet
- Wind   090°/25

① 323°, 177노트   ② 330°, 177노트
③ 332°, 166노트   ④ 340°, 177노트

45. 다음과 같은 조건에서 비행기가 공항을 출발했다. 순항고도까지 도달하는데 소요되는 대략적인 시간, 거리, 나기수방위(CH) 그리고 연료량은 얼마인가?

- 공항표고   1,500피트
- 순항고도   9,500피트
- 상승률   500피트/분
- 평균 진대기속도(TAS)   160노트
- 진항로(TC)   145°
- 평균 풍향 풍속   080°/15노트
- 편각(Var)   동편각 5°
- 자차(Dev)   -3°
- 평균 연료소모율   14갤런/시간

① 14분, 128°, 35마일, 3.2갤런
② 14분, 224°, 35마일, 3.2갤런
③ 16분, 132°, 41마일, 3.7갤런
④ 16분, 135°, 41마일, 3.5갤런

【해설】 상승하는 데 걸리는 시간은 상승할 고도에 대한 분당 상승률을 적용한다.
- 공항 표고가 1,500이고 순항고도가 9,500피트이므로 실제 상승해야 할 고도는 8,000피트가 되고 시간은 16분(8,000÷500)이 된다.
- 나기수방위(CH)를 구하기 위해서는 진항로(TC)에 편각을 적용하여 자항로(MC)를 구하고 바람수정각을 적용하여 자기수방위(MH)를 구한다.
  - MC = TC±Var, MC = 145 - 5 = 140
- 주어진 풍향 풍속과 TAS를 이용하여 바람수정각(WCA)과 대지속도(GS)를 구한다.
  - 바람면의 지표에 wind direction 080을 맞춘다.
  - 투명판 중심의 원을 기준으로 wind speed 15되는 지점에 연필로 표시한다.
  - index에 TC(진항로) 145를 일치시킨다.
  - 미끄럼판을 움직여 연필로 표시한 점과 TAS 160을 일치시킨다.

【정답】 44.①   45.③

- 투명판의 그로밋이 지시하는 숫자가 대지속도(GS) 153노트이다.
- 바람수정각(WCA)은 왼쪽으로 5도이므로 감해주어야 한다.
- MH = MC ± WCA, MH = 140 - 5 = 135
- 마지막으로 나기수방위(CH)는 자차를 적용한다.
  - CH = MH ± Dev, CH = 135 - 3 = 132도
- 거리는 시간과 대지속도를 곱해서 구한다.
  - 거리 = 시간 × 대지속도(GS) = (16 × 153) ÷ 60 = 40.8
- 총소요 연료량은 시간과 연료소모율을 곱해서 구한다.
  - 연료량 = 시간 × 연료소모율 = (16 ÷ 60) × 14 = 3.73 갤런

46. 다음과 같이 주어졌다. 항로 비행시간과 연료 소모량을 계산하라.

- Wind   175°/20
- Distance   135NM
- True course(TC)   075°
- TAS   80 knots
- Fuel consumption   105 lb/h

① 1시간 18분, 73.2파운드
② 1시간 28분, 73.2파운드
③ 1시간 38분, 158파운드
④ 1시간 40분, 175파운드

【해설】 이 문제를 해결하기 위해서 대지속도(GS)를 먼저 구한다.
- 대지속도는 81노트
- 계산반을 이용하여 60 index를 고정판 81에 맞추고
- 거리 외부판의 135와 회전판 내부 눈금과 일치하는 시간은 1:40이다.
- 연료소모율을 구하기 위해서 60 index를 시간당 연료소모율 105에 맞추고 1:40분과 일치하는 고정판의 눈금은 175가 된다.

【정답】 46.④

[제5장] 항공생리와 항공의사결정(ADM)

[1] 인적요소

인적요소(human factor)는 시스템 공학의 틀 안에 통합된, 인간 과학의 체계적인 적용을 통해 사람들과 그들의 활동 사이의 관계를 연구하는 것이다. 항공에서 인적요소는 조종사, 정비사, 관제사, 관련 종사자 및 환경, 그리고 장비들 사이의 상호작용을 포함한다. 인적요소 모델로 많이 인용되고 있는 것은 SHELL 모델이다. 이 모델은 인간 수행(human performance)의 가장 널리 사용되는 모델 중 하나는 에드워즈(Edwards, 1988년)에 의해 제기되었고, 후에 호킨스(Hawkins, 1993년)에 의해 변형된 SHEL 모델이다. SHEL 모델은 다음과 같은 요소로 구성된다. SHEL 모델 중심에 인간(Liveware)이 있으며 항공종사자들 사이의 관계를 중요시하면서 또 다른 L(liveware)가 추가되어 SHELL로 정착되었다. 다른 모든 측면(소프트웨어, 하드웨어, 환경)은 인간의 수행을 돕고 인간의 한계를 존중하도록 설계되거나 적응되어야 한다. 만약 이 두 측면이 무시된다면 항공종사자는 능력을 최대한 발휘하지 못하고, 실수를 저지르며, 안전을 위협할 수 있다.

[그림5-1] SHELL 모델

① S-소프트웨어(software): 절차, 매뉴얼, 체크리스트, 그리고 문자 소프트웨어(literal software)
② H-하드웨어(hardware): 물리적 시스템(항공기, 선박, 수술실과 구성요소)
③ E-환경(environment): 작업조건, 날씨, 조직 구조(organizational structure), 그리고 날씨를 포함한 다른 요소(L, H, S)들이 운용되는 상황(situation)
④ L-L 종사자(liveware-liveware): 관련 분야에 종사하는 사람들(조종사, 승무원, 정비사 등)

[2] 승무원자원관리(crew resource management; CRM)

승무원자원관리(crew resource management ; CRM)는 안전비행을 위해서 가용한 모든 인적요소와 관련된 지식과 기술 등과 같은 자원들을 항공기 운항에 적용하는 것이다. CRM은 효율적인 승무원 협조와 함께 개인별 기술과 인적요소 지식을 결합한 것으로 인적요소가 항공사고로 이어질 수 있는 환경을 개선하기 위해서 개발된 훈련 절차이다. CRM의 핵심은 다음과 같다.

① 상황인식(situational awareness)
② 협업(coordination)
③ 의사소통(communication)
④ 의사결정(decision-making)
⑤ 팀 관리(team management)
⑥ 임무 계획(mission planning)

[3] 항공의사결정(ADM)

항공의사결정(aeronautical decision making; ADM)이란 항공이라는 독특한 환경에서 주어진 책무를 수행하는 데 필요한 결심을 내리는 것으로 주요 결심 모델은 다음과 같다.

(1) 5P 모델
- Plan(계획)
- Plane(비행기, 항공기)
- Pilot(조종사)
- Passengers(승객)
- Programming(프로그래밍)

(2) DECIDE 모델
"DECIDE" 또는 6단계 처리 과정은 조종사에게 합리적 방법으로 비행 전후 의사결정을 내릴 수 있는 또 다른 연속 루프 과정이다. DECIDE 모델 역시 다음 단어의 두문자어이다.
- Detect: 변화가 발생한 사실을 발견한다.
- Estimate: 변화에 반응하거나 반영할 것인지를 예측한다.
- Choose: 원하는 결과를 얻기 위해 선택한다.
- Identify: 변화를 성공적으로 통제할 수 있는 행동을 식별한다.
- Do: 필요한 행동을 실행한다.
- Evaluate: 변화에 반응한 행동의 결과를 평가한다.

(3) 의사소통
의사소통이 상대방에게 정확하게 전달하기 위해서 다음과 같이 5-단계를 적용하여 훈련할 것을 권장한다.
- 1단계-상대방으로부터 확실한 주의를 끌어라!
- 2단계-당신의 관심 사항에 대해서 직접적인 방법으로 표현하라!
- 3단계-당신이 보고 느끼고 있는 문제를 제시하라!
- 4단계-당신이 생각하고 있는 구체적 해법을 제시하라!
- 5단계-상대방이 이해했음을 확인하고 필요하다면 동의를 받아라!

(4) 상황인식
상황인식(situational awareness; SA)은 비행 전, 비행 중 그리고 비행 후 안전에 영향을 줄 수 있는 5대 기본 위험 요소들을 중심으로 다른 관련 요소와 상태들을 정확하게 지각하고 이해하는 것이다. 상황인식은 주변에서 일어나고 있는 것을 아는 것이고, 어떠한 일이 발생할 수 있는지를 예상하는 것이다.
- Level 1: 현재 환경의 지각
- Level 2: 상황의 즉각 해석
- Level 3: 미래 환경의 예상

[4] 위험 태도
비행 적성은 단순한 조종사의 신체적 조건과 최근 경험보다 더 중요한 요소이다. 조종사의 태도는 결심의 질적 수준에 영향을 준다. 일반적으로 조종사가 현명한 결심을 내리고 적절한 권리를 행사할 수 있는 능력에 영향을 줄 수 있는 5대 위험 태도와 적절한 치유 방법을 다음과 같이 제시하고 있다.
① 반권위적(anti-authority): 반권위적이고 규정을 무시하는 태도
② 충동적(impulsivity): 충동적이고 성급한 태도
③ 불사신(invulnerability): 나에게 사고는 절대 발생하지 않는다는 오만한 태도
④ 마초이즘(macho): 나는 모든 것을 할 수 있다는 자만한 태도
⑤ 체념(resignation): 문제를 건의해야 아무 소용이 없다는 체념적 태도

[5] 자각 함정
대부분에 사고에서 언급되는 "베테랑 조종사"는 다양한 상황을 몸소 체험으로 쌓은 소중한 자산이다. 이들 베테랑 조종사는 경력이 많을수록 더욱 자동결심(본능적)을 내릴 것이지만 조종사 경험의 발달에 따른 자각 함정에 빠질 수 있다는 점을 명심해야 한다. 이들 조종사가 빠질 수 있는 것으로 잘 알려진 전통적인 행위에 대한 자각 함정은 다음과 같다.
① Peer Pressure(동료 압력)
② Mind Set(사고방식)
③ Get-there-itis(도착 집착증)
④ Duck-Under Syndrome(덕-언더 신드롬)
⑤ Scud Running(스커드 러닝)
⑥ 계기기상상태 속으로 VFR 비행
⑦ Getting Behind the Aircraft
⑧ 상황인식 상실
⑨ 부실한 연료 관리
⑩ 최저 순항고도 이하로 강하
⑪ 성능영역선도 이상에서 비행
⑫ 비행계획, 비행 전 점검 그리고 점검표의 무시

[6] "SAFETY" 점검표
"SAFETY" 점검표 항목을 이용해서 승객에게 브리핑한다.
[S] 활주, 이륙 그리고 착륙 중 안전벨트와 어깨끈을 착용하라. 좌석 위치를 조절하고 고정되었는지 확인한다.
[A] 환기구, 객실 및 기내 환경 제어장치 등 탑승객이 불편해할 때 적절한 조치를 한다.
[F] 소화기를 점검한다.
[E] 비상 출구, 비상탈출 계획, 비상/생존장비를 브리핑한다.
[T] 다른 항공기의 관찰과 조종업무 집중규칙을 브리핑한다.
[Y] 어떠한 의문이 있을 때 자유롭게 질문할 수 있도록 한다.

| 제5장 | 기출문제 및 예상문제

1. 저산소증에 관해서 가장 잘 서술하고 있는 것은?
① 체내 이산화탄소가 부족한 상태이다.
② 비정상적으로 호흡률이 증가하는 것이다.
③ 관절 혹은 근육 주변에 거품이 형성되는 것이다.
④ 체내에 산소가 부족한 상태이다.
【해설】 저산소증(hypoxia)은 혈류(bloodstream)에 산소가 부족한 상태이고 명확한 사고력의 부족, 피로감, 도취증(euphoria; 약물 등에 취해있는 듯한)에 빠지면서 결국 의식상실(unconsciousness)이 발생할 수 있다.

2. 저산소증의 종류가 아닌 것은?
① 조직 독성   ② 혈중 산소 부족
③ 고독성   ④ 혈중 헤모글로빈 부족
【해설】 저산소증은 세부적으로 다음과 같은 4종류가 있다.
 • 조직 독성(histotoxic)   • 혈중 산소 부족(hypoxic)
 • 빈혈성(hypemic)   • 정체성(stagnant)

3. 비행 중 저산소증의 감각에 대처하기 위한 올바른 조치는?
① 즉시 고도를 낮춘다.   ② 조종실 공기흐름을 증가시킨다.
③ 급격한 흡입을 피한다.   ④ 창문을 열고 고도를 높인다.
【해설】 비행 중 저산소증의 영향을 감지했을 때 고도를 낮추거나 보충산소를 갖추고 있다면 보충산소(supplemental oxygen)를 사용해야 한다.

4. 비행 중 저산소증을 더욱 악화시킬 수 있는 요소로 볼 수 없는 것은?
① 기내 흡연   ② 소량의 알코올
③ 안정제 또는 진정제 등의 복용   ④ 충분한 환기시설
【해설】 저산소증(hypoxia)은 체내의 산소결핍으로 인하여 발생할 수 있는 현상이다.

5. 비행 중 저산소증을 악화시킬 수 있는 내용으로 잘못 설명하고 있는 것은?
① 일산화탄소   ② 저고도 비행
③ 비행 중 흡연   ④ 헤모글로빈 결핍

【정답】 1.④ 2.③ 3.① 4.④ 5.②

6. 과호흡증이 가장 잘 발생할 수 있는 환경은?
① 감정적 긴장, 두려움, 혹은 공포
② 과도한 알코올 소모
③ 과도하게 느린 호흡률과 산소 부족
④ 강한 태양 복사열

【해설】 일반적으로 과호흡증(hyperventilation)은 예상하지 못한 상황에 직면했을 때, 또는 스트레스를 받는 상황에서 과도하게 긴장되어 있거나 두려움 혹은 공포(anxiety or fear) 상황에 직면했을 때 가장 잘 발생할 수 있다.

7. 비행 중 긴장된 상황에 직면했을 때 호흡이 비정상적으로 증가하는 현상은?
① 저산소증
② 과호흡증
③ 청각장애
④ 동공장애

8. 비행 중 긴급 상황에 직면했을 때 조종사의 신체적으로 나타나는 현상은?
① 호흡이 급격히 빨라진다.
② 멀미 증상을 느낀다.
③ 현기증을 느낀다.
④ 호전성으로 나타난다.

9. 과호흡증이 진행됨에 따라 조종사는 어떠한 증상이 발생할 수 있는가?
① 호흡률이 느려지고 깊어진다.
② 의식이 높아지고 도취감을 느낀다.
③ 호흡률이 빨라지고 도취감을 느낀다.
④ 질식과 졸음 증상을 느낀다.

【해설】 과호흡증은 매우 긴장된 상황에 조우했을 때 무의식적으로 호흡이 비정상으로 증가하는 현상이다. 이것은 현기증(lightheadedness), 졸음(drowsiness), 질식(suffocation), 수족의 떨림, 그리고 무기력(coolness)의 원인이 될 수 있다. 의식이 높아지고(heightened awareness) 행복감을 느끼는 것은 저산소의 잠재적 증상이다.

10. 과호흡증의 발생을 예방하기 위해서 조종사는 어떻게 해야 하는가?
① 비행기를 조종하기 위한 비행계기를 면밀하게 관찰한다.
② 호흡률을 낮추고 종이봉지 속에 호흡하거나 큰 소리로 말한다.
③ 폐의 환기를 높이기 위해서 호흡률을 증가시킨다.
④ 즉시 고도를 낮추고 조종실에 공기흐름을 증가시킨다.

【해설】 과호흡증을 예방하거나 극복하기 위해서 조종사는 호흡률을 낮추고 종이봉지 속에 호흡하거나 큰 소리로 말한다.

11. 과호흡증을 극복하기 위해서 조종사는 어떻게 해야 하는가?
① 침을 삼키거나 하품한다.
② 호흡률을 낮춘다.
③ 호흡률을 높인다.
④ 창문을 개방하고 고도를 낮춘다.

【해설】 과호흡증을 예방하거나 극복하기 위해서 조종사는 호흡률을 낮추고 종이봉지 속에 호흡하거나 큰 소리로 말한다. 침을 삼키거나 하품(swallow or yawn)하는 행위는 귀의 기압을 평형하게 하는 데

【정답】 6.① 7.② 8.① 9.④ 10.② 11.②

도움이 된다.

12. 규정에 따르면 알코올 섭취와 항공기 조종 사이에 최소한 몇 시간이 경과해야 하는가?
① 4시간
② 8시간
③ 16시간
④ 12시간

【해설】 최근 규정에 따르면 알코올 섭취와 항공기 조종 사이에 최소한 8시간이 경과한 후 비행할 것을 권장하고 있다.

13. 알코올과 고도의 결합에 관해서 올바르게 서술하고 있는 것은?
① 판단력과 의사결정 능력은 고도가 2,000피트 이상이 되었을 때만 영향을 줄 수 있다.
② 고도의 증가는 알코올의 영향을 서서히 낮추어 준다.
③ 고도의 증가는 알코올의 영향을 변화시키지 않는다.
④ 고도는 알코올의 영향을 배가시킨다.

【해설】 특히 고고도에서 알코올의 영향은 두뇌에 미치는 영향을 배가시킬 수 있다.

14. 비행 중 멀미가 발생할 수 있는 원인은?
① 평형감각을 제어하는 중이의 작은 부분의 지속적인 자극
② 평형에 영향을 미치는 두뇌 세포의 불안정
③ 위산의 발생을 초래할 수 있는 항공기의 움직임
④ 항공기의 움직임은 두뇌 세포를 불안정하게 만들어 위액을 자극한다.

【해설】 멀미는 점진적으로 진행되어 식욕을 상실하고, 구강 내 침이 모여지고 땀을 흘린다. 따라서 메스꺼움을 느끼고 방향감각을 상실하게 된다. 두통과 함께 멀미하는 경향이 있다.

15. 비행 중 멀미를 하려는 사람에 대한 적절한 조치는?
① 멀미약을 복용한다.
② 머리를 낮추고 눈을 감은 상태로 안정을 취하게 한다.
③ 불필요한 머리의 움직임을 피하고 바깥을 멀리 주시하도록 권장한다.
④ 안전띠를 단단히 조이고 움직임을 최대한 방지한다.

【해설】 멀미를 느끼면 환기시켜 시원한 공기를 들이마시고, 불필요한 머리의 움직임 회피, 안전띠를 느슨하게 조절, 가능하다면 보충산소를 활용하면서 비행을 취소하고 가능한 한 빨리 착륙한다.

16. 비행 중 청각장애를 경험할 수 있는 비행 조건은?
① 상승 중
② 강하 중
③ 선회정지 중
④ 급격한 자세변경 중

【정답】 12.② 13.④ 14.① 15.③ 16.②

17. 강하 중 조종실 기압과 내이 속의 압력차로 발생하는 현상은?
① 청각장애　　② 동공장애
③ 감압병　　④ 저산소증

18. 비행 중 청각장애를 의심했을 때 취할 수 있는 조치로 틀린 것은?
① 하품한다.
② 침을 삼킨다.
③ 큰 소리로 말을 한다.
④ 목 근육을 자극할 어떠한 행동도 하지 않는다.

19. 비행 중 소리가 잘 들리지 않는 것을 감지하고 입을 크게 벌리는 것과 같은 행위로도 해소되지 않았을 때 권장 방법은?
① 코와 입을 막고 코로 숨을 불어 넣는다.
② 즉시 강하율을 증가시킨다.
③ 머리를 크게 흔들어 자극한다.
④ 머리를 흔들고 고개를 뒤로 크게 젖힌 자세를 취한다.

20. 스쿠버 다이빙이 비행에 어떠한 영향을 줄 수 있는가?
① 청각장애　　② 감압병
③ 현기증　　④ 저산소증

21. 스쿠버 다이빙과 고고도 비행이 인체에 미치는 영향을 올바르게 설명한 것은?
① 수중과 고고도의 밀도차
② 수중과 고고도의 기온차
③ 수중과 고고도의 압력차
④ 수중과 고고도의 해수면으로부터의 차이

22. 스쿠버 다이빙을 했을 때 인체에 어떠한 영향을 줄 수 있는가?
① 혈액 속의 질소 흡수　　② 혈액의 응고 현상 촉진
③ 혈액 속의 산소 흡수　　④ 혈액 속의 헤모글로빈 흡수

23. 공중공간에서 항공기의 위치, 자세, 또는 움직임에 관한 방향감각의 상실을 무엇이라 정의하는가?
① 공간정위상실　　② 과호흡증
③ 저산소증　　④ 감각기관의 상실

【해설】 공간정위상실(spatial disorientation)은 공간에서 항공기의 위치, 자세, 또는 움직임에 관해서 방향감각을 상실한 상태이다. 이것은 여러 감각기관(sensory organs)으로부터 잘못된 정보가 두뇌에

【정답】 17.① 18.④ 19.① 20.② 21.③ 22.① 23.①

전달되어 특정 참고점에 관한 항공기의 인식을 상실한 상태이기 때문이다.

24. 조종사는 공간정위상실을 어떻게 극복해야 하는가?
① 자신의 신체적 감각에 전적으로 의존한다.
② 내부를 관찰하는 시간을 줄여 극복해야 한다.
③ 모든 외부 시각 참조물에 의존해서 극복해야 한다.
④ 비행계기에 의존해서 극복해야 한다.
【해설】 조종사가 비행 중 공간정위상실을 방지하기 위해서 비행계기에 의존하거나, 급격한 머리의 움직임 회피, 그리고 지표면이 확실하게 고정되는 시각 참조물에 의존하는 방법으로 극복할 수 있다.

25. 조종사가 공간정위상실을 경험하고 있음을 나타내고 있는 비행 상태는?
① 깊은각 선회   ② 악성 나선강하
③ 원형 선회   ④ 실속
【해설】 악성 나선강하(graveyard spiral)는 조종사가 공간정위상실 상태에 빠졌다는 것을 보여주는 사례이다.

26. 조종사가 뜨거운 여름날 장시간 비행했을 때 탈수증이 발생할 수 있는 원인은?
① 고도 증가에 따라 기온감률이 감소하기 때문이다.
② 고도에서 습한 공기는 신체의 수분을 보존하는 데 도움이 되기 때문이다.
③ 기온은 고도와 함께 떨어지기 때문이다.
④ 고도에서 건조한 공기는 신체에서 수분 손실률을 증가시키는 경향이 있기 때문이다.
【해설】 뜨거운 여름날 장시간 비행했을 때 고도에서 건조한 공기는 신체에서 수분 손실률을 증가시키는 경향이 있으므로 탈수증(dehydration)이 발생할 가능성이 크다.

27. 열 스트레스의 징후는 무엇인가?
① 혼수   ② 빠른 호흡
③ 경계심 저하   ④ 졸음과 도취감
【해설】 열 스트레스(heat stress)는 열 탈진(heat exhaustion)의 첫 단계로 수행 능력, 의사결정능력, 그리고 시각 능력이 감소한다.

28. 만성 피로를 어떻게 정의할 수 있는가?
① 생리학적 그리고 심리적 문제 모두가 결합되어 나타나는 피로이다.
② 연속적인 스트레스로 인해서 나타나는 피로이다.
③ 일상생활에서 발생하는 정상적인 피로이다.
④ 과중한 업무로 인한 피로이다.
【해설】 만성 피로(chronic fatigue)는 심리적(psychological) 그리고 생리학적(physiological) 문제가

【정답】 24.④ 25.② 26.④ 27.③ 28.①

결합된 형태의 피로이다. 생리학적 문제로 인한 피로는 금전적, 가정생활(home life), 직업 관련 스트레스로 인하여 충분한 휴식을 취하지 못했을 때 발생하는 것으로 개인의 능력(personal performance)은 계속 떨어질 수 있고, 위험을 판단할 수 없는 상황으로 전개될 수 있다. 따라서 적절한 예방조치를 취하지 않으면 조종사의 판단력(judgement)과 의사결정(decision-making)에 악영향을 줄 수 있다.

29. 일시적(급성) 피로는 어떠한 특성이 있다고 볼 수 있는가?
① 육체적 강건함과 정신적 예민성의 부족
② 생리학적 그리고 심리적 문제 모두가 결합되어 나타나는 피로
③ 시간 미준수와 보충 과제의 무시
④ 장기적 피로의 누적으로 인한 증상

【해설】 급성 피로로 인한 행동은 부주의 또는 방심(inattention or distractibility), 정확성이 떨어짐, 보충 과제의 무시, 계속되는 과오를 인지하지 못함, 주의산만, 타이밍을 놓치는 사례(error in timing), 과민성(irritability) 등으로 나타난다. 육체적 강건함과 정신적 예민성(physical robustness, mental acuity)의 기능이 급성 피로의 조건은 아니다.

30. 피로가 비행안전에 매우 위험한 요소 중 하나로 고려되는 것은 무엇 때문인가?
① 조종사 능력의 결과가 서서히 나타나기 때문이다.
② 과중한 조종실 업무가 부여되었을 때 일시적으로 나타나기 때문이다.
③ 신체적 강건함 또는 정신적 예민성의 기능이기 때문이다.
④ 심각한 실수를 하기 전까지 뚜렷하게 나타나지 않기 때문이다.

【해설】 조종사에게 피로가 매우 위험한 요소로 고려되는 것은 심각한 실수(serious errors)를 할 때까지 뚜렷하게 인지하지 못하기 때문이다.

31. 항공의사결정(ADM) 과정에서 주어진 항공 상황을 구성하는 4개의 기본 위험 요소는?
① 조종사, 항공기, 환경, 그리고 상황인식
② 기량, 스트레스, 상황인식, 그리고 항공기
③ 상황인식, 위험관리, 판단력, 그리고 기술(량)
④ 조종사, 항공기, 환경, 그리고 임무

【해설】 모든 항공 상황(aviation situation)은 조종사(pilot), 항공기(aircraft), 환경(environment), 그리고 임무(mission)와 같은 4개의 요소 중 하나로 이루어져 있다.

32. 항공의사결정(ADM) 과정은 현명한 결심을 내리는 데 포함된 여러 단계가 있다. 이들 단계의 하나는?
① 필요한 행동의 합리적 평가를 하는 것이다.
② 즉각 조치를 할 수 있는 능력을 개발하는 것이다.
③ 무엇이든 할 수 있다는 태도를 발달시키는 것이다.
④ 안전비행에 위험할 수 있는 개인적 태도를 식별하는 것이다.

【정답】 29.③ 30.④ 31.④ 32.④

【해설】 현명한 판단력(rational evaluation)을 위한 단계는 다음과 같다.
- 안전비행에 위험이 되는 태도(attitude)를 식별한다.
- 행위(동)수정 기술(behavior modification techniques)을 학습한다.
- 스트레스를 인지하고 극복하는 방법을 학습한다.
- 위험평가(risk assessment) 기술을 개발한다.
- 많은 승무원 상황에서 모든 자원들을 활용한다.
- 한 사람의 ADM 기술의 효율성을 평가한다.

33. 항공의사결정(ADM)의 정의를 맞게 서술하고 있는 것은 어느 것인가?
① 특정 상황에서 가용한 모든 정보를 분석하여 언제 그리고 어떠한 행동을 취해야 하는지 적절한 결심을 내리는 정신적 과정이다.
② 매 비행과 관련된 위험을 감소시키기 위한 현명한 판단력에 의존하는 결심을 내리는 과정이다.
③ 조종사가 주어진 일련의 환경에 반응하는 데 있어서 일률적으로 최상의 방책을 결정하기 위해서 사용되는 정신적 과정에 대한 체계적인 접근이다.
④ 매 비행과 관련된 일련의 환경에 즉각 반응할 수 있는 정신적 과정에 대한 체계적인 접근이다.
【해설】 항공의사결정(ADM)은 조종사가 주어진 일련의 환경에서 반응하는 데 있어서 일률적으로 최선의 방책(course of action)을 결정하는 데 사용하는 정신적 과정(mental process)에 대한 체계적 접근(systematic approach)이다.

34. 항공의사결정(ADM)의 한 부분인 위험관리는 각 비행과 관련이 있는 위험을 낮추기 위해서 어떠한 특징에 의존하는가?
① 스트레스 관리와 위험 요소 절차의 적용
② 특정 상황에서 모든 정보를 분석하고 취해야 하는 행동을 적시에 결심을 내릴 수 있는 정신적 과정
③ 상황인식, 문제인지, 그리고 현명한 판단
④ 주어진 환경, 항공기 그리고 즉각적인 판단과 조치 능력
【해설】 위험관리(risk management)는 매 비행과 관련이 있는 위험을 감소시키기 위한 상황인식(situational awareness), 문제인지(problem recognition), 그리고 양호한 판단력(good judgment)에 의존하는 의사결정과정의 한 부분이다.

35. 경력 조종사가 빠질 수 있는 전형적인 행위 함정의 사례는 무엇인가?
① 상황인식을 향상시킨 다음 행동에서 필수적인 변화를 하지 못하는 것이다.
② 계획에 따라 승객을 만족하게 하고, 스케줄에 맞게, 그리고 비행을 확실하게 마무리하려는 것이다.
③ 부가 책임을 가정하고 PIC 권한을 강력히 주장하지 못하는 것이다.
④ 경험 조종사는 초임 조종사와 비교해서 결코 행위 함정에 빠지지 않는다.
【해설】 경력 조종사(experienced pilot)가 빠질 수 있는 전형적인 행위적 함정(classic behavior trap)은 여러 가지가 있다. 이 중 특히 경험과 관련된 것으로 비행을 계획에 따라 완수해야 한다는 신념, 승객

【정답】 33.③ 34.③ 35.②

의 편의, 정시성 그리고 자신만의 불굴의 자질(right stuff)을 갖추었음을 보여주려고 하는 경향이다. 상황인식을 향상시키고 행동의 필수 변화와 PIC 권리를 주장하는 것은 긍정적 조종사 행위이다.

36. 대부분의 경력 조종사들은 이들의 경험해 온 과정의 일부에서 하나 이상의 위험한 경향 또는 행위적 문제에 빠졌거나 유혹받아 본 적이 있을 것이다. 이 경향을 가장 잘 서술하고 있는 것은 어느 것인가?
① 항공기 시스템 및 제한사항의 계기 기술과 지식의 부족
② 동료 압력, 상황인식 상실, 그리고 부적절한 예비 연료로 운항
③ 피로, 질병, 또는 감정 문제와 같은 인적요소로부터 스트레스로 인한 성과 부족
④ 이들은 업무량과 관계없이 제한사항의 계기 기술과 지식의 부족
【해설】 경력 조종사(experienced pilot)가 빠질 수 있는 전형적인 행위적 함정(classic behavior trap)들은 반드시 식별되고 제거되어야 하는 위험한 경향 또는 행위적 함정이다.

37. 비행을 위한 한 개인의 태도에서 실제적 관점을 얻기 위해서 조종사는 어떻게 해야 하는가?
① 비행을 완수하기 위한 필요성을 이해한다.
② 훈련 중 실질적이고 철저한 비행교육 모두를 받아야 한다.
③ 자기평가 위험 태도 목록 검사를 받아야 한다.
④ 의무를 수행하는 중 항상 다른 조종사들로부터 평가받아야 한다.
【해설】 비행을 위한 각 개인의 태도에서 실제적 관점(realistic perspective)을 얻기 위해서 조종사는 자기평가 위험 태도 목록 검사(self-assessment hazardous attitude inventory test)를 받아야 한다.

38. 항공의사결정(ADM) 과정 중 당신의 판단력에 영향을 줄 수 있는 일부 위험한 태도는 어느 것인가?
① 충동적, 반체제, 그리고 재평가   ② 반항적, 충동적, 그리고 체념
③ 동료 압력과 스트레스 수준   ④ 동료 압력과 충동적, 그리고 자신감
【해설】 항공의사결정(ADM)에서는 다음과 같은 5개의 위험 태도를 다루고 있다.
- 반권위적(anti-authority): 타인의 간섭을 거부하거나 반항적인 태도이다.
- 충동적(impulsivity): 무엇이든 신속하게 처리해야 하는 성정을 지닌 태도이다.
- 불사신/행운심리(invulnerability): 항공사고는 다른 사람의 일이지 결코 나에게 발생하지 않을 것이라는 허황된 심리를 갖는 태도이다.
- 마초이즘(Macho): 마치 자신만이 모든 것을 행할 수 있다는 우월감을 갖는 태도이다.
- 체념(resignation): 무엇을 하든 나와는 상관없다는 방관자적 태도이다.

39. 항공의사결정(ADM) 과정에서 위험한 태도를 누그러뜨리는 첫 단계는 무엇인가?
① 위험사고를 인식하는 것이다.
② 상황의 무관함을 인식하는 것이다.
③ 합리적 판단을 내리는 것이다.
④ 상황을 종합적으로 판단하는 것이다.

【정답】 36.② 37.③ 38.② 39.①

【해설】 조종사의 판단력에 영향을 줄 수 있는 위험한 태도는 이를 인식함으로써 효과적으로 대처할 수 있다. 위험사고의 인식(recognition of hazardous thoughts)은 ADM 과정에서 이들을 제거할 수 있는 첫 단계이다.

40. 사고(thought)가 위험하다고 인식되었을 때 조종사는 어떻게 해야 하는가?
 ① 철저한 위험평가를 통해서 이 위험사고를 수정한다.
 ② 이 위험사고가 왜 발생했는지를 먼저 생각하도록 한다.
 ③ 이 위험사고가 발달하지 않도록 피해야 한다.
 ④ 사고(thought)가 위험하다는 라벨을 붙인 다음 상응하는 대책을 기술하는 방법으로 이 사고를 수정한다.
 【해설】 조종사의 사고방식(thought)을 위험한 것으로 인지했을 때 그 사고방식은 위험하다고 생각할 수 있는 라벨을 붙이고 상응하는 해결책(antidote)을 서술하는 방법으로 그 사고방식을 수정한다.

41. 조종사의 마초 태도에 대한 적절한 대책으로 강조해야 하는 것은 무엇인가?
 ① 나는 무력하지 않다. 나는 다르게 할 수 있다.
 ② 규정에 따라라. 그것이 통상적으로 올바른 방법이다.
 ③ 위험을 무릎 쓰는 것은 어리석은 행동이다.
 ④ 행위를 인정해 주는 것이 중요하다.
 【해설】 마초(macho) "I can do it"는 자신이 항상 다른 사람보다 낫다는 것을 입증해 보이고자 하는 일종의 자만 성향이다. 이 같은 성향의 조종사는 다른 사람에게 자신의 우월성을 나타내기 위해서 위험을 감수하는 경향이 있다. 이것이 남자다운 패턴이라고 할 수 있지만 여성에게도 유사한 패턴이 나타난다. 이들 성향에 적절한 대책(antidote)은 운에 맡기는 것은 어리석은 행동(taking chances is foolish)이라는 것을 강조해야 한다.

42. 반항적 위험 태도의 적절한 대책으로 강조해야 하는 것은 무엇인가?
 ① 무엇이든 빨리 행하라.　　② 너무 서두르지 마라. 생각을 먼저 하라.
 ③ 규정에 따라라.　　④ 위험을 무릎 쓰는 것은 어리석은 행동이다.
 【해설】 반권위적 혹은 반항적(antiauthority) 태도 "don't tell me!"는 다른 사람이 자신에게 무엇을 하라고 간섭하는 것을 싫어하는 성향이다. 이 태도에 대한 대책은 규정을 준수하라. 규정을 따르는 것이 항상 옳은 방법이라는 것을 강조해야 한다.

43. 조종실에서 위기와 관련된 스트레스를 감소시키기 위해서 함께 시작되어야 하는 것은 무엇인가?
 ① 더욱 심각한 생활과 조종실 스트레스 문제를 제거하는 것으로부터 시작되어야 한다.
 ② 스트레스의 정확한 원인을 알아내는 것으로부터 시작되어야 한다.
 ③ 개인의 생활에서 스트레스 부문을 평가하는 것으로부터 시작되어야 한다.
 ④ 조직의 효율성을 먼저 검토하는 것으로부터 시작되어야 한다.

【정답】 40.④　41.③　42.③　43.③

【해설】 비행 중 위험관리(risk management)와 관련된 스트레스를 감소시키고자 한다면 우선 당신의 모든 생활 영역(all areas of your life)에서 개인 스트레스 평가(personal assessment of stress)를 받아보는 것으로부터 시작되어야 한다.

44. 조종실 스트레스를 관리하는 데 도움이 될 수 있도록 하기 위해서 어떻게 해야 하는가?
① 비행에서 발생하는 것과 유사한 생활 속의 스트레스 상황에 대해서 생각해야 한다.
② 스트레스의 첫 징후에서 합리적으로 생각하고 긴장을 풀 수 있도록 노력해야 한다.
③ 조종실 책임을 다룰 수 있는 능력을 떨어뜨릴 수 있는 상황을 회피해야 한다.
④ 스트레스를 받을 수 있는 상황을 회피하는 것이 최상이다.
【해설】 양호한 조종실 스트레스 관리(good cockpit stress management)는 양호한 생활 스트레스 관리(good life stress management)와 함께 시작된다. 생활 스트레스가 잘 관리되었다면 대부분 스트레스는 비행 중 나타나지 않는다. 스트레스를 느낄 때 당신은 스스로 긴장(relax)을 풀 수 있도록 하고 합리적(rationally)으로 생각할 수 있어야 한다.

45. 항공의사결정(ADM)에 합리적 접근을 제공하는 데 도움이 되는 "DECIDE" 모델을 구성하고 있는 요소들은?
① estimate, determine, choose, identify, and evaluate
② determine, evaluate, choose, identify, do, and eliminate
③ detect, estimate, choose, identify, do, and evaluate
④ detect, determine, choose, identify, do, and evaluate
【해설】 "DECIDE" 모델은 조종사에게 합리적인 의사결정을 할 수 있도록 다음과 같은 6개의 단계로 구성되어 있다.
- Detect(감지)
- Estimate(예측)
- Choose(선택)
- Identify(식별)
- Do(행하라)
- Evaluate(평가하라)

46. 인간 행태와 항공기 사고에 관해서 올바르게 설명하고 있는 것은 어느 것인가?
① 의도적 행동하지 않는 한 사고 발생이 드물다.
② 4건의 사고 중 3건은 인간 행태가 원인이다.
③ 인간 행태는 잘 이해되고 있으므로 사고 유발 행동은 매우 드물게 발생한다.
④ 항공기 사고의 대부분은 기계적 결함이기 때문에 인적요소보다 시스템에 집중해야 한다.
【해설】 연구에 따르면 항공기 사고에서 4건 중 3건은 부적절한 인간 행위(improper human behavior)로 인한 원인으로 알려져 있다. 인적요소(human factor)는 항공기 운항 시스템의 가장 융통성(flexible)이 있고 적응할 수 있는 가치 있는 부분이지만 반대로 항공기 운항에 악영향을 줄 수 있는 가장 취약한 요인이기도 하다.

【정답】 44.② 45.③ 46.②

47. 인체에 미치는 알코올에 관해서 올바르게 기술하고 있는 것은 어느 것인가?
① 알코올은 조종사를 저산소증에 더 잘 빠질 수 있게 한다.
② 소량의 알코올은 비행 기술에 영향을 주지 않는다.
③ 커피는 알코올의 대사 과정에 도움이 되고 숙취를 완화시킨다.
④ 알코올은 물을 많이 마시면 숙취 해소에 도움이 된다.
【해설】 알코올(alcohol)은 조종사를 저산소증(hypoxia)과 공간정위상실에 더 쉽게 빠질 수 있게 한다. 알코올은 1온스의 주류, 맥주 한 병 혹은 와인 4온스의 적은 양이라 할지라도 조종사의 비행 기량에 영향을 줄 수 있다. 체내 흡수된 알코올 혹은 숙취(hangover)를 신속하게 완화시킬 수 있는 방법은 없다.

48. 18,000피트까지 상승하는 동안 대기 속의 산소는 몇 퍼센트인가?
① 증가
② 감소
③ 동일하다.
④ 공기밀도에 따라 달라진다.
【해설】 공기는 산소(20%), 질소(79%), 그리고 기타 기체(1%)로 구성되어 있다. 공기밀도는 고도가 상승함에 따라 감소하지만, 이들 기체(gas)의 구성비는 변함이 없다.

49. 저산소증에 관해서 올바르게 설명하고 있는 것은 어느 것인가?
① 호전성 또는 안전 불감증은 저산소증의 증상이 될 수 있다.
② 저산소증은 관절과 혈류 흐름 속에 질소 거품이 원인이다.
③ 비행계기에서 강제로 집중하도록 하는 것은 저산소증의 효과를 극복하는 데 도움이 될 것이다.
④ 호흡률이 빨라지고 혈류 흐름 속에 질소 거품이 원인이다.
【해설】 비행 중 가장 위험한 저산소증 특성은 조종사가 비행 임무에 집중하는 동안 저산소증의 영향을 인지하지 못하는 것이다. 개인별 차이가 있지만 손발의 저린 증상(tingling) 혹은 안전 불감증(false sense of security)은 전형적인 증상이다. 감압병은 질소 거품으로 인한 것으로 관절과 혈류 흐름에 영향을 줄 수 있다. 비행계기에 집중하도록 하는 것은 공간정위상실을 극복하는 한 방법이다.

50. 보충산소를 제공하지 않고 15,000피트 이상의 비여압 항공기 비행에서 탑승객에게 가장 잘 발생할 수 있는 신체적 변화는 무엇인가?
① 가스가 신체 수축에 갇히고 혈류에서 질소가 빠져나오는 것을 방해한다.
② 중이에 있는 압력이 객실에 있는 대기압보다 낮아진다.
③ 터널 시각과 함께 입술과 손톱에 청색증이 발생한다.
④ 호흡률이 빨라지고 비행계기에서 강제로 집중할 수 있도록 한다.
【해설】 객실기압고도가 15,000피트 이상이 되었을 때 주변시(periphery of the visual field)가 오직 중심시야로 시야가 좁아지는 터널 시각(tunnel vision)으로 변한다. 또한 손톱과 입술에 청색증(blue coloration)이 나타날 수 있다.

【정답】 47.① 48.③ 49.① 50.③

51. 저산소증의 원인은 무엇인가?
① 혈류 속의 과도한 질소
② 고고도에서 기압의 감소
③ 고도 증가에 따른 산소양의 감소
④ 기압의 증가와 기온의 감소

[해설] 저산소증은 두뇌와 다른 기관의 기능을 떨어뜨리는 체내 산소의 부족 현상이다. 고고도에서 저산소증은 기압의 감소로 인한 산소 분압의 감소 때문이다. 고도 변화에 따라 산소의 절댓값(20%)은 변함이 없다.

52. 흡연은 조종사에게 어떠한 영향을 줄 수 있는가?
① 야간시력을 약 50%까지 감소시킨다.
② 혈액 속에서 산소 운반 능력을 감소시킨다.
③ 과호흡증을 유발할 수 있는 신체 내의 부가적인 이산화탄소를 발생시킨다.
④ 흡연으로 인한 이산화탄소는 혈액의 산소 운반 능력을 떨어뜨린다.

[해설] 흡연 중 체내로 유입된 일산화탄소(*carbon monoxide*)는 혈액이 산소를 운반하는 능력을 현저하게 떨어뜨린다. 이것이 고도 상승으로 인한 효과와 결합되었을 때 저산소증은 더욱 악화될 수 있다. 흡연으로 인한 눈의 감도(*sensitivity*)를 낮추고 야간시력의 약 20%까지 감소시킬 수 있다.

53. 빈혈성 저산소증은 혈중 산소 감소로 인한 저산소증과 동일 증상이지만 이 증상을 가장 잘 일으킬 수 있는 원인은 무엇인가?
① 혈액 순환 부족
② 밀폐된 조종실
③ 비행 전 알코올 또는 약물의 사용
④ 배기 매니폴드의 누출

[해설] 빈혈성 저산소증(*anemic hypoxia*)은 일산화탄소 중독이라든지 과도한 흡연으로 인한 산소 외의 다른 가스로 혈액이 오염되어 발생하는 증상이다. 이것은 고고도에서 흡입한 공기(*inhaled air*)에 있는 산소 압력이 감소하면서 발생한다. 비행 중 일산화탄소 중독 가능성이 가장 높은 것은 배기 매니폴드(*exhaust manifold*)의 누출이다.

54. 과호흡증의 주요 원인은 무엇인가?
① 신체 속에 이산화탄소의 부족
② 보충산소의 흐름을 증가시켜야 하는 필요성
③ 산소 부족을 초래하는 너무 급하게 호흡하는 것
④ 흡연으로 인한 저산소증

[해설] 과호흡증(*hyperventilation*)은 비행 중 예기치 못한 상황에 직면했을 때 호흡이 비정상적으로 빨라지는 증상이다. 이에 따라 체내에서 필요로 하는 이산화탄소가 급격하게 빠져나가면서 발생한다.

55. 산소를 사용하는 동안 빠르고 아주 깊은 호흡이 일으킬 수 있는 현상은 무엇인가?
① 청색증
② 과호흡증
③ 신체 속에 이산화탄소의 축적
④ 저산소증

[정답] 51.② 52.② 53.④ 54.① 55.②

【해설】 두뇌의 호흡중추(respiratory center)는 혈액 속에 있는 이산화탄소의 양에 반응한다. 과호흡증은 이산화탄소의 부족으로 인해서 발생할 수 있고 산소를 사용하고 있을 때 너무 빠른 호흡 또는 매우 깊은 호흡(extra deep breathing)이 원인이 될 수 있다.

56. 과호흡증의 증상을 극복하기 위해서 어떻게 해야 하는가?
① 폐의 순환을 증가시키기 위해서 호흡률을 증가시킨다.
② 호흡률을 낮추어 체내 이산화탄소의 양을 증가시킨다.
③ 알코올과 항히스타민제와 진정제와 같은 상비약의 사용을 삼가야 한다.
④ 비행고도를 낮추는 것이 우선이다.
【해설】 과호흡증의 증상은 의식적으로 호흡률(breathing rate)을 낮추거나 깊은 심호흡을 한 후 수 분 이내에 없어질 수 있다. 체내에 이산화탄소가 축적되게 하려면 코와 입에 종이봉지(paper bag)를 대고 호흡함으로써 체내 이산화탄소의 축적을 촉진할 수 있다.

57. 고도 체임버에서 저산소증을 경험해 보는 것은 어떠한 이점이 있는가?
① 저산소증 환경에서 조종 능력을 경험해 볼 수 있는 기회를 제공한다.
② 동시에 여러 사람 속에서 다양한 종류의 저산소증 증상들을 관찰할 수 있다.
③ 저산소증에 빠졌을 때 그 사람의 생존을 위해서 체임버에 공기를 신속하게 보충해야 한다는 것을 체험한다.
④ 통제된 환경에서 그들 자신의 증상을 인식하는 것을 학습하는 데 도움이 된다.
【해설】 저산소증의 증상은 개인에 따라 크게 다르지 않기 때문에 고도 체임버 비행(altitude chamber flight) 중 다른 사람의 저산소증 효과를 경험하고 관찰하는 것은 저산소증 증상을 인지하는 데 크게 도움이 될 것이다. 통제된 환경에서 자기 자신의 증상을 경험해 보는 것은 타인이 아닌 자신의 증상을 인식하는 데 도움이 된다. 저산소증에 빠졌을 때 그 사람의 생존을 위해서 체임버에 공기를 신속하게 보충하는 것은 맞지만 이 문제에서 원하는 장점은 아니다.

58. 공간정위상실을 방지 또는 극복하기 위해서 권장되는 절차는?
① 급선회와 거친 조종간 움직임을 회피한다.
② 비행계기의 지시에 전적으로 의존한다.
③ 가능한 최대 한계까지 머리와 눈의 움직임을 감소시킨다.
④ 간헐적으로 머리를 흔들어 눈의 초점을 다시 잡아 준다.
【해설】 비행 중 공간정위상실(spatial disorientation)을 방지하거나 극복하기 위해서 강조되는 가장 중요한 요소 중 하나는 자연 수평선 혹은 지상 참조가 명확하게 보이지 않는 한 비행계기의 지시에 의존하는 습관을 개발하는 것이다. 급선회(steep turn)와 거친 조종간 혹은 머리와 눈의 움직임을 최소화하는 것은 방지하는 데 도움이 되지만 이를 극복하는 방법은 아니다.

【정답】 56.② 57.④ 58.②

59. 급가속이 일으킬 수 있는 착각은 어느 것인가?
① 좌선회   ② 기수들림 자세
③ 기수숙여짐 자세   ④ 급강하

【해설】 이륙 중 급가속(rapid acceleration)했을 때 조종사는 기수들림(nose-up attitude) 착각 (illusions)을 일으키고 감각을 잃은 조종사는 항공기의 기수를 숙이려고 조작함으로써 항공기는 기수낮음 혹은 급강하 자세(dive attitude)를 유발한다. 좌선회하고 있는 듯한 착각은 경사 자세의 급격한 수정 혹은 일정한 선회율 중 급격한 머리 움직임으로 인해서 발생할 수 있다.

60. 항공기가 실제 고도보다 더 높은 고도에 있는 듯한 착각을 일으키는 원인은 무엇인가?
① 대기 연무   ② 상경사 지형
③ 하경사 지형   ④ 급가속

【해설】 상경사 활주로 또는 지형(upsloping runway or terrain) 모두는 항공기가 실제 높이보다 더 높은 고도에 있는 듯한 착각을 하게 한다. 이를 인지하지 못한 조종사는 저고도 접근을 초래하게 될 것이다. 연무(haze)로 인한 착각은 실제 거리보다 더 멀리 있는 듯한 착각을 유발한다.

61. 연무는 비행 중 항공교통 또는 지형 특징을 볼 수 있는 능력에 어떠한 영향을 주는가?
① 연무는 눈의 초점을 무한으로 하는 원인이 된다.
② 눈은 연무 속에 과로하게 하고 상대적 움직임을 쉽게 발견하지 못한다.
③ 연무는 시정을 불량하게 하여 모든 지형지물이 가까이 있는 것처럼 보인다.
④ 모든 항공교통 또는 지형 특징은 실제 거리보다 더 멀리 있는 것처럼 보이게 한다.

【해설】 윈드실드에 부딪히는 비는 실제 높이보다 더 높이 있는 듯한 착각을 그리고 연무(haze)로 인한 착각은 실제 거리보다 더 멀리 있는 듯한 착각을 유발한다. 연무는 조종실 외부의 편리한 거리에 초점을 형성하게 하고 실제 보이는 것 없이 눈을 편안하게 하거나 응시하도록 한다.

62. 암순응 능력을 떨어뜨리는 것은 무엇인가?
① 이산화탄소   ② 비타민 B
③ 객실기압고도 5,000피트 이상   ④ 낮은 광도의 빛에 노출

【해설】 야간에 시각이 빛에 더욱 민감해지는 것을 암순응(dark adaptation)이라 한다. 비행 중 암순응은 객실기압고도(cabin pressure altitude) 5,000피트 이상, 흡연 혹은 배기가스로부터 일산화탄소 흡입, 비타민 A의 부족, 그리고 밝은 빛에 장시간 노출되었을 때 현저히 떨어진다.

63. 야간비행 중 보충산소의 사용이 권장되는 고도는 대략 얼마인가?
① 5,000피트   ② 10,000피트
③ 12,500피트   ④ 15,000피트

【해설】 야간시력(night vision)은 객실기압고도 고도 5,000피트의 고도에서도 발생할 수 있다. 이를 방지하기 위해서 주간 10,000피트 그리고 야간 5,000피트 이상에서 비행 중 보충산소(supplemental

【정답】 59.② 60.② 61.④ 62.③ 63.①

oxygen)를 사용할 것을 권장한다.

64. 야간시력의 효율을 향상하기 위한 한 방법은 무엇인가?
① 물체를 직접 응시한다.
② 눈을 돌려가면서 물체의 중심에 초점을 맞추려 노력한다.
③ 내부 등화의 광도를 높인다.
④ 물체의 주변을 관찰하도록 한다.
【해설】 야간시력을 위한 가장 효율적인 방법은 주변시(*peripheral vision*)를 활용하는 것이다. 야간에 다른 항공기를 관찰할 때 비행 중인 항공기가 있을 것으로 예상하는 구역을 직접 바라보지 말고 눈의 초점을 중심으로부터 약간 주변으로(*off-center viewing*) 이동시켜 관찰해야 한다.

65. 장주에서 공중충돌의 위험을 방지하기 위한 효과적인 방법은 어느 것인가?
① 강하하면서 장주에 진입한다.
② 정확한 장주 고도를 유지하고 지속적으로 구역을 관찰해야 한다.
③ 장주에서 비행하고 있는 다른 항공기로부터 교신 내용에 의존한다.
④ 관제 구역에서는 관제사의 통제하에 있으므로 주어진 비행경로와 고도 유지에 집중한다.
【해설】 장주(*traffic pattern*)에서 공중충돌을 방지하는 방법은 모든 조종사가 정확한 장주 고도(*traffic altitude*)를 준수하고 진입은 배풍경로(*downwind leg*)의 45°로 진입하면서 지속적으로 다른 항공기의 움직임을 관찰해야 한다. 장주에 있는 모든 항공기가 무선통신장비를 갖추고 있거나 정상적으로 교신하지 않을 수도 있다는 점에 유의해야 한다.

66. 야간에 다른 항공기를 발견하기 위한 가장 효과적인 방법은 무엇인가?
① 머리를 돌려 전체 시각 구역을 눈을 빠르게 전 구역을 돌아본다.
② 다른 항공기 비행하고 있을 것으로 의심되는 지점을 직접 응시하는 것을 피한다.
③ 수평선 아래의 구역 관찰하는 것을 피함으로써 지상 불빛의 영향을 피할 수 있다.
④ 상대방 항공기의 불빛을 놓치지 않도록 주시한다.

67. 조사에 따르면 대부분의 공중충돌 사고가 발생하는 시기는 언제인가?
① 장주 내에서 연무가 낀 날
② 항행안전시설 근처에 있는 맑은 날
③ 모의 계기비행 중 야간 상태에서
④ 상승 혹은 강하 중
【해설】 대부분의 공중충돌(*midair collision*) 및 근접 충돌(*mear midair collision*) 보고에 따르면 양호한 VFR 기상 그리고 주간에 발생하는 것으로 조사되었다. 이들 대부분 사고는 공항 혹은 항행안전시설(*navigational aids*) 근처의 약 5마일 이내에서 발생하고 있다.

【정답】 64.④ 65.② 66.② 67.②

68. 인체에 과도한 일산화탄소 축적으로 인해서 나타날 수 있는 결과는?
① 이마 앞부분의 두통
② 근육의 힘 상실
③ 행복 도취감이 높아짐
④ 시각 민감도가 높아짐

【해설】 일산화탄소는 산소를 운반하는 혈액의 능력을 떨어뜨린다. 다량의 일산화탄소를 흡입하는 것은 근육 힘(muscular power)을 빠지게 할 수 있다. 행복 도취감이 높아지는 것은 저산소증의 증상이다.

69. 일산화탄소 중독의 가능성이 증가할 수 있는 경우는?
① 기온 증가
② 고도 감소
③ 기압 증가
④ 고도 증가

【해설】 일산화탄소 중독(carbon monoxide poisoning)은 산소결핍을 초래한다. 고고도에서는 가용한 산소가 적기 때문에 고도가 증가함에 따라 일산화탄소 중독은 더 적은 양의 일산화탄소로도 발생할 수 있다.

70. 비행 중 두통과 함께 졸음과 현기증을 느꼈을 때 적절한 조치는?
① 저산소증을 의심하고 즉시 고도를 강하한다.
② 과호흡증을 의심하고 종이봉지에 입을 대고 호흡한다.
③ 난방장치에서 배기가스의 유입을 의심하고 즉시 난방기를 끄고 환기한다.
④ 청각장애 현상을 의심하고 침을 삼키거나 하품한다.

71. 비행과 일산화탄소에 관한 내용을 올바르게 설명하고 있는 것은?
① 흡연으로 인한 일산화탄소의 영향은 없다.
② 미량이라도 일산화탄소가 의심된다면 난방기를 끄고 환기해야 한다.
③ 이산화탄소는 헤모글로빈과 높은 친화력이 있다.
④ 일산화탄소는 과호흡증의 한 원인이다.

72. 조종사가 기장으로 승무하고자 할 때 항상 소지해야 하는 증명서는?
① 조종사 자격 증명서, 비행기록부
② 신체검사 증명서, 비행기록부
③ 조종사 자격 증명서와 신체검사 증명서
④ 여권과 조종사 자격증명서

73. 조종사의 비행과 건강과 관련된 것으로 올바르게 설명하고 있는 것은?
① 일상적으로 복용하는 상용약은 비행에 어떠한 영향도 미치지 않는다.
② 숙취 해소제는 체내의 알코올을 신속하게 분해하는 역할을 한다.
③ 약물치료를 받고 있다면 큰 문제가 되지 않는다.
④ 미열이라도 치명적인 조종 능력을 떨어뜨릴 수 있다.

【정답】 68.② 69.④ 70.③ 71.② 72.③ 73.④

74. 조종사의 판단 능력에 영향을 줄 수 있는 요소를 올바르게 설명하고 있는 것은?
① 일상생활에서 오는 스트레스는 비행안전에 도움이 된다.
② 직장에서의 고충 등은 비행함으로써 극복할 수 있다.
③ 피로는 심각한 실수를 할 때까지 나타나지 않는다.
④ 격렬한 근육운동 또는 과중한 정신적 업무는 만성피로의 현상이다.

75. 조종사의 건강과 비행에 관한 내용을 잘못 설명하고 있는 것은?
① 조제약은 조종사의 기능을 심각하게 저하시킬 수 있다.
② 감기약이라 할지라도 조제하지 않은 상용약은 영향을 미치지 않는다.
③ 알코올은 공간정위상실과 저산소증의 가능성을 증대시킨다.
④ 질병이 약으로 치료되고 있다 할지라도 약물치료 자체가 조종사의 능력을 저하시킬 수 있다.
【해설】 신체적으로 미열이라 할지라도 높은 고도에서 심각한 영향을 줄 수 있고 병이 약으로 치료되고 있다 할지라도 치료약 자체가 심각한 부작용을 일으킬 수 있다.

76. 흡연이 조종사에게 미칠 수 있는 영향은?
① 야간시력을 약 50% 정도 떨어뜨릴 수 있다.
② 신체의 열을 증가시키고 그 결과 더 많은 산소량을 요구한다.
③ 과호흡증을 유발할 수 있는 부가적인 이산화탄소량을 요구한다.
④ 과호흡증의 원인이 될 수 있다.
【해설】 담배 연기 속의 일산화탄소(carbon monoxide)는 산소를 더 많이 빼앗는다. 니코틴은 신체 열을 약 10~15% 증가시켜 더 많은 산소량이 필요하다.

77. 비행 중 흡연이 조종사의 신체에 영향을 줄 수 있는 내용을 올바르게 설명하고 있는 것은?
① 니코틴은 신체 열을 높이는 역할을 한다.
② 니코틴은 일산화탄소를 감소시켜 저산소증을 증가시킨다.
③ 니코틴 성분은 산소를 감소시키는 직접적 요인이다.
④ 흡연은 조종실의 일산화탄소를 감소시킨다.

78. 평소에 이착륙하던 활주로보다 넓은 활주로에 착륙할 때 느낄 수 있는 착시는?
① 실제 고도보다 낮게 있는 듯한 착각
② 실제보다 멀리 있는 듯한 착각
③ 실제보다 가까이 있는 듯한 착각
④ 실제 고도보다 높이 있는 듯한 착각
【해설】 평소에 이착륙하던 활주로보다 좁은 활주로에 착륙할 때 조종사는 실제 고도보다 높이 있는 듯한 착각을 한다.

【정답】 74.③ 75.② 76.② 77.① 78.①

79. 이륙할 때 급격히 가속했을 때 조종사가 경험할 수 있는 착각은?
① 경사 착각   ② 엘리베이터 착각
③ 증감속 착각   ④ 전도 착각
【해설】 급감속할 때 반대로 기수가 급격히 숙여지는 듯한 착각을 일으킨다.

80. 상승에서 수평비행으로 급격하게 자세를 변화시켰을 때 조종사는 어떤 착각을 경험할 수 있는가?
① 뒤로 넘어가는 듯한 착각   ② 앞으로 숙여지는 듯한 착각
③ 수직으로 상승하는 듯한 착각   ④ 수직으로 강하하는 듯한 착각

81. 비행 중 급격한 상승기류를 만났을 때 조종사가 경험할 수 있는 착각은?
① 강하하는 듯한 착각   ② 뒤집어지는 듯한 착각
③ 상승하는 듯한 착각   ④ 반대로 선회하는 듯한 착각

82. 급상승 기동할 때 느낄 수 있는 현상으로 잘못된 것은?
① 두뇌의 혈액 순환 결핍으로 산소결핍
② 부분적인 시각장애 초래
③ 일시적 의식상실
④ 혈액이 머리로 급격히 쏠림
【해설】 급상승할 때 신체 기관과 혈액이 하부로 쏠린다.

83. 때때로 인적요소와 관련된 일련의 판단 과실을 무엇으로 볼 수 있는가?
① 실수 사슬   ② 방책
③ DECIDE 모델   ④ 위험관리
【해설】 실수 사슬(error chain)은 인적요소(human factor)와 관련된 사고로 이어지는 일련의 판단 과실을 기술하기 위해서 사용된다.

84. 항공의사결정(ADM) 과정의 한 부분으로 매 비행과 관련된 위험을 낮추기 위해서 의존해야 하는 것은?
① 스트레스 관리의 적용과 위험 요소 절차
② 특정 상황에서 모든 정보를 분석한 후 행동에 대한 적시에 취해야 하는 결심을 하는 정신적 과정
③ 상황인식, 문제 인식, 그리고 현명한 판단력
④ 특정 상황과 관련된 위험을 줄이기 위한 정신적 과정
【해설】 위험관리(risk management; RM)는 매 비행과 관련된 위험을 감소시키기 위해서 상황인식, 문제 인식, 그리고 현명한 판단력에 의존하는 항공의사결정의 한 부분이다.

【정답】 79.③ 80.① 81.③ 82.④ 83.① 84.③

85. 조종사가 저시정과 실링에서 지형과 시각적 접촉을 유지하려는 시도에서 자기 능력과 항공기 한계에 지나치게 의존하는 것을 무엇이라 하는가?
① 스커드 러닝(scud running)
② 사고방식(mind set)
③ 동료 압박(peer pressure)
④ 덕 언더 신드롬(duck under syndrome)

【해설】 스커드 러닝(scud running)은 조종사가 저시정과 실링에서 비행하는 동안 지형과 시각적 접촉(visual contact)을 유지하려는 시도에서 자기 능력과 항공기 한계에 지나치게 의존하는 것을 의미한다. 스커드 러닝은 재난(mishap)으로 이어질 수 있는 위험한 행위이기 때문에 조기에 식별되고 제거되어야 한다.

86. VFR 하에서 비행 중일 때 공간정위상실 또는 지상/장애물과 충돌로 이어질 수 있는 것은?
① 사고방식
② 항공기의 상황을 방치하는 행위
③ 덕-언더 신드롬
④ 계기상태에서 계속 VFR 비행하는 행위

【해설】 계기비행 상태 속으로 계속 VFR 비행을 하는 것은 외부 시각 참조물을 상실할 수 있으므로 공간정위상실 또는 지상/장애물에 충돌할 수 있다. 특히 조종사가 계기비행자격을 갖추지 않았거나 혹은 최근 경력 요건을 갖추지 못했을 때 더욱 위험할 수 있다. 덕-언더 신드롬(duck-under syndrome)이란 항상 오차범위(fudge factor; 실패를 예상하고 여유를 두는 일)가 있다는 믿음을 바탕으로 최저치 아래로 강하하려는 심리적 경향이다. 이것은 VFR 비행이 아닌 IFR 비행 중 발생하는 심리적 경향이다.

87. 조종사가 반복적 과업을 위한 장기기억과 단기기억에 의존할 때 무시될 수 있는 것 중 하나는?
① 평가 능력
② 상황인식
③ 영역선도 외부에서 비행
④ 점검표

【해설】 점검표(checklist), 비행계획서(flight plan), 또는 비행 전 점검 등을 무시하는 것은 반복적인 비행 과업을 위한 장기기억(long term memory)과 단기기억(short term memory)에 의존하는 조종사의 부실한 의존(unjustified reliance)을 나타낸다.

88. 조종사가 점검표를 일상적으로 준수하는 것은
① 암기력이 떨어지는 조종사이다.
② 필요한 지식이 부족한 조종사이다.
③ 시간이 부족한 조종사이다.
④ 규정을 잘 준수하고 유능한 조종사이다.

【해설】 조종사가 점검표를 일상적으로 준수하는 것은 규정을 잘 준수하고 유능한 조종사(disciplined and competent pilot)의 상징이다. 점검표는 중요한 항목을 빠짐없이 그리고 합리적 순서에 따라 점검할 수 있도록 하고 항공기 운용과 비행을 관리하는 데 도움이 되는 정보들이 수록되어 있기 때문이다.

【정답】 85.① 86.④ 87.④ 88.④

89. 반복적 과업을 위한 장기기억과 단기기억에 의존하는 조종사가 가끔 무시할 수 있는 것은?
① 성능영역선도를 벗어난 비행   ② 점검표
③ 상황인식   ④ 운용한계

【해설】 점검표(checklist), 비행계획서, 또는 비행 전 점검(preflight inspection) 등을 무시하는 것은 반복적인 비행 과업을 위한 장기기억과 단기기억에 의존하는 조종사의 부실한 의존(unjustified reliance)을 나타낸다.

90. 어떠한 이유로 그들의 안전이 우려될 때 조종사의 적절한 조치는?
① 즉시 조력을 요청해야 한다.   ② 그들의 상황인식을 낮추어야 한다.
③ 사고방식을 바꾸어야 한다.   ④ 추가 행동을 중지하고 상황을 계속 주시해야 한다.

【해설】 어떠한 이유로 인해서 안전이 우려된다면 조종사는 즉시 조력(assistance)을 요청해야 한다.

91. 조종사가 안전에 악영향을 미치는 정의감(right stuff)이 있음을 보여주기 위한 것은 무엇인가?
① 어떠한 대체 방책도 완전 무시한다.
② 항상 최상의 방책을 결정한다.
③ 자기 행동을 제어하기 위한 사건, 또는 상황을 허용한다.
④ 위험하고 때로는 불법적이고 재난으로 이어질 수 있는 경향이 발생한다.

【해설】 정의감(right stuff)을 보여주기 위한 본능적 동인(basic drive)은 안전에 악영향을 미칠 수 있고 상당한 스트레스(stressful)를 받는 상황에서 조종 기량의 비현실적 판단(unrealistic assessment)을 내릴 수 있다. 자기 행동을 제어하기 위한 사건, 또는 상황을 방치하는 것은 "getting behind the aircraft" 행위이다.
※ right stuff; 불굴의 정신, 용기, 정의감, 결단력, 신의 등 필요한 자질

92. 운용상의 함정에 빠질 수 있는 항공기를 방치하는 행위의 극단적인 경우는?
① 경계 능력의 상실   ② 업무량 상실
③ 내적 스트레스   ④ 상황인식의 상실

【해설】 자기 행동을 제어하기 위한 사건, 또는 상황을 방치하는 것은 "getting behind the aircraft" 행위이다. 운용상의 함정에 빠질 수 있는 항공기를 방치하는 행위의 극단적인 경우는 상황인식의 상실 (loss of situational awareness)이다.

93. 조종사가 위험사고를 인식했을 때 그에 상응하는 치유 방법으로 교정해야 한다. 반권위적 행동에 대한 적절한 치유 방법은?
① 서두르지 말고 생각부터 한다.
② 이것은 나에게도 발생할 수 있다.
③ 규정을 따르라. 이것만이 올바른 길이다.
④ 당신이라면 할 수 있다.

【정답】 89.② 90.① 91.④ 92.④ 93.③

【해설】 반권위적(antiauthority) 행동을 보이는 사람에게는 항상 규정에 따를 것을 강조하라. 이것만이 올바른 길이라는 것을 강조해야 한다.

94. 충동적인 성향을 나타내는 사람에 대한 적절한 치유 방법은?
① 이것은 나에게도 발생할 수 있다. ② 신속하게 처리하라.
③ 항상 규정을 준수하라. ④ 서두르지 말고 생각부터 한다.
【해설】 충동적인 성향을 나타내는 사람에 대한 적절한 치유 방법은 서두르지 말고 생각부터 할 것을 강조한다.

95. 불사신이라는 성향이 있는 사람에 대한 적절한 치유 방법은?
① 더 나빠질 수 없다. ② 이것은 당신에게도 발생할 수 있다.
③ 이것은 당신에게 발생하지 않는다. ④ 신속하게 처리하라.
【해설】 불사신(invulnerability) 위험 태도는 나에게는 절대 발생하지 않는다. 이 성향이 있는 사람은 사고는 발생할 수 있다는 것을 알고 있지만, 오직 다른 사람의 일이라고 생각한다. 이 유형의 사람에게는 이것이 나에게도 발생할 수 있다는 것을 강조해야 한다.

96. 반권위적 위험 태도를 치유하는 방법은?
① 규정은 이 상황에 적용되지 않는다. ② 내가 무엇을 해야 하는지 나도 알고 있다.
③ 당신에게도 발생할 수 있다. ④ 규정을 준수하라.

97. 마초이즘과 같은 위험 태도를 가진 사람에 대한 적절한 치유 방법은?
① 나는 할 수 있다. ② 운에 맡기는 것은 어리석은 행위이다.
③ 아무것도 발생하지 않을 것이다. ④ 신속하게 처리하라.
【해설】 마초(macho)는 나는 모든 것을 할 수 있다는 것을 보여주고자 하는 성향이 있는 사람이다. 이 위험 태도에 대한 적절한 치유 방법은 우연에 기대하는 것은 어리석은 행동이라는 것을 강조하는 것이다.

98. 체념과 같은 위험 태도를 가진 사람에 대한 적절한 조언은?
① 아무 소용도 없다. ② 누군가는 책임이 있다.
③ 어찌할 도리가 없는 것은 아니다. ④ 아무것도 발생하지 않을 것이다.
【해설】 체념(resignation)과 같은 위험 태도를 가진 사람에 대한 적절한 조언은 결코 희망이 없지 않다는 것을 강조하는 것이다.

99. 다음 중 가장 예방 가능한 사고에 영향을 주는 하나의 공통 요소는?
① 구조적 결함 ② 기계적 결함
③ 기상요소 ④ 인적요소
【해설】 항공기 사고 중 연료 고갈, 공간정위상실(disorientation)로 이어지는 VFR에서 IFR 상태로 비

【정답】 94.④ 95.② 96.④ 97.② 98.③ 99.④

행, 알려진 착빙 상태에서 비행 등으로 인한 사고 대부분은 충분히 예방이 가능한 사고들이고 이들과 깊은 관련이 있는 것은 인적 과실(human error)이다. 이들 사고와 관련된 조종사는 통상적으로 무엇이 잘못되었는지를 잘 알고 있다. 과거 경험, 비용 절약, 또는 다른 부적절한 요소 등이 재난으로 이어질 수 있는 잘못된 결심을 하게 한다.

100. 최저 예비 연료 필수요건을 무시하는 것은 과신, 규정의 무시, 또는 무엇의 결과라고 할 수 있는가?
① 부적절한 비행계획 수립
② 충동적
③ 신체적 스트레스
④ 반권위적 행위

【해설】 최저 예비연료 필수요건을 무시하는 것은 과신(overconfidence), 해당 규정의 무시, 또는 부적절한 비행계획 수립으로 인한 결과라고 할 수 있다.

101. 조종사가 위험사고를 인지했을 때 어떻게 해야 하는가?
① 철저한 위험평가를 통해서 이 위험사고를 수정해야 한다.
② 모든 위험 요소는 등등하게 처리되어야 한다.
③ 이 위험사고가 발달할 수 있도록 허용하는 상황을 피한다.
④ 위험사고라고 분류한 다음 상응하는 치유 방법을 서술하는 방법으로 수정해야 한다.

【해설】 당신이 위험사고를 인지했을 때 일단 이것을 위험 요소로 분류하는 것이 중요하다. 다음, 그에 상응하는 치유 방법을 서술하는 방법으로 수정해야 한다. 이들 위험사고에 대한 적절한 치유 방법을 간단하게 암기할 수 있으므로 필요할 때마다 암송하는 방법으로 마음을 새롭게 할 수 있다.

102. 비행 중 철새 떼의 충돌이 예상되는 고도는?
① 500피트 이상
② 3,000피트 이상
③ 5,000피트 이상
④ 9,000피트 이상

【해설】 조류 충돌 보고의 90%가 3,000피트 이상에서 발생하고 오리나 거위는 7,000피트에서 관측된다.

103. 비행 중 새 떼를 만났을 때 부적절한 조치는 어느 것인가?
① 새 떼가 좌우로 흩어지기 때문에 중심으로 통과한다.
② 새 떼 이동 중에 저고도 비행을 회피한다.
③ 새 떼를 만났을 때 상승한다.
④ 새 떼의 집중구역 상공 비행을 회피한다.

【해설】 새 떼를 회피하여 비행하는 것이 가장 좋은 방법이나 피할 수 없을 때는 상승할 것을 권장한다. 이는 새 떼를 아래로 분산시키고 가장 높은 고도에 우두머리 새가 있기 때문이다.

【정답】 100.① 101.④ 102.② 103.①

104. 새 떼의 출현이 빈번한 것으로 알려진 지역을 비행할 때 권장 비행 방식은?
① 새 떼가 소리에 놀라 분산할 수 있도록 중심부로 통과한다.
② 새 떼가 비행체를 보고 놀라 높이 솟아오르는 본성이 있으므로 저고도로 비행한다.
③ 우두머리 새가 가장 높이 있으므로 가능한 한 높은 고도로 비행한다.
④ 새 떼가 엔진 소음에 놀랄 수 있도록 최대동력을 적용하여 통과한다.

105. 산악비행의 특성으로 볼 수 없는 것은?
① 불시착 장소의 제한   ② 양호한 시정
③ 급격한 풍향풍속의 변화   ④ 심한 상승 및 하강기류 존재
[해설] 이외에도 지형의 급격한 변화와 구름의 형태가 다르게 보이거나 구름의 급속한 형성 등의 특성을 알아야 한다.

106. 표고가 높은 지역에서 항공기 운용에 대해서 주의해야 할 사항은?
① 공기밀도가 높아 성능이 떨어질 수 있다.
② 불규칙한 지형은 강력한 난기류의 존재를 예측해야 한다.
③ 해수면 조건보다 착륙거리가 짧을 수 있다.
④ 이륙 성능이 다소 향상될 수 있다.

107. 산악비행을 비행해야 할 때 주의해야 할 사항은?
① 불시착 장소 선정이 어렵다.
② 시정은 대체로 양호하다.
③ 기류가 대체로 양호한 편이다.
④ 진대기속도가 약간 낮을 수 있다.

108. 산악비행의 특징을 고려하여 착륙할 때 조종사가 주의해야 하는 것은?
① 정상보다 약간 낮은 활공경로를 유지하여 접근한다.
② 동력을 약간 높은 상태로 유지하여 접근한다.
③ 정상보다 더욱 깊은각 활공경로를 유지하여 접근한다.
④ 동력을 완전히 줄여 무동력 접근을 권장한다.

[정답] 104.③ 105.② 106.② 107.① 108.②

[제6장] 항공도와 활주로 및 등화시설

[1] 지도
(1) 정의: 지구 표면 일부를 축적하여 평면적으로 표현한 것으로 용도 또는 사용 목적에 따라 육도, 해도, 항공도가 있다.

(2) 지도(항공도) 작성 조건
- 각도가 정확해야 한다.
- 형상이 정확해야 한다.
- 동일 면적과 거리가 되어야 한다.
- 항정선이 직선이 되어야 한다.
- 대권이 직선이 되어야 한다.

[2] 투영법
(1) 평면 투영법
① 심사 평면 투영(Gnomonic projection): 심사 평면 투영은 아래 그림과 같이 지구 중심으로부터 투영하는 방법으로 대권은 모든 직선으로 항공도 상에 표시된다. 그러나 위도선과 자오선의 각도가 다르므로 접점에서 측정된 것만 정확하고, 중심 위치에 따라 다음과 같이 구분된다.
- 정축 심사평면투영(Polar Gnomonic)
- 횡축 심사평면투영(Equatorial Gnomonic)
- 사축 심사평면투영(Oblique Gnomonic)

② 평사평면투영: 지구에 접하는 평면에 투영하는 방법이지만 원점이 중심이 아니고 접점에 대하여 정반대 축의 지구 표면상의 점으로부터 투영하는 것으로 다음과 같은 방법이 적용된다.
- 정축 평사평면투영
- 횡축 평사평면투영
- 사축 평사평면투영

③ 정사평면투영: 접하는 모든 평면에 직각으로 무한대의 위치로부터 투영하는 방법으로 다음과 같은 방법이 적용된다.
- 정축 정사평면투영
- 횡축 정사평면투영
- 사축 정사평면투영

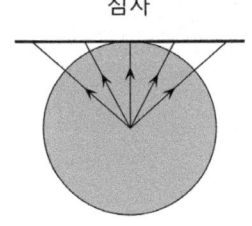
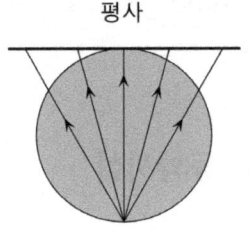
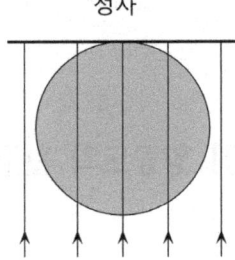

심사   평사   정사

[그림6-1] 평면투영법

(2) 원통투영(cylindrical projection)/메르카토르 차트(Mercator chart)
지구에 접하는 원통의 중심으로부터 투영하여 원통을 잘라서 펼쳐 놓은 형태로 투영하는 방법이다. 이 방법은 1956년 "Gerhard Kramer Mercator"가 처음 발견하여 항법에 필요한 항정선을 직선으로 만들었다. 적도를 원통에 접하도록 한 것이 적도 원통투영이고, 극에 접하도록 한 것이 횡 원통투영, 그리고 자오선 이외의 임의의 둘레를 접하도록 한 것이 사면 원통투영이다.

① Mercator(적도 메르카토르): 자오선의 확대율을 위도선과 같게 동서남북의 확대율을 균등히 하여 수학적 자오선 및 위도선을 결정하는 방법이다. 자오선과 평행권은 직선으로 직각이 되고 확대율은 전 둘레에 대하여 동일하고, 각도 역시 정확하고 일정하다.

 [장점]
- 자오선의 간격은 평행 직선이고 평행권은 서로 직각으로 교차한다.
- 자오선이 평행이므로 항정선은 직선이 된다.
- 척도는 적도에서 정확하고 다른 위도에서는 동일 비율로 확대되어 있으나 그 위도에 맞는 척도이므로 거리를 측정해야 한다.
- 90° 지방은 무한대이므로 극으로 표시할 수 없다.
- 대권은 극에 대해서 튀어나온 곡선이 된다.
- 고위도에서는 면적이 크게 확대되므로 위도 70°까지의 항공도가 사용된다.

 [단점]
- 위도에 따라 척도가 다르므로 장거리 측정이 어렵다.
- 대권 방위를 작성할 때 대권 수정각을 적용해야 한다.
- 극을 표시할 수 없으므로 남북 위도 80° 이상에서는 사용할 수 없다.

② 횡 원통 메르카토르(Transverse Mercator): 적도 메르카토르에서 표시할 수 없는 고위도 지역을 위해서 사용된다. 원통을 적도 메르카토르 법의 위치에서 90° 이동한 것으로 자오선과 접하는 원통에 의해서 만들어지고 이를 중앙자오선(central meridian; CM)이라 한다.

③ 사 원통 메르카토르(Oblique Mercator): 적도 또는 자오선 이외의 대권에 대하여 원통을 접하도록 하여 만드는 투영으로 비교적 장거리의 두 중요지점의 대권에 접하는 지역을 그린 것이다.

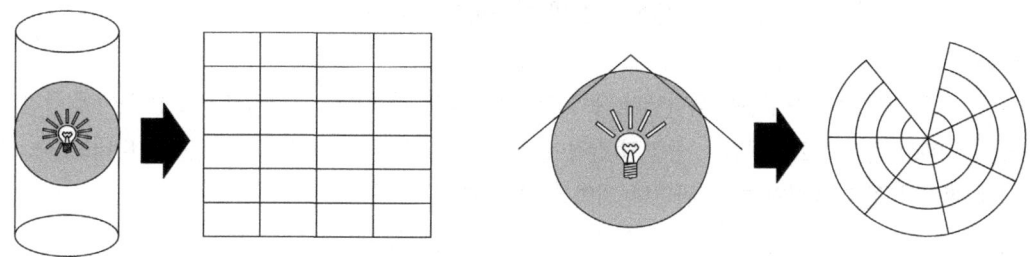

[그림6-2] 원통 투영법과 원추 투영법

(3) 원추투영(conic projection)/람베르트 차트(Lambert conformal chart)
항공용 항공도로 가장 적합한 것은 람베르트(Lambert) 지도로서 지표를 원추면에 투영하여 제작된다.
① 단순원추투영: 지구의 극 위에 정점을 두고 어느 평행선에서 지구 표면에 접하는 원추 선상에 지구 중심부터 지구의 격자선을 투영하여 이것이 자오선에 접하는 원추를 잘라서 펼쳐 놓은 형태이다. 원추에 접하는 평행권을 기준 평행선이라 하고 그 이후는 정확하게 표시되나 남북극으로 진행함에 따라 정확도는 감소한다.
② 분할원추투영: 지구를 뚫고 나가서 지표와 두 기준 평면권에서 교차하는 원추에 지구의 격자선을 투영한 것이다. 기준 평면 선상에는 정확하고 그 바깥에서는 확대되고 그 안쪽에서는 축소되므로 지도에 나타나는 총 위도 폭의 1/6과 5/6의 곳을 기준 평행권을 선정하면 척도 오차의 분포가 일정하여 단순 원추투영법보다 정확도가 높다. 따라서 모든 원추투영에는 분할 원추투영법이 활용된다.

[장점]
- 실제와 거의 일치한다.
- 대권은 거의 직선으로 표시된다.
- 척도는 거의 일정하다.
- 위치표시가 쉽고 위도와 경도로 나타낸다.
- 제작이 쉽다.
- 거리 측정이 정확하다.

[단점]
- 항정선은 정확히 나타낼 수 없는 곡선이다.
- 위도권의 중간 위도권에 갈수록 중간이 튀어나오는 곡선이 된다.
- 위도권의 폭이 넓어짐에 따라 척도도 증가한다.
- 평행권은 곡선이다.

[3] 시계비행 항공도(앞표지 안쪽, 범례 참고)
(1) 항공도
항공도는 항행안전시설, 항로, 공역, 장애물, 공항 등에 대한 정보를 제공한다. 시계비행 항공도는 축적에 따라 1:25만, 1:50만, 1:100만 단위로 발행된다. 일반항공에서는 1:50만 항공도가 적당하다. 1:50만 항공도에서 특정 공역의 시설을 2배로 확대한 1:25만 항공도가 발행되기도 한다.

① 등고선

등고선은 지표면의 평균 해수면을 나타낸다. 등고선은 500피트 간격으로 그려지고 등고선 사이에 중간 등고선은 250피트 간격으로 그려진다. 등고선 간격이 조밀하게 그려진 곳은 급경사 지역을 나타내고, 등고선이 넓게 형성된 곳은 경사가 매우 완만한 지역을 나타낸다.

② 기복

그림자 기법을 이용한 지형의 기복은 공중에서 보았을 때 지형의 윤곽을 쉽게 식별할 수 있다. 지도 제작자가 항공도의 북서쪽에서 빛을 비추어 그림자 진 지역으로 그려진다.

③ 색조

항공도 컬러의 색조는 고도대를 나타낸다. 진한 황토색은 5,000피트 이상의 고도대, 해수면 고도에 근접할수록 엷은 파란색으로 고도대를 표시한다.

④ 장애물

지상 장애물 중 지표면으로부터 200피트(AGL) 이상의 장애물에 대해서만 항공도에 표기된다. 공항 또는 도시 주변에 건설된 각종 통신 안테나, 유류고, 공장 및 굴뚝, 고층 건물의 전망대, 수직 케이블 등과 같이 집단으로 형성되어 있는 인공 장애물들은 장애물군으로 표기한다.

- 1,000피트(AGL) 이상 장애물
- 1,000피트(AGL) 이하 장애물
- 장애물군
- 고광도 장애물등이 설치된 장애물
- 고압 송전선
- 등화시설을 갖추었거나 갖추지 않은 장애물
- 장애물의 높이

⑤ 시각 확인점

주요 공항으로 접근하는 시계비행 항공기의 효과적인 관제를 위해서 공항을 중심으로 공중에서 식별이 쉬운 다리, 저수지, 인근 공항 등이 시각 확인점으로 지정된다.

⑥ 최대표고숫자(maximum elevation figure; MEF)

항공도의 각 방안(quadrangles)에는 가장 높은 장애물의 고도를 쉽게 인식할 수 있도록 각 방안에 굵은 숫자와 위첨자로 표기된다. MEF에서 굵은 숫자는 천 단위 그리고 작은 숫자는 백 단위이다. 예를 들어 "4^6"로 표기되어 있을 때 지정 방안에서 가장 높은 장애물의 표고는 4,600피트이다.

(2) 공항 부호와 식별 박스

관제탑 시설을 갖춘 공항(controlled airport)은 파란색으로 표기되고 관제탑 시설을 갖추지 않은 공항은 자홍색(magenta)으로 구분한다. 활주로 표면이 잔디와 같이 단단하지 않은 육상 공항은 원으로 그리고 해상 공항은 닻(anchor)으로 구분한다. 활주로 표면이 단단하고 활주로 길이가 1,500피트에서 8,096피트 사이의 활주로는 원에 대략적인 활주로 방향이 그려진다. 활주로 표면이 단단하고(hard-surfaced) 활주로 길이가 8,096피트 이상의 단일 활주로 또는 활주로 길이가 8,096피트 이하이면서 다중 활주로(multiple runways)를 갖춘 공항은 직사각형 형태로 구분한다. 원으로 표시된 공항 부호의 상단에 별표는 공항 등대(rotating airport beacon)가 일몰부터 일출까지 운용된다는 것을 나타낸다. 또는 원의 사면에 조그마한 점으로 표기된 공항 부호는 항공유(aviation fuel)가 가용한 공항이다. 공항을 나타내는 부호 근처에 해당 공항에 대한 간단한 정보가 제공된다. 공항 정보는 공항 부호와 같은 색으로 표기된다. 일반적으로 공항 명칭(식별 문자)-관제탑 주파수-ATIS 주파수-공항 표고-등화시설-UNICOM 등이 제공된다.

- FSS/RFSS(원격 FSS)
- NO SVFR: 고정날개 항공기의 SVFR 금지
- 관제탑(control tower)은 "CT-118.3★"과 같이 표기되고 주파수 뒤에 위첨자 별표는 시간제(part-time)로 운용되는 공항을 나타내므로 관제탑 운용시간을 확인해야 한다.
- 공항표고(airport elevation)
- 등화시설은 문자 "L"로 표기하고 "*L"의 경우는 운용상의 제한이 있으므로 Chart Supplement를 확인해야 한다.
- 활주로 길이는 가장 긴 활주로를 100피트 단위로 표기된다.
- ATIS
- ASOS/AWOS
- UNICOM
- VFR Advsy: ATIS가 제공되지 않고 주파수가 주요 관제탑과 다를 때 공항에 진입하는 항공기를 위해서 VFR 조언 주파수가 제공된다.

(3) 항행안전시설
① 항행안전시설 표기
시계비행 항공도(VFR aeronautical chart)에는 VOR, VOR/DME, VORTAC, NDB 시설을 나타내는 부호가 표기된다. VOR 시설은 해당 시설을 중심으로 방위판이 그려지고 반드시 진북을 지시하는 화살표가 그려진다. 항공도에는 VOR 시설, VOR/DME 시설 그리고 VORTAC 시설들이 그려진다. NDB 송신소는 작은 원 안에 여러 개의 점선 원으로 그려진다. VOR 시설을 잇는 항로가 설정되어 있고 엷은 띠와 함께 항로 번호가 부여된다. 항로가 교차하는 지점에서는 화살표로 시설의 방향을 지시한다. 또한, 항로 구간별 거리가 직사각형 박스에 표기된다.

② 식별 박스
VOR의 식별 박스는 파란색으로 그리고 NDB 시설의 식별 박스(identification box)는 자홍색으로 표기된다. 식별 박스에는 VOR (NDB) 명칭, 주파수, 세 문자 식별 문자, 전신부호가 제공된다. VORTAC 시설은 VOR 주파수 다음에 TACAN 채널이 제공된다. 식별 박스 오른쪽 위에 파란색 원 안에 "T"로 표기된 것은 "TWEB"가 운용되는 시설이고, 하단에 조그마한 정사각형은 "HIWAS"가 가용함을 나타낸다. 주파수 하단에 밑줄이 그어진(117.1) 것은 음성식별 방송(voice identification broadcast)이 제공되지 않는 시설이고 주파수 앞에 별표 (★117.1) 위첨자는 시간제 또는 요청(on request)이 있을 때만 운용된다는 것을 의미한다.

| 제6장 | 기출문제 및 예상문제

1. 항공도에서 경도와 위도가 직선으로 그려지는 것은?
  ① 람베르트 차트 ② 메르카토르 차트
  ③ 심사 투영 차트 ④ 평면 차트

2. 대권이 직선으로 그려지는 투영법은?
  ① Lambert projection(람베르트 투영) ② Mercator projection(메르카토르 투영)
  ③ Gnomonic projection(심사 투영) ④ Cylindrical projection(원통 투영)

3. Lambert 투영에 관한 설명으로 틀린 것은?
  ① 실제 지형과 유사하다. ② 항정선은 직선이다.
  ③ 제작이 쉽다. ④ 척도가 거의 일정하고 거리 측정이 정확하다.

4. Lambert 투영에 관한 설명으로 옳은 것은?
  ① 항정선은 직선이다. ② 대권은 곡선이다.
  ③ 거리 측정이 부정확하다. ④ 자오선은 직선이다.
  [해설] 대권은 거의 직선으로 그려진다.

5. Mercator 투영에 관한 내용으로 부적절한 것은?
  ① 위도선은 극으로 갈수록 넓어진다. ② 대권은 극지방에 대해 직선이다.
  ③ 자오선의 간격이 일정하다. ④ 항정선은 직선이다.

6. 위도선이 평행하게 그려지는 투영법은?
  ① Lambert projection ② Mercator projection
  ③ Gnomonic projection ④ Cylindrical projection

7. 지구의 자전 속도 1시간당 아크(원호)의 각도는 얼마인가?
  ① 10° ② 15°
  ③ 25° ④ 30°

8. 국내에서 위도 1분의 길이가 1 NM이 되는 곳은?
  ① 북위 15° ② 북위 45°
  ③ 북위 70° ④ 북위 90°

【정답】 1.② 2.③ 3.② 4.④ 5.② 6.② 7.② 8.②

9. 항공도 작성의 기본 조건으로 볼 수 없는 것은?
① 동일 면적과 거리가 되도록 한다. ② 항정선이 곡선이 되도록 한다.
③ 대권이 직선이 되도록 한다. ④ 각도를 정확하게 측정해야 한다.

10. 항정선 항로를 이용했을 때 예상할 수 있는 항적(track)은?
① 항적은 위도에 따라 직선과 곡선이 될 수 있다.
② 항적은 극지방에서 직선이다.
③ 항적은 직선이 된다.
④ 항적은 곡선이 된다.

11. 항공도를 판독할 때 주의해야 할 사항이 아닌 것은?
① 고도가 높을수록 지형이 평평하게 보인다.
② 항공기 속도가 빠를수록 바람의 영향을 크게 받는다.
③ 고도 2,000~3,000피트 이하의 고도에서는 넓은 지역을 횡단할 때 실제보다 넓게 보인다.
④ 축척이 클수록 해안선, 하천, 도로 등이 명확하게 볼 수 있어 항로 유지가 쉽다.

12. 일반항공 항공기의 시계비행에 적합한 VFR Aeronautical Chart는?
① VFR Terminal Area Chart ② VFR Enroute Chart
③ VFR Sectional Chart ④ VFR World Area Chart
【해설】 *Terminal Area Chart(25만), Sectional Chart(50만), World Area Chart(100만)*

13. 터미널 공역과 지표면 장애물 및 시설에 대해서 항공 정보를 제공하는 VFR Aeronautical Chart는?
① VFR Terminal Area Chart
② VFR Enroute Chart
③ VFR Sectional Chart
④ VFR World Area Chart

14. 항공도 상의 등고선이 조밀하게 그려진 곳의 특징은?
① 급경사 지형이다. ② 완만한 지형이다.
③ 능선을 나타낸다. ④ 산 정상을 잇는 지형이다.

15. 항공도의 등고선 간격이 넓게 그려진 지형의 특징은?
① 급경사 지형이다.
② 완만한 경사로 이루어진 지형이다.
③ 깊은 계곡 또는 절벽 지형이다.
④ 함몰 지형이다.

【정답】 9.② 10.④ 11.② 12.③ 13.① 14.① 15.②

16. Sectional Chart에서 자오선을 참고하여 측정된 코스는 무엇인가?
① True course　　　　② Magnetic course
③ True Heading　　　 ④ Magnetic heading
【해설】 진방위(true course)는 항공도의 자오선(meridian)을 참고해서 결정한다.

17. Sectional Chart에서 True course의 측정은 항로의 중간 근처에 있는 자오선을 사용해야 하는 이유는?
① 등편각선의 값이 지점에 따라 다르기 때문이다.
② 등편각선으로 형성된 각도와 위도선이 지점에 따라 다르기 때문이다.
③ 전 구역에서 등편각선과 경도선이 다르기 때문이다.
④ 경도선으로 형성된 각도와 항로 선이 지점에 따라 다르기 때문이다.
【해설】 자오선(meridian; 경도선)은 위도선(lines of latitude)과 달리 극(pole)을 향해서 합류하기 때문에 등편각선(isogonic line)으로 형성된 각도와 위도선이 지점에 따라 다르다. 따라서 true course를 측정할 때 출발점보다 항로의 중간(midpoint) 근처에 있는 자오선을 참고해야 한다.

18. Sectional Chart에 있는 도로에 대해서 올바르게 서술하고 있는 것은?
① 모든 도로는 2차로 또는 그 이상 도로만 그려진다.
② 교통량이 많은 도로 또는 공중에서 보았을 때 뚜렷하게 보이는 도로만 그려진다.
③ 오직 포장도로만 그려진다.
④ 공항과 연결된 도로만 그려진다.
【해설】 Sectional Chart에 공중항법을 위해서 사용될 수 있는 주요 특징의 도로들이 그려진다. 이들 도로는 교통량이 많은 도로 또는 공중에서 보았을 때 뚜렷하게 보이는 도로만 그려진다.

※ [앞표지 안쪽, VFR Aeronautical Chart 범례 참고]

19. [그림6-3] Minot(1번 구역)와 Audubon Lake(2번 구역) 사이의 엷은 황갈색 지역의 지형 표고는?
① 해수면에서 2,000피트(MSL)
② 2,000피트에서 2,500피트(MSL)
③ 2,000피트에서 2,700피트(MSL)
④ 해수면에서 2,500피트(MSL)
【해설】 오른쪽 아래의 색에 따른 고도를 참고. 황갈색(tan)은 2,000피트에서 3,000피트의 표고를 나타낸다. Sectional Chart의 등고선은 500피트 간격으로 그려진다. 표고 2,000피트 등고선(contour line)은 색이 녹색에서 엷은 황갈색(light tan)으로 변하는 지점이다. 엷은 황갈색 지역에서 다른 등고선이 없으므로 지형 표고는 2,000피트에서 2,500피트라고 판단해야 한다. 또한, 1번 구역과 2번 구역 사이의 Poleschook Airport의 표고는 2,245피트라는 것도 함께 참고해 볼 수 있다.

【정답】 16.①　17.④　18.②　19.②

20. [그림6-4, 1번] 스포츠 조종사가 고도 700피트(AGL) 미만, Sandpoint Airport 상공에서 운용하는데 필요한 시정과 구름으로부터 거리요건은?
① 1마일 그리고 구름에서 벗어나 있어야 한다.
② 3마일 그리고 아래로 500피트, 위로 1,000피트, 그리고 수평으로 2,000피트
③ 1마일 그리고 아래로 500피트, 위로 1,000피트, 그리고 수평으로 2,000피트
④ 3마일 그리고 구름에서 벗어나 있어야 한다.

【해설】 해당 공항 주변의 공역은 지표면으로부터 2,827피트(MSL; 700피트 AGL)까지 G등급 공역이다. 스포츠 조종사가 700피트(AGL) 미만에서 운용하기 위한 시정과 구름으로부터 거리 필수요건은 3마일 그리고 구름에서 벗어나(clear of clouds) 있어야 한다. 스포츠 조종사는 모든 공역에서 비행시정이 3마일 미만에서 기장(PIC)으로 활약할 수 없다.

21. [그림6-4, 3번] Magee Airport 상공 항공로로 지정된 E등급 공역 구간에서 수직 한계는?
① 1,200피트(AGL)에서 17,999피트(MSL)
② 700피트(MSL)에서 12,500피트(MSL)
③ 7,500피트(MSL)에서 17,999피트(MSL)
④ 700피트(AGL)에서 17,999피트(MSL)

【해설】 이 공항 상공의 E등급 공역의 수직 한계는 18,000피트(MSL, 포함하지 않음)까지이다. 항로로 지정된 E등급 공역의 하한고도(floor)는 다르게 지시되지 않는 한 1,200피트(AGL)가 된다. 참고로 공항 상공의 경우 하한고도는 다르게 지시되지 않는 한 700피트(AGL)가 된다.

22. [그림6-4, 3번] Magee Airport 상공의 항로로 지정된 E등급 공역 구간의 하한고도는?
① 1,200피트(AGL) ② 700피트(AGL)
③ 7,500피트(AGL) ④ 지표면

23. [그림6-5, 3번] Ridgeland Airport에서 글라이더를 운용하기 위한 정보는 어디를 참고해야 하는가?
① 항공도의 테두리에 있는 주석 ② Chart Supplement
③ NOTAM ④ 해당 공항안내서

【해설】 Ridgeland Airport 근처에 표시된 글라이더 부호는 글라이더 운용 구역을 나타낸다. Chart Supplement는 이 구역에서 글라이더 운용에 관한 정보를 제공하고 있다.

24. Sectional Chart에 있는 공항을 묘사하는 데 사용된 색에 관해서 올바르게 서술하고 있는 것은?
① D등급과 E등급 공역 아래에 있는 관제탑이 있는 공항은 자홍색이다.
② 관제탑이 있는 공항은 자홍색이다.
③ 모든 공항은 검은색으로 그려진다.
④ 관제탑이 있는 공항은 파란색이다.

【해설】 Sectional Chart에서 관제탑이 있는 공항은 파란색으로 그려진다.

【정답】 20.④ 21.① 22.① 23.② 24.④

25. 국제공항과 같이 항공 교통량이 복잡한 주요 공항을 중심으로 설정되는 공역은?
① A등급 공역   ② B등급 공역
③ C등급 공역   ④ D등급 공역

26. Sectional Chart에서 공항을 묘사하는 데 사용된 파란색과 자홍색에 관해서 올바르게 서술하고 있는 것은?
① A, B, C등급 공역 아래에 있는 관제탑이 있는 공항은 파란색이다. D, E등급 공역은 자홍색이다.
② C, D, E등급 공역 아래 관제탑이 있는 공항은 자홍색이다.
③ B, C, D, E등급 공역 아래 관제탑이 있는 공항은 파란색이다.
④ B, C, D등급 공역 아래 관제탑이 있는 공항은 파란색이다.
【해설】 Sectional Chart에서 B, C, D, E등급 공역 아래 관제탑이 있는 공항은 파란색이다.

27. C등급 공역 안에 있는 관제탑이 없는 위성공항으로 운항에 관해서 올바르게 서술하고 있는 것은?
① 그 공역으로 진입하기 전 조종사는 비행정보센터(운항실)와 교신해야 한다.
② 그 공역으로 진입하기 전 조종사는 관제탑과 교신해야 한다.
③ 그 공역으로 진입하기 전 조종사는 ATC 업무를 제공하고 있는 시설과 교신이 이루어지고 유지되어야 한다.
④ 그 공역에 일단 진입한 후 ATC 업무를 제공하고 있는 시설과 교신이 이루어져야 한다.
【해설】 C등급 공역 안에 있는 관제탑이 없는 위성공항으로 진입하기 위해서 조종사는 그 공역으로 진입하기 전 ATC 업무를 제공하고 있는 시설과 교신이 이루어져야 하고 유지되어야 한다.

28. C등급 공역 안에서 운용하는데 필요한 최저 무선통신장비는?
① 양방향 무선통신장비, 4096-코드 트랜스폰더
② 양방향 무선통신장비, 4096-코드 트랜스폰더, 그리고 DME
③ 양방향 무선통신장비, 4096-코드 트랜스폰더, 그리고 VOR
④ 양방향 무선통신장비, 4096-코드 트랜스폰더, 그리고 인코딩 고도계
【해설】 C등급 공역에서 운용하기 위해서 항공기는 다음과 같은 장비를 갖추어야 한다.
• 양방향 무선통신장비
• 4096-코드 트랜스폰더
• 인코딩 고도계(encoding altimeter)
※ encoding altimeter; 인코딩 고도계는 ATC에 자동으로 전송하기 위한 트랜스폰더에 디지털화된 출력을 송출할 수 있는 추가 성능을 갖춘 고도계이다. 트랜스폰더와 관련한 인코딩 고도계는 항공기의 고도를 100피트 단위로 ATC 레이더 비컨 시스템의 레이더에 자동으로 송출한다.

【정답】 25.② 26.③ 27.③ 28.④

29. B등급 공역에서 VFR 운용하는데 필요한 최소한의 무선장비는?
① 양방향 무선통신장비 그리고 4096-코드 트랜스폰더
② 양방향 무선통신장비 그리고 4096-코드 트랜스폰더, 인코딩 고도계
③ 양방향 무선통신장비 그리고 4096-코드 트랜스폰더, 인코딩 고도계, 그리고 VOR 또는 TACAN 수신기
④ 양방향 무선통신장비, 4096-코드 트랜스폰더, 그리고 VOR 또는 TACAN 수신기

【해설】 B등급 공역에서 운용하기 위해 항공기는 다음과 같은 장비를 갖추어야 한다.
• 양방향 무선통신장비
• 4096-코드 트랜스폰더
• 인코딩 고도계(encoding altimeter)

30. [그림6-5, 3번] 외부 원(outer circle)에서 Savannah C등급 공역의 하한고도는?
① 1,200피트(MSL)   ② 1,300피트(AGL)
③ 1,700피트(MSL)   ④ 1,300피트(MSL)

【해설】 C등급 공역은 지표면 구역/내부 원(surface area; inner circle)과 선반 구역/외부 원(shelf area; outer circle)으로 이루어져 있다. 외부 원의 하한고도는 공항표고 상공 1,200피트이다. 해당 C등급 공역은 굵은 자홍색 원으로 그려져 있고, 각 원에는 하한고도와 상한고도가 백 피트 단위(지표면의 경우는 SFC)로 $\frac{41}{13}$과 같이 표기되어 있다. Savannah C등급 공역의 하한고도는 "13"으로 표기되어 있고 이것은 1,300피트(AGL)를 의미한다.

31. [그림6-5, 3번] Savannah International의 약 6 NM 남서쪽에 있는 등화시설을 갖춘 장애물의 높이는?
① 1,500피트(MSL)   ② 1,531피트(AGL)
③ 1,549피트(MSL)   ④ 1,549피트(AGL)

【해설】 해당 장애물은 C등급 공역의 외부 원(outer circle) 안에 있고 상단에 번개 부호가 그려져 있다. 이 장애물의 위쪽에 두 개의 숫자가 있다. 위에 있는 숫자 1,549피트(MSL)는 해수면으로부터 높이이고, 아래 괄호 속에 있는 숫자(1534)는 지표면(AGL)으로부터 높이이다.

32. [그림6-6, 1번] Airpark East 공항의 북동쪽에 있는 장애물을 500피트로 통과하는데 필요한 최저고도는?
① 1,283피트(AGL)   ② 1,273피트(AGL)
③ 1,283피트(MSL)   ④ 1,273피트(MSL)

【해설】 이 공항 인근 북동쪽에 있는 장애물의 최고 높이는 굵은 숫자로 773으로 표기되어 있다. 이 장애물을 수직 500피트로 통과하기 위한 최저고도는 1,273피트(MSL)이다.

【정답】 29.② 30.② 31.③ 32.④

33. [그림6-6, 2번] Winnsboro Airport의 남동쪽에 있는 장애물을 500피트로 통과하는데 필요한 최저 고도는?

① 823피트(MSL) ② 1,013피트(MSL)
③ 1,403피트(MSL) ④ 1,503피트(MSL)

【해설】 이 공항 인근 남동쪽에 있는 장애물의 최고 높이는 굵은 숫자로 903으로 표기되어 있다. 이 장애물을 수직 500피트로 통과하기 위한 최저고도는 1,403피트(MSL)이다.

34. [그림6-6, 6번] Commerce 마을 상공에 있는 E등급 공역의 하한고도는?

① 1,200피트(MSL) ② 700피트(AGL)
③ 1,200피트(AGL) ④ 700피트(MSL)

【해설】 해당 공역은 음영 자홍색 원으로 그려져 있다. 이것은 E등급 공역이 700피트(AGL)에서부터 시작된다는 것을 의미한다.

35. [그림6-7, 2번] Addison Airport에 있는 B등급 공역의 하한고도는?

① 지표면 ② 11,000피트(MSL)
③ 3,100피트(MSL) ④ 3,000피트(MSL)

【해설】 Sectional Chart에서 B등급 공역은 굵은 파란색 원으로 그려지고 운용 여건에 따라 여러 섹터로 구분된다. 각 섹터는 하한고도와 상한고도가 분수 형식으로 $\frac{110}{30}$ 과 같이 표기되고 아래 숫자가 하한고도 그리고 위 숫자가 상한고도이다. Addison Airport에 있는 B등급 공역의 하한고도는 3,000피트(MSL)이다.

36. [그림6-7, 2번] Lakeview Airport에 있는 B등급 공역의 하한고도는?

① 4,000피트 ② 3,000피트
③ 1,700피트 ④ 11,000피트

【해설】 해당 공항 상공의 B등급 공역은 $\frac{110}{30}$ 과 같이 표기되어 있고 하한고도가 30 그리고 상한고도는 110이다. 따라서 이 공항 상공의 B등급 공역의 하한고도는 3,000피트(MSL)이다.

37. [그림6-7, 4번] Fort Worth Meacham Field의 북-북서에 있는 Hicks Airport(T67) 위의 B등급 하한고도는?

① 지표면 ② 3,200피트(MSL)
③ 3,000피트(MSL) ④ 4,000피트(MSL)

【정답】 33.③ 34.② 35.④ 36.② 37.④

38. [그림6-7, 4번] Fort Worth Meacham 직 상공에 있는 공역은?
  ① 10,000피트(MSL)까지 B등급 공역   ② 5,000피트(MSL)까지 C등급 공역
  ③ 3,200피트(MSL)까지 D등급 공역   ④ 3,000피트(MSL)까지 B등급 공역
  【해설】 Fort Worth Meacham 상공의 공역은 파란색 점선 원으로 그려져 있고 D등급 공역이다. 점선 원 내부 사각 점선 안에 "32"로 표기되어 있고 이것이 D등급 공역의 상한고도이다.

39. [그림6-7, 7번] McKinney(TKI) 상공의 공역은 지표면으로부터 얼마까지 관제가 이루어지고 있는가?
  ① 700피트(AGL)   ② 2,900피트(AGL)
  ③ 2,500피트(MSL)   ④ 2,900피트(MSL)
  【해설】 McKinney(TKI) 상공의 공역은 파란색 점선 원으로 그려져 있고 D등급 공역이다. 점선 원 내부 사각 점선 안에 "29"로 표기되어 있고 이것이 D등급 공역의 상한고도이다.

40. [그림6-7, 8번] NAS Dallas의 남쪽 인구밀집지역에 있는 Cedar Hill TV 타워 상공을 비행하기 위한 최저고도는?
  ① 2,555피트(MSL)   ② 3,549피트(MSL)
  ③ 3,449피트(MSL)   ④ 4,549피트(MSL)
  【해설】 Cedar Hill TV tower의 표고는 2,549피트(MSL)이다. 인구밀집지역에서 최저안전고도는 반경 2,000피트 안에서 가장 높은 장애물로부터 1,000피트이다. 따라서 TV 안테나 탑을 수직으로 안전하게 통과하기 위한 최저고도는 3,549피트(2,549+1,000)이다.

41. [그림6-8, 4번] Jamestown 공항 상공의 E등급 공역 하한고도는?
  ① 700피트(AGL)   ② 1,200피트(AGL)
  ③ 지표면   ④ 1,200피트(MSL)

42. [그림6-8, 1번] Devil Lake East MOA는 무엇인가?
  ① 기상관측구역   ② 군관측구역
  ③ 제한구역   ④ 군작전구역
  【해설】 Sectional Chart의 군작전구역(military operations area; MOA)은 자홍색 짧은 선으로 표시된 구역이다. 이 항공도의 상단 부분 대부분이 MOA로 지정되어 있다.

43. [그림6-8, 2번] Devils Lake East MOA 지역에서 항공기 운용에 위험 요소는?
  ① 포병사격, 공중사격, 또는 유도 미사일과 같은 비정상적이고 때로는 보이지 않는 위험이 있다.
  ② 군 항공기의 계기비행훈련이 진행되고 있다.
  ③ 많은 조종사 비행훈련 또는 비정상적인 형태의 항공 활동이 수행되고 있다.
  ④ 곡예비행 혹은 급격한 비행기동이 수행되고 있는 군훈련활동이 수행되고 있다.
  【해설】 군작전구역(military operations area; MOA)은 IFR 항공기와 군훈련 활동을 분리하기 위한

【정답】 38.③ 39.④ 40.② 41.③ 42.④ 43.④

목적으로 가로와 수직 한계로 지정된 구역이다. MOA에서 수행되고 있는 훈련은 곡예비행 혹은 급격한 비행기동(abrupt flight maneuvers)이 수행되고 있다. VFR 항공기가 MOA 구역을 통과할 수 있지만, 군용 항공기의 활동을 관찰하고 회피(see and avoid)하기 위해서 특별히 주의해야 한다.

44. [그림6-8, 2번] Bryn Airport 상공의 공역은?
① G등급 공역; 지표면 위로 그리고 1,200피트(AGL)를 포함하지 않음, E등급 공역, 1,200피트(AGL) 위로 그러나 18,000피트(MSL)를 포함하지 않음
② G등급 공역, 지표면 위로 그리고 18,000피트(MSL)는 포함하지 않음
③ G등급 공역, 지표면 위로 그리고 700피트(AGL)는 포함하지 않음; E등급 공역 700피트부터 14,500피트(MSL)까지
④ G등급 공역; 지표면 위로 그리고 700피트(AGL)를 포함하지 않음, E등급 공역, 700피트(AGL) 위로 18,000피트(MSL)까지 포함

【해설】 Bryn Airport는 파란색 음영 원(shaded ring)의 부분이다. 차트 범례에 따르면 이것은 이 원 안의 1,200피트(AGL)에서 시작되는 E등급 공역이다. 따라서 G등급 공역은 지표면으로부터 1,200피트 (AGL; 포함하지 않음)까지 확장된다. E등급 공역은 1,200피트(AGL)부터 시작되어 18,000피트(MSL; 포함하지 않음)까지 확장된다.

45. [그림6-8, 2번] Cooperstown의 소도시 상공에서 주간 1,200피트(AGL)와 10,000피트(MSL) 사이에서 비행하는데 필요한 시정과 구름으로부터 거리 필수요건은?
① 1마일 그리고 구름에서 벗어나 있어야 함
② 1마일 그리고 아래로 500피트, 위로 1,000피트, 그리고 수평으로 2,000피트
③ 3마일 그리고 아래로 500피트, 위로 1,000피트, 그리고 수평으로 2,000피트
④ 5마일 그리고 아래로 500피트, 위로 1,000피트, 그리고 수평으로 1,000피트

【해설】 Cooperstown의 소도시 상공 공역은 700피트(AGL)까지 G등급 공역 그리고 18,000피트(MSL; 포함하지 않음)까지 E등급 공역이다. 따라서 이 소도시 상공에서 주간 VFR 비행을 위한 시정과 구름으로부터 거리 필수요건은 3마일 그리고 아래로 500피트, 위로 1,000피트, 그리고 수평으로 2,000피트이다.

46. [그림6-8, 3번] Arrowwood National Wildlife Refuge 상공을 비행할 때 조종사는 몇 피트 이하로 비행해서는 안 되는가?
① 3,500피트(AGL) ② 2,500피트(AGL)
③ 3,000피트(AGL) ④ 2,000피트(AGL)

【해설】 모든 항공기는 국립야생보호구역(national wildlife refuge) 상공에서는 지표면으로부터 2,000피트의 최저고도를 유지해야 한다. 그러나 다음의 경우는 예외이다.
• 비상상황으로 인해서 비상착륙
• 지정된 장소에 착륙   • 국가의 공적 사업

【정답】 44.① 45.③ 46.④

47. [그림6-8, 3번] Sprague Airport 상공의 공역은?
① G등급 공역, 지표면 위로 그러나 1,200피트(AGL)를 포함하지 않음; E등급 공역, 1,200피트(AGL) 위로 그러나 18,000피트(MSL)를 포함하지 않음
② G등급 공역, 지표면 위로 그러나 18,000피트(MSL)를 포함하지 않음
③ G등급 공역, 지표면 위로 그러나 700피트(AGL)를 포함하지 않음, E등급 공역, 700피트에서 14,500피트(MSL)까지
④ G등급 공역, 지표면 위로 그러나 700피트(AGL)를 포함하지 않음; E등급 공역, 700피트(AGL) 위로 그러나 18,000피트(MSL)를 포함하지 않음

【해설】 Sprague Airport는 파란색 음영 원(shaded ring)의 부분이다. 차트 범례에 따르면 이것은 이 원 안의 1,200피트(AGL)에서 시작되는 E등급 공역이다. 따라서 G등급 공역은 지표면으로부터 1,200피트(AGL; 포함하지 않음)까지 확장된다. E등급 공역은 1,200피트(AGL)부터 시작되어 18,000피트(MSL; 포함하지 않음)까지 확장된다.

48. [그림6-8, 5번] Barnes County Airport의 5마일 이내 그리고 위에 있는 공역은?
① D등급 공역, 지표면부터 E등급 공역 위의 하한고도까지
② E등급 공역, 지표면부터 1,200피트(MSL)까지
③ G등급 공역, 지표면부터 700피트(AGL)까지
④ E등급 공역, 지표면부터 700피트(MSL)까지

【해설】 Barnes County Airport 주변을 둘러싸고 있는 자홍색 띠(5 SM 원)는 지표면부터 700피트까지 G등급 공역을 나타낸다.

49. [그림6-3] 급유가 가능한 공공 공항을 지시하고 있는 곳은?
① Minot Int'l (1번)
② Garrison(2번)
③ Mercer county Regional Airport(3번)
④ Flyings(1번)

【해설】 공항에 급유시설(refueling)을 갖추고 있는 공항은 공항부호의 사면에 작은 사각형이 그려져 있다.

50. [그림6-6] 급유가 가능한 공공 공항을 지시하고 있는 곳은?
① Commerce(6번) 그리고 Rockwall(1번)
② Commerce(6번) 그리고 Hidden Springs(5번)
③ Commerce(6번) 그리고 Sulphur Springs(5번)
④ Rockwall(1번) 그리고 Sulphur Springs(5번)

【정답】 47.① 48.③ 49.① 50.④

51. [그림6-5, 2, 3번] Statesboro Bullock County Airport, Claxton-Evans County Airport 그리고 Ridgeland Airport에 있는 깃발 부호는 무엇인가?
① Savannah C등급 공역의 외부 경계
② 특별 장주를 갖는 공항
③ Savannah C등급 공역에 진입하기 위한 시각확인점
④ 접근관제소에 위치를 보고하기 위한 필수보고지점

【해설】 이들 공항에 있는 자홍색 깃발 부호(flag symbol)는 Savannah C등급 공역에 진입하기 전 호출을 위해서 위치 식별을 위한 시각확인점(visual check point)이다.

52. [그림6-4, 2번] Coeur d'Alene(COE) 공항에서 가용한 기상정보는 무엇인가?
① 현장에 있는 FSS에서 얻을 수 있다.
② AWOS 3 135.075로부터 얻을 수 있다.
③ UNICOM 122.8로부터 얻을 수 있다.
④ CTAF 122.8로부터 얻을 수 있다.

【해설】 해당 공항 정보에서 "AWOS 135.075"와 같이 표기되어 있다. 이것은 자동기상관측체계(automated weather observation system; AWOS)를 의미한다.

53. [그림6-4, 2번, 그림6-9] Coeur d'Alene(COE) 공항에서 항공기의 위치와 의도를 맹목송신하기 위해서 사용되는 CTAF 주파수는?
① 122.05 MHz   ② 122.5/108.8 MHz
③ 122.2 MHz   ④ 122.8 MHz

【해설】 [그림6-9]의 Chart Supplement에서 Coeur d'Alene(COE) 공항을 위한 정보를 확인할 수 있다. 통신란을 보면 CTAF(UNICOM) 주파수가 122.8MHz라고 표기되어 있다. [그림6-4] 공항 정보에도 122.8 ⓒ로 표기되어 있다.

54. [그림6-4, 2번, 그림6-9] Coeur d'Alene(COE) 공항에서 사용되는 UNICOM 주파수는?
① 135.075 MHz   ② 122.1/108.8 MHz
③ 122.8 MHz   ④ 122.6 MHz

55. [그림6-4, 2번, 그림6-9] Coeur d'Alene(COE) 공항에서 사용되는 CTAF 주파수는?
① 122.05 MHz   ② 135.075 MHz
③ 122.8 MHz   ④ 122.2 MHz

【해설】 [그림6-9]의 Chart Supplement에서 Coeur d'Alene(COE) 공항을 위한 정보를 확인할 수 있다. 통신란을 보면 CTAF(UNICOM) 주파수가 122.8MHz라고 표기되어 있다. [그림6-4] 공항 정보에도 122.8 ⓒ로 표기되어 있다.

【정답】 51.③ 52.② 53.④ 54.③ 55.③

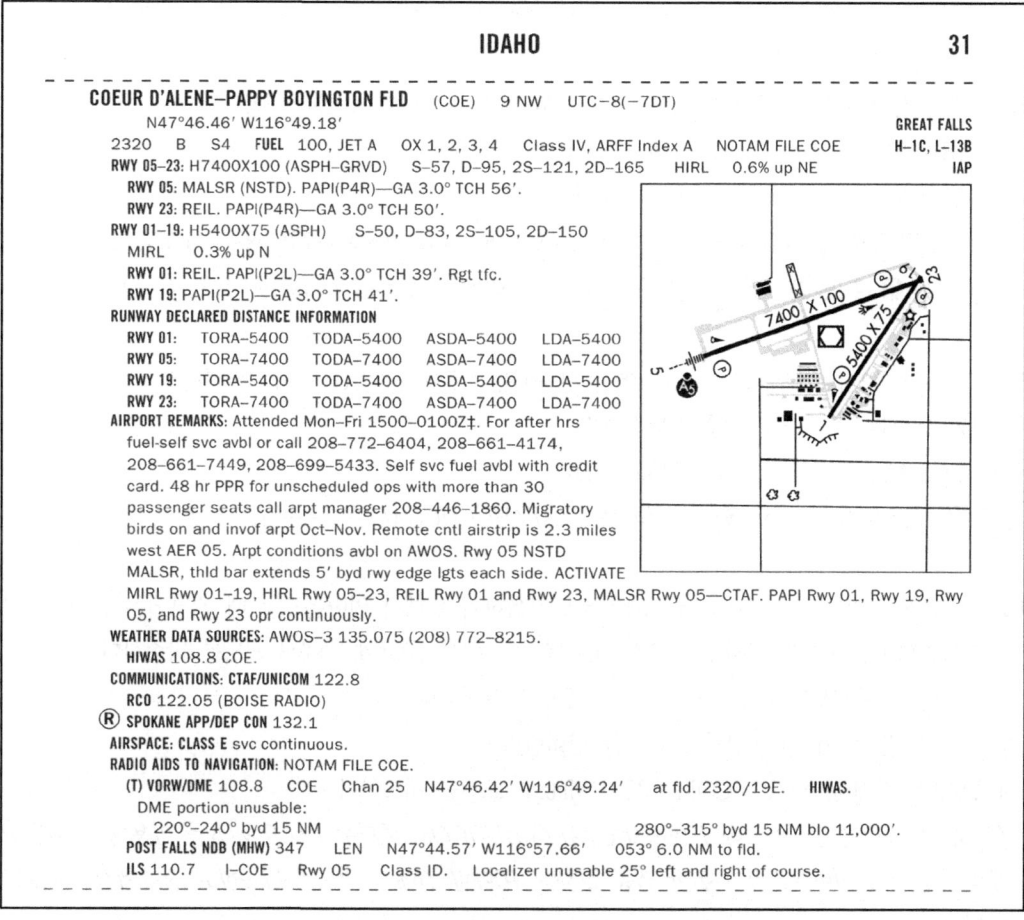

[그림6-9]

56. [그림6-7, 3번] Dallas Executive Tower가 운용되고 있지 않는다면 공항교통을 모니터하기 위해서 CTAF로 사용되는 주파수는?

① 122.2 MHz   ② 122.95 MHz
③ 126.35 MHz   ④ 127.25 MHz

【해설】 Dallas Executive Tower가 운용되지 않을 때 CTAF는 127.25이다. CTAF로 사용되는 주파수는 ◉로 표기되어 있다.

57. 관제탑 또는 UNICOM이 운용되고 있지 않은 공항에 인바운드 중 조종사가 MULTICOM 주파수로 맹목송신을 시도해야 하는 적절한 위치는?

① 20마일 밖에서
② 공항이 육안으로 보이기 시작할 때부터
③ 5마일 밖에서
④ 10마일 밖에서

【해설】 관제탑 또는 UNICOM이 운용되고 있지 않은 공항에 인바운드 중 조종사가 10마일 전에서

【정답】 56.④   57.④

MULTICOM 주파수 122.9 MHz를 이용해서 맹목송신(self-announcement)을 해야 한다.

58. [그림6-3] 1번 지역 근처에서 조종사가 HIWAS를 수신하기 위해서 사용해야 하는 주파수는?
① 118.2 MHz   ② 118.0 MHz
③ 122.2 MHz   ④ 117.1 MHz
【해설】 HIWAS(hazardous in flight weather advisory) 표시는 VOR 혹은 VORTAC 정보 박스의 오른쪽 위 ⒽⅡ로 표기된 것으로 알 수 있다. 이 지역에서 HIWAS가 가용한 주파수는 117.1 MHz이다.

59. [그림6-3, 2번] Garrison Airport에서 사용되는 CTAF/MULTICOM 주파수는?
① 122.8 MHz   ② 122.9 MHz
③ 123.0 MHz   ④ 123.6 MHz
【해설】 Garrison Airport에서 사용되는 CTAF/MULTICOM 주파수는 122.9 MHz이다.

60. [그림6-8, 2번] Cooperstown Airport에 착륙하기 위해서 인바운드할 때 권장되는 통신 절차는?
① CTAF/MULTICOM 주파수 122.9 MHz를 이용해서 10마일 전에서 의도를 방송한다.
② 10마일 전에서부터 UNICOM 122.8 MHz로 교신한다.
③ 장주에 진입하기 전 좌선회로 공항을 선회한다.
④ 20마일 전에서부터 UNICOM 122.9 MHz로 교신을 시도한다.
【해설】 이 공항에 인바운드하기 위해서 CTAF/MULTICOM 주파수 122.9 MHz를 이용해야 한다. 이들 유형의 공항에 인바운드하기 위한 권장 절차는 10마일 전에서 의도를 방송하고 장주에서 위치보고를 한다.

61. [그림6-8, 4번] Jamestown Airport에서 CTAF/MULTICOM 주파수는?
① 122.2 MHz   ② 118.75 MHz
③ 123.6 MHz   ④ 123.0 MHz
【해설】 UNICOM 주파수는 ⒸⅠ부호와 함께 이탤릭체(italics)로 표기된다.

62. [그림6-8, 5번] Barnes County Airport에서 CTAF/MULTICOM 주파수는?
① 122.2 MHz   ② 122.8 MHz
③ 123.6 MHz   ④ 118.05 MHz
【해설】 UNICOM 주파수는 ⒸⅠ부호와 함께 이탤릭체(italics)로 표기된다.

63. [그림6-8, 2번] Cooperstown Airport의 대략적인 위도와 경도 좌표는?
① 46°55′N-99°06′W   ② 47°25′N-99°54′W
③ 47°55′N-98°06′W   ④ 47°25′N-98°06′W
【해설】 Sectional Chart에 있는 격자선은 각 위도 30분과 경도 30분 선으로 그려져 있다. 각각의 짧은

【정답】 58.④ 59.② 60.① 61.④ 62.② 63.④

선은 1분을 나타낸다. 위도는 북쪽으로 갈수록 증가하고, 경도는 서쪽으로 갈수록 증가한다. 이 공항은 대략 47°25′N-98°06′W에 위치한다.

64. [그림6-3, 2번] 대략 북위 47°41′00″ 그리고 서경 101°36′00″(47°41′00″N-101°36′00″W)에 위치한 공항은?
① Fischer ② Crooked Lake
③ Johnson ④ Flyings

65. [그림6-3, 2번] 대략 47°34′30″N-100°43′00″W에 위치한 공항은?
① Linrud ② Garrison
③ Johnson ④ Makeeff

66. [그림6-3, 3번] 대략 북위 47°21 그리고 서경 101°01′에 있는 공항은?
① Underwood ② Pietsch
③ Washburn ④ Garrison

67. [그림6-4, 3번] Shoshone County airport의 대략적인 위도와 경도 좌표는?
① 47°02′N-116°11′W ② 46°33′N-117°11′W
③ 47°32′N-116°41′W ④ 47°33′N-116°11′W
【해설】 경도는 북극에서 남극을 잇는 선이고 모든 경도는 적도를 직각으로 통과한다. Sectional Chart에 있는 격자선(graticules)은 각 위도 30분과 경도 30분 선으로 그려져 있다. 각각의 짧은 선은 1분을 나타낸다. 위도(latitude)는 북쪽으로 갈수록 증가하고, 경도는 서쪽으로 갈수록 증가한다. 이 공항은 대략 47°33′N-116°11′W에 있다.

68. [그림6-3, 2번] Garrison Airport의 표고는 얼마인가?
① 122.9피트 ② 37피트
③ 1,937피트 ④ 2,295피트
【해설】 Garrison Airport의 공항 정보는 "1937 *L 122.9 ● "와 같이 표기되어 있다. 첫 숫자가 공항표고(elevation)이다.

69. [그림6-10] 항공기가 현재 위치하고 있는 활주로를 나타내는 표지판은?
① A ② D
③ F ④ H
【해설】 활주로 표지와 표지판(markings and signs)에서 표지(markings)는 공항의 포상 노면(pavement surface)에 페인트 등으로 부호나 숫자가 그려진 것이고, 표지판(signs)은 일정 규격의 판(panel)에 관련 문자나 숫자를 새겨 유도로 혹은 활주로 주변에 설치한 시설물이다. 표지판은 항공기

【정답】 64.① 65.④ 66.③ 67.④ 68.③ 69.④

날개를 고려하여 낮게 설치된다.

70. [그림6-10] 활주로 종단까지 잔여거리를 나타내는 표지판은?
① P   ② H
③ L   ④ D

【해설】활주로 종단(runway end)까지 잔여거리 표지판(distance remaining sign)은 검정 사각 표지판에 백색 숫자로 표기된다. 숫자는 천 단위이다. 예를 들어 "3"이라고 한다면 3,000피트가 남았다는 것을 나타낸다.

71. [그림6-10] 유도로의 폐쇄를 나타내는 것은?
① T   ② G
③ L   ④ S

【해설】활주로 폐쇄(closed)를 나타내는 표지(markings)는 백색 "X"와 같이 그려지고, 유도로 폐쇄(closed)를 나타내는 표지는 노란색 "X"와 같이 그려진다. 야간 활주로와 유도로 폐쇄를 알리는 등화는 "X"-자 모양 표지판이 세워진다.

72. [그림6-10] 2개의 활주로와 1개의 유도로가 교차하는 것을 나타내는 것은?
① N   ② R
③ J   ④ E

【해설】이 표지판에 따르면 항공기는 현재 Taxiway A에 있고 진행 방향에서 한 활주로는 90도 방향으로 배열되어 있고 다른 활주로는 45도 방향으로 배열된 교차로에 있다.

73. [그림6-10] 항공기가 활주로에 진입하기 전에 대기해야 하는 장소를 나타내는 것은?
① L   ② S
③ B   ④ C

【해설】대기지점표지(hold short marking)는 사용 활주로에 진입하기 전 반드시 대기해야 하는 지점을 나타낸다.

74. [그림6-10] 항공기가 이 구역을 통과할 때 ILS 접근 중인 항공기의 항법 신호에 영향을 줄 수 있는 구역을 나타내는 표지판은?
① A   ② K
③ H   ④ F

【해설】ILS가 운용 중일 때 ILS critical area hold position marking 근처에 ILS critical area sign도 함께 설치된다.

【정답】 70.① 71.② 72.① 73.③ 74.①

75. [그림6-10] ILS가 운용 중일 때 ground controller는 이 선 앞에서 대기할 것을 지시한다. ILS critical area의 테두리를 나타내는 표지는?
① B ② K
③ L ④ T
【해설】 ILS critical area hold position marking은 ILS가 운용 중일 때 이 표지 앞에서 대기해야 하는 지점을 나타낸다.

76. [그림6-10] 유도로 위에 표지(markings)와 함께 당신이 다가가고 있는 활주로를 나타내는 표지판(signs)은?
① J ② N
③ R ④ D
【해설】 유도로/활주로 대기지점(taxiway/runway hold position) 표지판은 항공기가 활주로에 진입하기 전 대기해야 하는 지점으로 유도로에 설치된다.

77. [그림6-10] 항공기 또는 차량의 진입을 금지하는 표지판은?
① S ② T
③ C ④ G
【해설】 진입금지(no entry) 표지판은 빨간색 바탕에 백색 원과 굵은 선으로 그려진다.

78. [그림6-10] 현재 항공기가 위치한 유도로를 나타내는 표지판(sign)은?
① H ② F
③ P ④ I
【해설】 유도로 위치 표지판(taxiway location sign)은 현재 항공기가 활주하고 있는 유도로를 나타낸다. 이 사례에서 항공기는 현재 Taxiway A(alpha)에서 활주하거나 정지해 있다.

79. [그림6-10] 항공기 또는 차량의 이동 경로 테두리를 나타내는 표지(marking)는?
① C, O ② C, T
③ O, Q ④ C, Q
【해설】 차량 차로(vehicle lanes)는 차량이 이동하는 경로의 테두리에 백색 지퍼 모양의 선으로 그려진다.

80. [그림6-10] 2개의 유도로가 교차하는 곳으로 접근하고 있는 것을 나타내는 표지판(sign)은?
① I ② J
③ N ④ R
【해설】 목적지 표지판과 지점 표지판(destination sign and location sign)은 항공기의 현재 위치와 함께 목적지를 향하는 방향을 나타낸다. 이 사례에서 항공기는 Taxiway A(alpha)에 있고 Taxiway C(charlie)가 전방 90도 방향으로 배열되어 있다.

【정답】 75.② 76.① 77.① 78.② 79.① 80.④

81. [그림6-10] 목적지 활주로까지 방향을 보여주는 표지판(sign)은?
① N ② D
③ E ④ J

【해설】아웃바운드 목적지 표지판(outbound designation sign)은 출발하고자 하는 활주로로 진행하기 위한 방향을 나타낸다. 이 사례에서 Runway 27, Runway 33은 당신의 오른쪽에 있음을 나타낸다.

82. [그림6-10] 활주로를 벗어나는 출구를 나타내는 표지판(sign)은?
① I ② J
③ N ④ R

【해설】활주로 출구 표지판(runway exit sign)은 활주로에서 유도로로 빠져나가기 위한 출구 방향을 지시한다. 사례에서 좌회전하면 Taxiway B(bravo)로 나갈 수 있다.

83. [그림6-10] 공항에서 이동구역과 비이동구역(non-movement area) 사이 경계를 나타내는 표지는?
① L ② T
③ Q ④ K

【해설】이동구역/비이동구역 경계 표지(movement area/non-movement area boundary markings)는 노란색 실선과 점선으로 그려진다. 항공기가 이동할 수 있는 구역은 실선 구역이다. 이 표지는 통상 계류장과 유도로와 같이 항공기가 이동하는 구역을 구분하기 위한 표지다. 따라서 작업자나 보행자는 실선 경계선을 넘어가지 않도록 주의해야 한다.

84. [그림6-10] 대기지점표지로 이어지고 있는 enhanced taxiway centerline marking을 나타내는 것은?
① L ② T
③ Q ④ K

【해설】개량 유도로 중앙선 표지(enhanced taxiway centerline marking)는 전방에 대기지점표지(holding position marking)가 있음을 알리기 위한 표지다.

85. Enhanced taxiway centerline marking과 일반 유도로 표지는 어떠한 차이가 있는가?
① 폭이 넓은 유도로를 구분하기 위한 표지다.
② 활주로가 양쪽에 있음을 알리기 위한 표지다.
③ 전방에 대기지점표지가 있음을 알리기 위한 표지다.
④ 전방에 유도로 교차로가 있음을 알리기 위한 표지다.

【해설】이 표지는 유도로 중앙선 양쪽으로 점선으로 그려지고 holding position marking으로부터 약 150피트 지점까지 연장되어 그려진다.

【정답】81.② 82.① 83.② 84.③ 85.③

86. 활주로에서 [그림6-10, (1)]과 같은 표지판을 보았다. 이것이 의미하는 것은 무엇인가?
① 활주로/유도로 대기지점표지판
② 활주로 대기지점표지
③ 유도로 대기지점표지
④ 활주로/활주로 대기지점표지판

【해설】 활주로/유도로 대기지점표지판(holding position sign)은 빨간색 바탕에 백색 숫자로 그려진다. 이 표지판은 대기지점표지 근처에 설치되지만, LAHSO가 운용되는 활주로에서는 활주로/활주로 대기지점표지판이 설치된다.

87. 유도로에서 [그림6-10, (2)]과 같은 표지판을 보았다. 문자 "D"가 나타내는 것은 무엇인가?
① 현재 항공기가 위치해 있는 관제사 교신지점을 나타낸다.
② 현재 항공기가 위치해 있는 대기지점을 나타낸다.
③ 현재 항공기가 위치해 있는 유도로를 나타낸다.
④ 현재 항공기가 위치해 있는 활주로를 나타낸다.

【해설】 유도로 위치 표지판(taxiway location sign)이다.

88. 유도로에서 [그림6-10, (2)]과 같은 표지판을 보았다. 문자 "H"가 나타내는 것은 무엇인가?
① 현재 활주로 "D"에서 다음 유도로 "H"의 방향을 지시한다.
② 현재 활주로 "D"에서 헬리포트의 방향을 나타낸다.
③ 현재 유도로 "D"에서 다음 활주로 "H"의 방향을 지시한다.
④ 현재 유도로 "D"에서 다음 유도로 "H"의 방향을 지시한다.

【해설】 유도로 방향 표지판(taxiway direction sign)이다.

89. 공항의 저시정 경보가 발령되었을 때 유도로에서 활공기 위치를 식별하기 위한 표지는?
① Taxiway location signs
② Critical ILS position markings
③ Hold short position markings
④ Geographic position markings

【해설】 [그림6-10, (3)]의 지리적 위치 표지(geographic position markings)는 공항의 SMGCS(surface movement guidance control system) 계획에 따라 지정된 저시정 유도로 선상에 그려진다. 이 표지는 저시정 운용(low visibility operations) 중 항공기 위치를 식별하는 데 사용된다. 저시정 운용은 RVR이 1200피트(360m) 미만일 때 적용된다. 이 표지는 이동하는 방향에서 유도로 중앙선의 왼쪽에 배치된다.

90. Geographic position marking에 관한 내용과 관련이 없는 것은?
① 분홍색으로 그려진다.
② 테두리 원은 백색과 검정으로 그려진다.
③ 위치보고로 사용된다.
④ 이 표지는 활주 방향에서 항상 오른쪽에 배열된다.

【해설】 공항에 저시정 경보가 발령되었을 때 ATC는 지리적 위치 표지(geographic position markings)를 이용해서 항공기 또는 차량의 위치를 확인할 수 있다. 조종사는 대기지점이나 위치보고(position

【정답】 86.① 87.③ 88.④ 89.④ 90.④

reporting)로 활용된다. [그림6-10, (3)]

91. 공항 활주로 표지에서 가장 중요하다고 생각되는 표지는?
① 교차로 표지
② 목적지 방향 표지
③ 대기지점표지
④ 유도로 테두리 표지
【해설】대기지점표지(hold short markings)는 항공기가 정지해야 하는 장소를 지정하고 공항 운용에서 매우 중요한 표지이다.

92. [그림6-10] 공항 유도로 구역에서 특정 정보를 나타내는 정보 표시판이 나타내는 것은?
① M, 이 표지판은 빨간색 바탕에 검정 글씨로 표기된다.
② M, 유도로에서 사고주의구역을 나타내기 위한 표지판이다.
③ L, 활주로에서 조종사가 주의해야 하는 장소에서의 행동 절차를 나타낸다.
④ L, 관제탑에서 보이지 않는 곳에 무선주파수, 소음경감절차와 같은 정보를 나타낸다.
【해설】공항 정보 표시판(airport information signs)은 조종사에게 관제탑에서 보이지 않는 곳에 무선주파수, 소음경감절차(airport noise abatement)와 같은 정보를 제공하기 위해서 설치된다. 노랑 바탕에 검정 글씨로 그려진다.

93. 유도로에서 [그림6-10, (4)]과 같은 표지판을 보았다. 유도로 "F"는 어느 방향으로 이동해야 하는가?
① 좌회전, 45도 방향
② 우회전, 90도 방향
③ 우회전, 45도 방향
④ 좌회전, 90도 방향
【해설】유도로 교차로에서 표지판의 방향은 통상 시계방향으로 왼쪽에서 오른쪽이다. 좌회전은 왼쪽 그리고 우회전은 오른쪽이다. 이 항공기의 현재 위치는 유도로 "A"이다.

94. [그림6-10, (4)] 이 표지판을 보고 항공기의 현재 유도로 위치와 taxiway T(tango)로 이동하기 위한 방향은?
① A, 우회전
② F, 직진
③ A, 좌회전
④ F, U-턴
【해설】유도로 교차로(taxiway intersection)에서 표지판의 방향은 통상 시계방향으로 왼쪽에서 오른쪽이다. 좌회전 표지판(left turn sign)은 왼쪽 그리고 우회전 표지판(right turn sign)은 오른쪽이다.

95. 활주로 대기지점표지판은 무엇을 의미하는가?
① 가변 임의지시표지판
② 임의지시표지판
③ 관제사와 교신해야 하는 표지판
④ 의무지시표지판
【해설】의무지시표지판(mandatory instruction signs)은 활주로를 위한 접근 또는 도착 구역에 있는 유도로에서 항공기를 대기시키기 위해서 사용된다. 따라서 그 활주로에서 운용 중인 다른 항공기는 어떠한 간섭을 받지 않는다. 이 표지판은 활주로 또는 ILS critical area의 입구 또는 항공기의 이동이 금지

【정답】 91.③ 92.④ 93.① 94.① 95.④

되는 구역에서 설치된다. [그림6-10, A, E, J, N, S]

96. 아웃바운드 목적지 표지판의 목적은 무엇인가?
① 착륙 활주로로 향하는 방향을 식별한다.
② 교차 활주로로 향하는 방향을 식별한다.
③ 이륙(출발) 활주로로 향하는 방향을 식별한다.
④ 해당 번호의 유도로로 향하는 방향을 식별한다.
【해설】 아웃바운드 목적지 표지판(outbound destination sign)은 이륙(출발) 활주로로 향하는 경로의 방향을 지시한다. 이 사례의 경우 RWY 27, 33으로 가기 위한 유도로 경로는 오른쪽이다. [그림6-10, D]

97. [그림6-10, I] 활주로에서 이 표지판을 보았을 때 무엇을 의미하는가?
① 활주로에서 다른 활주로로 이동하기 위한 목적지 표지판이다.
② 유도로에서 계류장으로 빠져나가기 위한 목적지 표지판이다.
③ 유도로에서 원하는 활주로로 진입하기 위한 방향 표지판이다.
④ 활주로에서 원하는 유도로로 빠져나가기 위한 방향 표지판이다.
【해설】 활주로에서 이 표지판을 보았을 때 왼쪽에 Taxiway B(bravo)가 있다는 것을 지시하는 방향 표지판이다.

98. [그림6-10, T]에서 비이동구역 측면은 어느 곳인가?
① 실선 측면
② 실선과 점선의 중간
③ 점선 측면
④ 점선에서 10m 구역
【해설】 유도로(taxiway)가 에이프런(apron) 구역과 인접해 있고 관제사의 통제하에 있는 공항에서 비이동구역 경계 표지(non-movement area boundary marking)는 조종사, 차량 운전자, 또는 보행자가 이 경계를 넘어가기 위해서는 반드시 관제사의 지시를 받아야 하는 경계를 나타낸다. 비이동구역 경계 표지는 노란색 실선과 점선으로 그려진다. 실선이 비이동구역(non-movement area) 측면이고, 점선이 이동구역(movement area) 측면에 그려진다.

99. [그림6-11, (1)] 유도로에서 활주 중 전방에 이 표지판을 보았을 때 무엇을 의미하는가?
① 무선통신 비보호구역, 이 교차로를 넘어서 계속 활주하지 마라.
② 유도로 폐쇄, 이 교차로를 넘어서 계속 활주하지 마라.
③ 유도로 끝, 이 교차로를 넘어서 유도로는 계속되지 않는다.
④ 장애물 존재 구역, 이 교차로를 넘어서 계속 활주하지 마라.
【해설】 유도로 끝(taxiway ending) 표지판은 이 교차로를 넘어서 유도로(taxiway)는 계속되지 않는다.

【정답】 96.③ 97.④ 98.① 99.③

100. [그림6-11, (2)] ILS critical area sign(왼쪽)은 무엇을 나타내는가?
① 항공기가 ILS critical area에서 벗어났음을 판단하기 위한 안내판이다.
② 이 표지를 넘어서면 착륙 중인 항공기의 ILS 신호에 영향을 줄 수 있다.
③ ILS가 가용한 항공기만 이 지점에 정지해야 한다.
④ 항공기는 이 표지판 앞에서 ILS 계기를 점검해야 한다.
【해설】 이 표지판은 ILS 대기지점표지 근처에서 ILS critical area를 이탈하고 있는 조종사가 볼 수 있도록 설치된다. 이 표지판은 조종사에게 또 다른 시각 참조를 제공하기 위해서 설치된다. 항공기가 ILS critical area에서 벗어났음을 판단하기 위한 안내판으로 사용할 수 있고, ILS 의무지시 표지판의 뒷면에 설치된다.

101. [그림6-11, (3)] 활주로/활주로 대기지점표지판이 설치되는 목적은 무엇인가?
① 교차 활주로가 있음을 나타내기 위함이다.
② 활주로 출구와 유도로가 교차하고 있음을 나타내기 위함이다.
③ 활주로 출구와 진입 방향이 교차하고 있음을 나타내기 위함이다.
④ 활주로와 유도로가 교차하는 지점을 나타내기 위함이다.
【해설】 이 표지판은 활주로와 교차하는 유도로 또는 활주로가 다른 활주로와 교차하는 장소에 설치된다. 이 사례는 착륙과 잠시대기운용(land and hold short operations; LAHSO)의 사례이다.

102. LAHSO가 운용되는 곳에서 착륙과 잠시대기해야 하는 장소가 포함되는 곳은?
① 다른 활주로의 일부 지정된 구역
② 유도로의 일부 지정된 구역
③ 유도로의 대기지점 구역
④ 다른 활주로의 시단 구역
【해설】 LAHSO는 교차 활주로, 활주로와 유도로가 교차하는 장소 외에 다른 활주로에서 일부 지정된 지점에서 착륙과 잠시대기(hold short) 구역이 포함될 수 있다.

103. LAHSO를 수행하는 데 있어서 조종사에게 항상 쉽게 가용해야 하는 것은 무엇인가?
① ALD, 착륙 성능, 목적지 공항에서 모든 LAHSO 관련 활주로 폭
② TDZE, 착륙 성능, 목적지 공항에서 모든 LAHSO 관련 활주로 경사
③ TDZE, 착륙 성능, 목적지 공항에서 모든 LAHSO 관련 활주로 폭
④ ALD, 착륙 성능, 목적지 공항에서 모든 LAHSO 관련 활주로 경사
【해설】 LAHSO를 수행하기 위해서 조종사는 목적지 공항에서 LAHSO와 관련된 가용한 모든 정보에 익숙해 있어야 한다. 이를 위해서 조종사는 착륙하고자 하는 각 공항에서 모든 LAHSO 활주로와 관련해서 발행된 착륙가용거리(ALD: available land distance)와 활주로 경사(runway slope) 정보가 언제든지 가용해야 한다. 이외에도 착륙 예정된 활주로를 위한 ALD를 쉽게 결정할 수 있도록 착륙 성능 데이터에 관한 지식은 안전한 LAHSO에 필수이다.

【정답】 100.① 101.① 102.① 103.④

104. LAHSO와 관련된 표지, 표지판 그리고 등화와 관련이 없는 것은?
① LAHSO lights ON은 LAHSO가 운용되고 있지 않음
② 활주로 노면에 노란색 대기지점표지
③ 활주로 노란색 대기지점표지 양쪽에 빨간색 바탕에 백색 숫자 표지판
④ 활주로 노란색 대기지점표지 실선 앞쪽에 펄스 백색등

【해설】 LAHSO 표지는 의무(mandatory) 표지다. 활주로 노면에 노란색 대기지점표지가 그려지고 대기지점표지 양쪽에 빨간색 바탕에 백색 숫자 표지판이 설치된다. 이외에도 야간 식별을 위해서 6~7개의 전방향성 펄스 백색등(pulsing white lights)이 설치된다. LAHSO lights ON은 LAHSO가 운용되고 있음을 나타낸다.

105. 활주로 진입 전에 그려진 대기지점표지는 유도로를 가로질러 4개의 선(2줄 실선, 2중 점선)으로 그려져 있다. 항공기가 대기해야 하는 지점은?
① 실선 구역   ② 점선 구역
③ 실선에서 3번째 선   ④ 실선과 점선 구역 중간

【해설】 활주로 진입 전에 그려진 대기지점표지(holding position marking)는 유도로를 가로질러 4개의 선(2줄 실선, 2중 점선)으로 그려져 있다. 대기지점(holding position)은 실선(solid line)으로 그려진 구역이다. 항공기는 어느 부분도 이 선을 넘지 않도록 정지시켜야 한다. [그림6-10, B]

106. 관제탑으로부터 활주로 이탈을 지시받았다. 지상관제사와 교신하기 위해서 정지해야 한다면 대기지점표지 어느 지점에서 정지해야 하는가?
① 실선 구역   ② 점선 구역
③ 점선에서 3번째 선   ④ 실선과 점선 구역 중간

【해설】 활주로를 벗어나 정지해야 한다면 대기지점표지(holding position marking)의 실선 구역에 정지해야 활주로를 안전히 벗어난 것으로 판단한다. 이때 항공기의 모든 부분이 이 구역을 벗어나도록 정지해야 한다.

107. [그림6-11, (4)] 이 표지에서 화살표가 지시하는 것은 무엇을 나타내는가?
① 착륙과 잠시대기표지   ② ILS 신호영향구역표지
③ 유도로 대기지점표지   ④ 활주로 교차로 지점

【해설】 유도로 대기지점표지(taxiway holding position marking)는 유도로에서 활주 중 관제사의 지시가 있을 때 항공기, 차량(vehicle) 등은 이 표지 앞에서 정지해야 한다. 노란색 점선으로 그려진다.

108. [그림6-11, (6), (a)]는 무엇을 나타내는가?
① Demarcation bar   ② Threshold bar
③ Blast pad   ④ Displaced threshold

【해설】 Blast pad 또는 Stopway는 포장 강도(pavement strength)가 항공기 무게를 지지할 수 없다.

【정답】 104.① 105.① 106.① 107.③ 108.③

따라서 구역에서는 이륙, 착륙, 그리고 활주(taxiing)를 허용하지 않는다.
※ Overrun(과주로)은 이륙을 포기한 항공기(aborted takeoff)에 안전을 위한 충분한 공간을 제공한다. Overrun과 Blast pad 또는 Stopway는 노란색 "V" 모양으로 그려진다.

109. [그림6-11, (5)] 유도로 테두리 선에 관해서 틀린 것은?
① 실선 복선은 전체 하중을 받는 구역을 나타낸다.
② 유도로 테두리 선과 중앙선 모두 노란색이다.
③ 점선 복선은 에이프런과 인접한 구역으로 항공기가 이용할 수 있다.
④ 유도로 테두리 선은 노란색 그리고 중앙선은 파란색이다.
【해설】 유도로 테두리 선(taxiway edge lines)은 노란색 실선 복선(continuous double yellow line)과 점선 복선(dashed double yellow line)으로 그려진다. 실선 구역은 전체 하중을 받는 구역으로 항공기는 이 구역을 벗어나면 안 된다. 점선 복선 구역은 계류장(apron)과 같이 인접한 구역으로 항공기가 이용할 수 있다. 유도로 중앙선은 노란색 실선이다.

110. [그림6-11, (6)] (b)는 무엇을 나타내는 것인가?
① Demarcation bar   ② Threshold bar
③ Blast pad   ④ Displaced threshold
【해설】 Displaced threshold(이설 시단)는 이륙, 착륙활주(landing roll), 그리고 활주는 허용하지만, 착륙(landing)은 허용되지 않는다. (c)는 Demarcation bar(노란색)이다.

111. [그림6-11, (6)]에서 착륙 구역의 시작 지점으로 판단할 수 있는 표지는 무엇인가?
① Demarcation bar   ② Fixed distance bar
③ Blast pad   ④ Displaced threshold bar

112. 재배치 시단과 이설 시단의 차이는 무엇인가?
① 양방향에서 이륙과 착륙에 영향을 준다.
② 한 방향에서 이륙에 영향을 준다.
③ 한 방향에서 착륙에 영향을 준다.
④ 이륙에는 제한을 받지만, 착륙에는 영향을 주지 않는다.
【해설】 이설 시단(displaced threshold)은 오직 한 방향으로 착륙에만 영향을 주지만, 재배치 시단(relocated threshold)은 양방향에서 이륙과 착륙에 영향을 준다.

113. [그림6-11, (7)]에서 (e)는 무엇을 나타내는가?
① Fixed distance marking   ② Aiming point marking
③ Demarcation bar   ④ Threshold marking
【해설】 활주로 시단 표지(runway threshold marking)이다.

【정답】 109.④ 110.④ 111.④ 112.① 113.④

114. [그림6-11, (7)]에서 (f)는 무엇을 나타내는가?
① Fixed distance marking
② Aiming point marking
③ Touchdown zone marking
④ Threshold marking
【해설】 착지대 표지(touchdown zone marking)이다.

115. [그림6-11, (7)]에서 (g)는 무엇을 나타내는가?
① Fixed distance marking
② Aiming point marking
③ Touchdown zone marking
④ Threshold marking
【해설】 목표점 표지(aiming point marking)이다.

116. [그림6-11, (7)]에서 (h)는 무엇을 나타내는가?
① Fixed distance marking
② Aiming point marking
③ Touchdown zone marking
④ Threshold marking
【해설】 고정거리표지(fixed distance marking)이다.

117. [그림6-11, (7)] 시단에서 목표점까지의 거리는 얼마인가?
① 100피트
② 300피트
③ 500피트
④ 1,000피트
【해설】 시단부터 착지대까지 500피트, 착지대에서 목표점까지 500피트 간격으로 그려진다. 따라서 시단에서 목표점까지는 1,000피트이다.

118. [그림6-11, (7)]에서 (d)의 거리는 얼마인가?
① 100피트
② 300피트
③ 500피트
④ 1,000피트
【해설】 활주로 중앙선(center line) 양쪽으로 가는 2줄로 그려진 선은 고정거리표지(fixed distance marking)이다. 이 선은 500피트 간격으로 그려진다.

119. 활주로에 접근하고 있는 항공기에서 보았을 때 활주로 종단을 나타내는 등화는?
① 활주로를 가로지르는 2열 녹색등
② 활주로를 가로지르는 1열 적색등
③ 활주로를 가로지르는 2열 적색등
④ 활주로를 가로지르는 1열 녹색등
【해설】 활주로에 접근하고 있는 항공기 또는 출발하려는 항공기에서 보았을 때 활주로 종단(runway end)을 알리는 등화는 활주로를 가로지르는 1열 적색등이다.
※ 활주로 시단(runway threshold)과 종단(runway end)은 항공기가 접근하는 방향에 따라 양면성이 있다. 예를 들어 RWY 27에서 접근 중일 때 시단이 되지만 RWY 09로 접근할 때는 종단이 된다. [그림 6-11, (8), (9)]

【정답】 114.③ 115.② 116.① 117.④ 118.③ 119.②

120. 야간 활주로 중앙선등이 적색과 백색이 교대로 배열되기 시작하는 지점은 활주로 종단으로부터 얼마의 거리에 있는가?

① 1,000피트 ② 2,000피트
③ 3,000피트 ④ 4,000피트

【해설】 활주로 중앙선등(runway centerline light)이 적색과 백색이 교대(alternate)로 배열되기 시작하는 지점은 활주로 종단(runway end)으로부터 약 3,000피트(900m) 지점이다. 이 거리는 약 2,000피트(600m)가 된다. [그림6-11, (8)]

121. 야간 활주로 중앙선등이 적색으로 나타나기 시작하는 지점은 활주로 종단으로부터 얼마의 거리에 있는가?

① 1,000피트 ② 2,000피트
③ 3,000피트 ④ 4,000피트

【해설】 활주로 중앙선등(runway centerline light)이 적색으로 나타나기 시작하는 지점은 활주로 종단(runway end)으로부터 약 1,000피트(300m) 지점이다. [그림6-11, (8)]

122. 야간 활주로 테두리등이 백색에서 황색으로 나타나기 시작하는 지점은 활주로 종단으로부터 얼마의 거리에 있는가?

① 1,000피트 ② 2,000피트
③ 3,000피트 ④ 4,000피트

【해설】 활주로 테두리등(runway edge lights)은 백색이다. 다만 IFR 활주로의 경우 HIRL 또는 MIRL은 착륙하는 항공기에 주의지대를 형성하기 위해서 마지막 2,000피트 또는 활주로의 절반 길이 중 작은 값을 황색(yellow)으로 대체할 수 있다. [그림6-11, (8)]

123. [그림6-12, (5)] 이것은 어떠한 형태의 시각접근 경사지시기인가?

① 4-bar VASI ② TVASIS
③ PAPI ④ 2-bar VASI

【해설】 T-VASIS(Tee-visual approach slope indicator system)는 활주로 양쪽에 일련의 "T"-자 모양으로 배열하여 접근 경사를 나타낸다. 정상 접근 경사는 가로 일렬로 나타난다. 항공기가 높아짐에 따라 위쪽으로 확장되고, 낮아지면 아래쪽으로 확장된다. 만약 접근 경사가 너무 낮다면 빨간색으로 나타난다.

124. [그림6-12, (5)] 항공기가 정상보다 너무 낮은 상태를 지시하는 것은?

① (a) ② (b)
③ (c) ④ (d)

【정답】 120.③ 121.① 122.② 123.② 124.③

125. 활주로에 접근하고 있는 항공기에서 활주로 시단 양쪽에 한 쌍의 점멸등을 보았다. 이것은 무엇을 나타내는가?
① REIL
② ALS
③ TDZL
④ HIRL

[해설] 활주로 끝단식별 등화(runway end identifier lights)는 활주로 시단 양쪽에 설치되는 동시 점멸등화(synchronized flashing lights)이다. 이 등화는 활주로 끝단(시단)을 신속하게 식별할 수 있도록 하기 위함이다. [그림6-11, (8)]

126. 착지대등은 어떻게 식별할 수 있는가?
① 활주로 시단을 가로지르는 녹색 등열
② 활주로 시단을 기준으로 양쪽으로 배열된 등열
③ 활주로 중앙선을 기준으로 양쪽으로 배열된 일련의 점멸등
④ 활주로 중앙선을 기준으로 양쪽으로 배열된 등열

[해설] 착지대등(touchdown zone lights; TDZL)은 활주로 중앙선을 기준으로 좌우에 대칭으로 배열된 백색 등열(rows of white light bars; 양쪽에 각각 3열)이다. [그림6-12, (7), (f)]

127. [그림6-12, (3)] 활주로에 접근 중 시각접근 경사지시기를 보았다면 접근 경사는?
① 높다.
② 낮다.
③ 정상이다.
④ 주의 신호이다.

128. [그림6-12, (4)] 표준 높이 조종실의 항공기가 정상 접근 경사를 지시하는 것은?
① Near bar-White, middle bar-Red, far bar-Red
② Near bar-White, middle bar-White, far bar-Red
③ Near bar-White, middle bar-Red, far bar-White
④ Near bar-White, middle bar-White, far bar-Red

[해설] 3-bar VASI는 3개의 등렬(light bars; Near bar, middle bar, far bar)로 구성되어 있다. 일반 항공 또는 표준 높이 조종실 항공기의 정상 접근 경사는 "Near bar-White, middle bar-Red, far bar-Red"와 같이 나타난다.

129. [그림6-12, (4)] 조종실이 높은 항공기가 정상 접근 경사를 지시하는 것은?
① Near bar-White, middle bar-Red, far bar-Red
② Near bar-White, middle bar-White, far bar-Red
③ Near bar-White, middle bar-Red, far bar-White
④ Near bar-Red, middle bar-Red, far bar-White

[정답] 125.① 126.④ 127.③ 128.① 129.②

130. 3-bar VASI의 장점은 무엇인가?
 ① 정상 활공각은 높은 조종실과 낮은 조종실 모두에 제공한다.
 ② 2-bar VASI 시스템보다 더 먼 거리에서 식별할 수 있다.
 ③ 2-bar VASI보다 더 낮은 활공경사를 제공할 수 있다.
 ④ 2-bar VASI보다 더 정밀한 활공경사를 제공한다.
 【해설】 3-bar VASI는 2개의 시각 활공경로를 제공한다. 따라서 조종실이 높은 항공기와 낮은 항공기 모두 활용할 수 있다. [그림6-12, (4)]

131. PAPI를 이용해서 접근 중 약간 낮은 활공경로를 지시하는 것은?
 ① Red; 2개, White; 2개　② Red; 3개, White; 1개
 ③ Red; 1개, White; 3개　④ Red; 4개
 【해설】 정밀접근지시기(PAPI)는 시단 근처에 가로로 배열된 4개의 등화로 구성되어 있다. PAPI 시각접근 시스템에서 약간 낮은(slightly low) 접근경로는 3개의 적색과 1개의 백색으로 구성되고, 이때 접근각은 약 2.8°이다. [그림6-11, (10)]

132. Tri-color VASI를 구성하고 있는 것은 무엇인가?
 ① 시단 근처에 가로로 배열된 4개의 등화로 구성되어 있다.
 ② 1개의 빛 투사장치에서 적색, 녹색 그리고 주황색으로 구성되어 있다.
 ③ Near bar와 Far bar와 같이 2개의 등렬로 구성되어 있다.
 ④ 2개의 빛 투사장치에서 적색, 녹색 그리고 주황색으로 구성되어 있다.
 【해설】 Tri-color VASI는 1개의 빛 투사장치에서 적색(red), 녹색(green) 그리고 주황색(amber)을 동시에 투사하는 장치이다. 항공기가 접근하는 각도에 따라 적색은 낮은 접근을, 녹색은 정상 접근 그리고 주황색은 높은 접근경로를 지시한다. 이 장치를 사용할 때 적색과 녹색 사이에 잠시 주황색이 나타날 수 있다는 점에 주의해야 한다. [그림6-12, (1)]

133. PVASI 시스템은 어떻게 구성되는가?
 ① 백색, 녹색 그리고 적색의 3개의 빛 투사장치에서 펄스 방식으로 시각 활공 경로를 제공한다.
 ② 시단 근처에 가로로 배열된 2개의 등화로 구성되어 있다.
 ③ 백색과 적색의 2개의 빛 투사장치에서 펄스 방식으로 시각 활공 경로를 제공한다.
 ④ 1개의 빛 투사장치에서 백색과 적색의 펄스 방식으로 시각 활공 경로를 제공한다.
 【해설】 PVASI(pulsating VASI)는 1개의 빛 투사장치에서 백색과 적색을 펄스 방식으로 시각 활공 경로를 제공한다. [그림6-12, (6)]

134. [그림6-12, (6)] PVASI 시스템에서 높은 접근경로는 어떻게 구성되는가?
 ① 펄스 적색 등화이다.　② 지속 적색 등화이다.
 ③ 펄스 백색 등화이다.　④ 지속 백색 등화이다.

【정답】 130.① 131.② 132.② 133.④ 134.③

【해설】 PVASI 시스템에서 높은 접근경로는 펄스 백색(pulsating white) 등화이다. 반대로 낮은 접근경로는 펄스 적색(pulsating red)이다. PVASI의 가시거리는 주간 약 4마일, 야간 10마일 정도이다. [그림 6-12, (6)]

135. [그림6-12, (7)] (a)는 무엇을 나타내는가?
① PAPI
② 착지대 등화
③ 활주로 시단 등화
④ 접근등화시설

136. [그림6-12, (7)] (b)는 무엇을 나타내는가?
① PAPI
② 착지대 등화
③ 활주로 시단 등화
④ 접근등화시설

137. [그림6-12, (7)] (f)는 무엇을 나타내는가?
① PAPI
② 착지대 등화
③ 활주로 시단 등화
④ 접근등화시설

138. [그림6-12, (7)] (d)는 무엇을 나타내는가?
① PAPI
② 착지대 등화
③ 활주로 시단 등화
④ 접근등화시설

139. [그림6-12, (7)] (c)는 무엇을 나타내는가?
① PAPI
② 착지대 등화
③ 보조 접근 등렬
④ 접근등화시설
【해설】 보조 접근 등렬(supplementary approach bars)은 활주로 연장 중앙선의 양쪽에서 각각 세 개의 빨간색 등화이며, 1,000피트 지점에 설치된다.

140. [그림6-12, (7)] (e) 구역에서 파란색 등화는 무엇을 나타내는가?
① 유도로 중앙선
② 계류장 경제 구역
③ 활주로 테두리
④ 유도로 테두리

141. 유도로 중앙선 lead-off light는 어떻게 식별되는가?
① 활주로의 중앙선으로부터 출구 지점까지 곡선 경로에 녹색과 황색등이 교대로 배열
② 활주로의 중앙선으로부터 출구 지점까지 곡선 경로에 적색과 백색등이 교대로 배열
③ 활주로의 중앙선으로부터 출구 지점까지 곡신 경로에 적색과 횡색등이 교대로 배열
④ 활주로의 중앙선으로부터 출구 지점까지 곡선 경로에 황색과 백색등이 교대로 배열
【해설】 유도로 중앙선 이탈경로 등화(taxiway centerline lead-off lights)는 항공기가 활주로로부터

【정답】 135.① 136.③ 137.② 138.④ 139.③ 140.④ 141.①

신속한 이동을 위해서 활주로의 중앙선으로부터 유도로에 있는 대기지점표지(hold position markings)를 넘어서 첫 번째 중앙선등의 위치까지 연장된 등화이다. [그림6-11, (8)]

142. 유도로 중앙선 lead-on light는 어떻게 식별되는가?
① 유도로의 중앙선이 정지등렬부터 활주로 중앙선까지 녹색등으로 배열되어 있다.
② 유도로의 중앙선이 정지등렬부터 활주로 중앙선까지 청색등으로 배열되어 있다.
③ 유도로의 중앙선이 출발지점부터 활주로 중앙선까지 녹색등으로 배열되어 있다.
④ 유도로의 중앙선이 출발지점부터 활주로 중앙선까지 청색등으로 배열되어 있다.
【해설】 유도로 중앙선은 녹색등이다. 일부 공항에서는 활주로 진입 전에 설치된 적색 정지등렬(stop bar lights)과 함께 ON/OFF 개념으로 운용되고 있다. [그림6-13, (1), (2)]

143. 유도로 테두리등과 중앙선등의 색상은?
① 테두리등-황색, 중앙선등-녹색　② 테두리등-청색, 중앙선등-녹색
③ 테두리등-청색, 중앙선등-백색　④ 테두리등-황색, 중앙선등-백색
【해설】 유도로 테두리등은 청색(blue) 그리고 유도로 중앙선등은 녹색(green)으로 식별된다. [그림6-13, (2)]

144. 유도로 중앙선 진입경로 등화와 관련해서 적절한 활주로에 진입하는 시기는?
① Stop bar lights ON, lead-on light ON
② Stop bar lights OFF, lead-on light OFF
③ Stop bar lights OFF, lead-on light ON
④ Stop bar lights ON, lead-on light OFF
【해설】 유도로 중앙선 진입경로 등화(lead-on lights)는 정지등렬(stop bar lights)과 연계해서 작동한다. 활주로에 진입을 알리는 등화는 적색 Stop bar lights는 OFF 상태가 되어야 하고, 녹색 lead-on lights는 ON(녹색) 상태가 되어야 한다. 만약 Stop bar lights가 ON(빨간색) 상태이고, lead-on lights가 OFF 상태라면 활주로에 진입해서는 안 된다. [그림6-13, (1)]

145. [그림6-13, (3)] Runway guard lights의 목적은?
① 대기지점표지 근처에서 사용 중인 활주로를 건너고자 하는 조종사에게 정지해야 하는 지점을 식별해 준다.
② 교차 유도로를 건너고자 하는 조종사에게 정지해야 하는 지점을 식별해 준다.
③ 대기지점표지에서 관제사와 교신해야 하는 지점을 식별해 준다.
④ 차로와 활주로가 교차하는 지점에서 사용 중인 활주로를 건너고자 하는 조종사에게 정지해야 하는 지점을 식별해 준다.
【해설】 활주로 가드 등화(runway guard lights)는 유도로에 있는 대기지점표지에서 사용 중인 활주로(active runway)를 건너고자 하는 조종사, 차량 운전자에게 정지(stop)해야 하는 지점을 식별해 준다.

【정답】 142.① 143.② 144.③ 145.①

이 신호등은 유도로 양쪽에 노란색 등화가 좌우로 깜빡이면서 위치를 알려준다.

146. Runway guard lights는 어떻게 알 수 있는가?
① 상하로 점멸되는 빨간색 신호등이다.
② 좌우로 점멸되는 노란색 신호등이다.
③ 좌우로 점멸되는 빨간색 신호등이다.
④ 상하로 점멸되는 노란색 신호등이다.
【해설】 Runway guard lights는 대기지점표지 양쪽에 설치된 노란색 신호등(elevated)이다. 각 신호등은 2개의 노란색 등화로 구성되어 있고, 작동 중일 때 2개의 노란색 등화가 좌우로 점멸된다. 일부 공항에서 활주로 가드 등화는 활주로에 매립 등화로 지시되는 곳도 있다. [그림6-13, (3)]

147. [그림6-13, (1)] 이 등화는 무엇을 나타내는가?
① Lead-on lights
② Taxiway stop lights
③ Runway stop lights
④ Stop bar lights
【해설】 정지선 등렬(stop bar lights)은 활주로 가드 등화(runway guard lights)와 함께 대기지점표지 앞에 매립된 빨간색 일렬 등렬이다. 또는, 양쪽에 빨간색 신호등(elevated red flashing lights)이 함께 설치되기도 한다.

148. 활주로에 PAPI를 이용해서 야간 접근 중 PAPI 등화가 점멸되는 것을 보았다면 이것은 무엇을 나타내는가?
① 접근 중인 조종사에게 활주로 공사로 주의할 것을 경고하는 시스템이다.
② 접근 중인 조종사에게 활주로에 다른 항공기가 진입해 있어 착륙이 안전하지 않다는 것을 나타낸다.
③ 접근 중인 조종사에게 관제사와 교신할 것을 나타낸다.
④ 접근 중인 조종사에게 PAPI 시스템이 고장 났음을 나타낸다.
【해설】 FAROS(final approach runway occupancy signal)는 최종 접근할 때 조종사에게 활주로가 점유(occupied)되어 있는 것을 PAPI를 깜박임으로써 착륙이 안전하지 않다는(unsafe for landing) 것을 나타내는 시스템이다. FAROS는 ATC가 관제하지 않고 오직 활주로 점유 상태만을 나타내는 완전 자율 감시 기반 시스템(fully autonomous, surveillance-driven system)이다. [그림6-13, (4)]

149. FAROS가 작동 중인 활주로에 접근 중 활주로에 진입해 있는 다른 항공기를 확실하게 확인을 시도해야 하는 지점의 고도는?
① 100피트
② 200피트
③ 300피트
④ 500피트
【해설】 FAROS가 작동 중인 활주로에 접근 중 조종사가 확실하게 인지해야 하는 획득 지점(acquisition point)과 교신지점(contact point)이 있다. [그림6-13, (4)]
• 획득 지점(acquisition point)은 점멸 PAPI로부터 500피트(AGL) 지점
• 교신지점(contact point)은 점멸 PAPI로부터 300피트(AGL) 지점
만약 획득 지점(acquisition point)에서 활주로에 진입한 다른 항공기를 발견하지 못했다면 교신지점

【정답】 146.② 147.④ 148.② 149.④

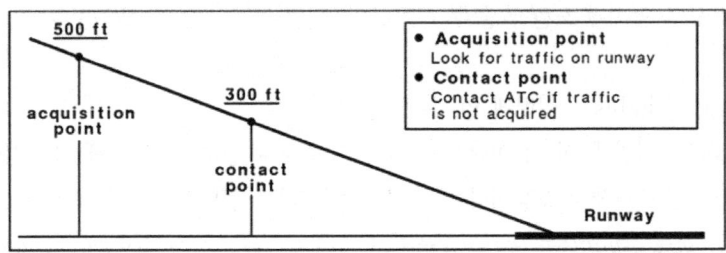

(contact point)에서 다시 한번 더 확인한 후 발견하지 못했다면 즉시 ATC와 교신하여 지시를 받아야 한다.

150. REL은 무엇인가?
① REL가 켜져 있을 때 활주로에 진입하기 위해서는 관제사의 지시를 받아 통과한다.
② 노란색 등화가 켜졌을 때 좌우를 살피면서 신속하게 통과해야 한다.
③ 녹색 등화가 켜졌을 때 신속하게 활주로를 통과해야 한다.
④ 빨간색 등화가 켜졌을 때 활주로에 고속 항공기가 있거나 작동 구역 내에 최종 접근 중인 항공기가 있음을 나타낸다.

【해설】 활주로 진입등(runway entrance lights; REL)은 대기지점표지에 있는 항공기 조종사 또는 차량 운전자를 향해서 유도로 중앙선과 평행하게 1열로 설치된 빨간색 등화이다. 일부 REL은 활주로 테두리까지 일련의 일정 간격의 등화들을 따라서 대기선에서 첫 번째 등화, 그리고 활주로 테두리 전에 마지막 2개의 등화가 평행하게 활주로 중앙선에서 추가로 1개의 등화가 더 설치될 수 있다. 대기지점을 향해서 빨간색 등화가 켜졌을 때 활주로에 고속 항공기가 있거나 작동 구역 내에 최종접근 중인 항공기가 있음을 나타낸다. 조종사 또는 운전자는 반드시 정지해야 한다. [그림6-13, (5)]

151. 활주로 상태 등화(RWSL)를 구성하는 것으로 볼 수 없는 것은?
① ALS
② RIL
③ THL
④ REL

【해설】 활주로 상태 등화(runway status lights; RWSL) 시스템의 주요 구성 요소는 다음과 같다. [그림6-13, (5)]
- THL(takeoff hold lights)
- REL(runway entrance lights)
- RIL(runway intersection lights)

【정답】 150.④ 151.①

| 컬러 그림 |

[그림2-6]

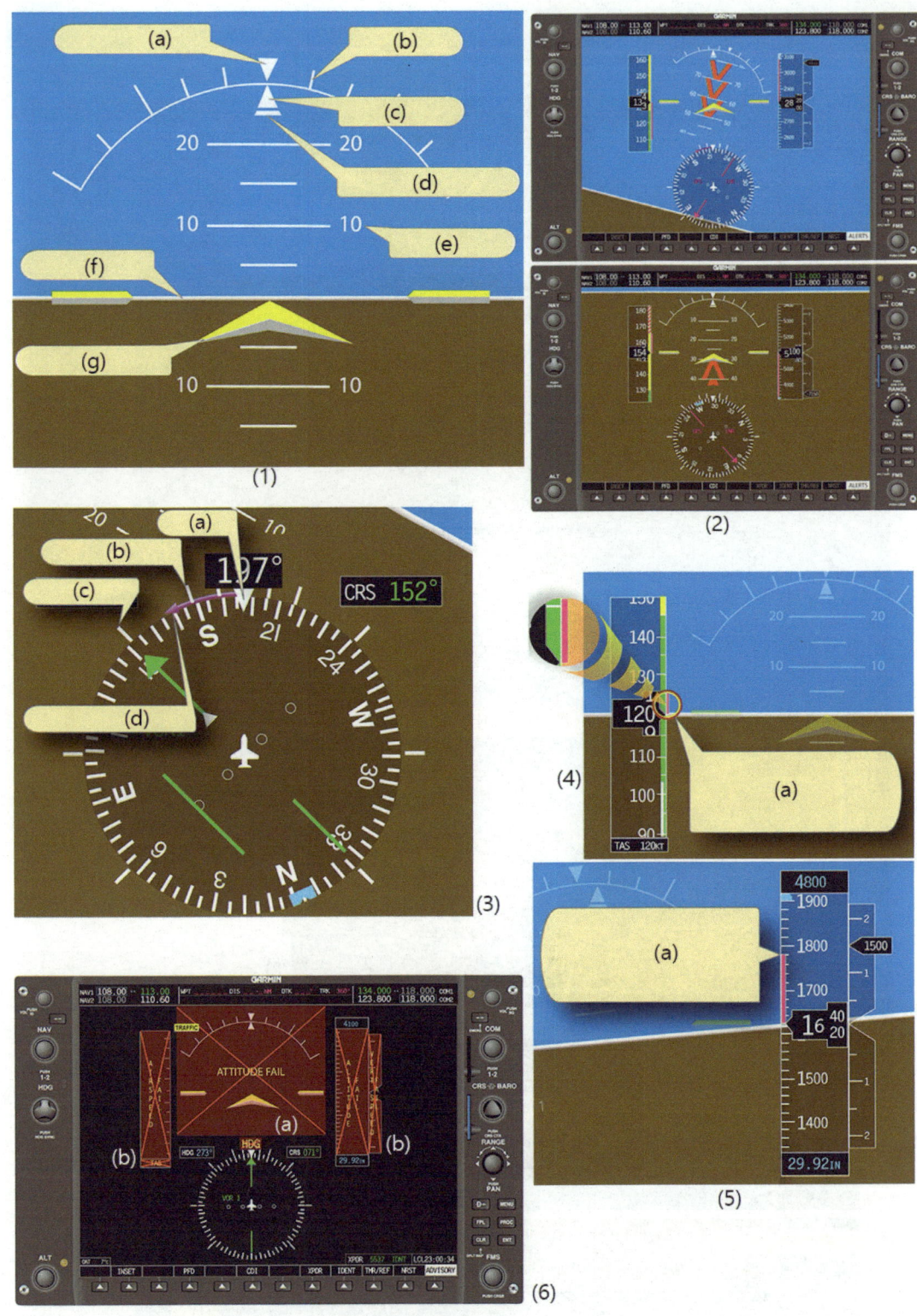

[그림2-7]

[그림6-3]

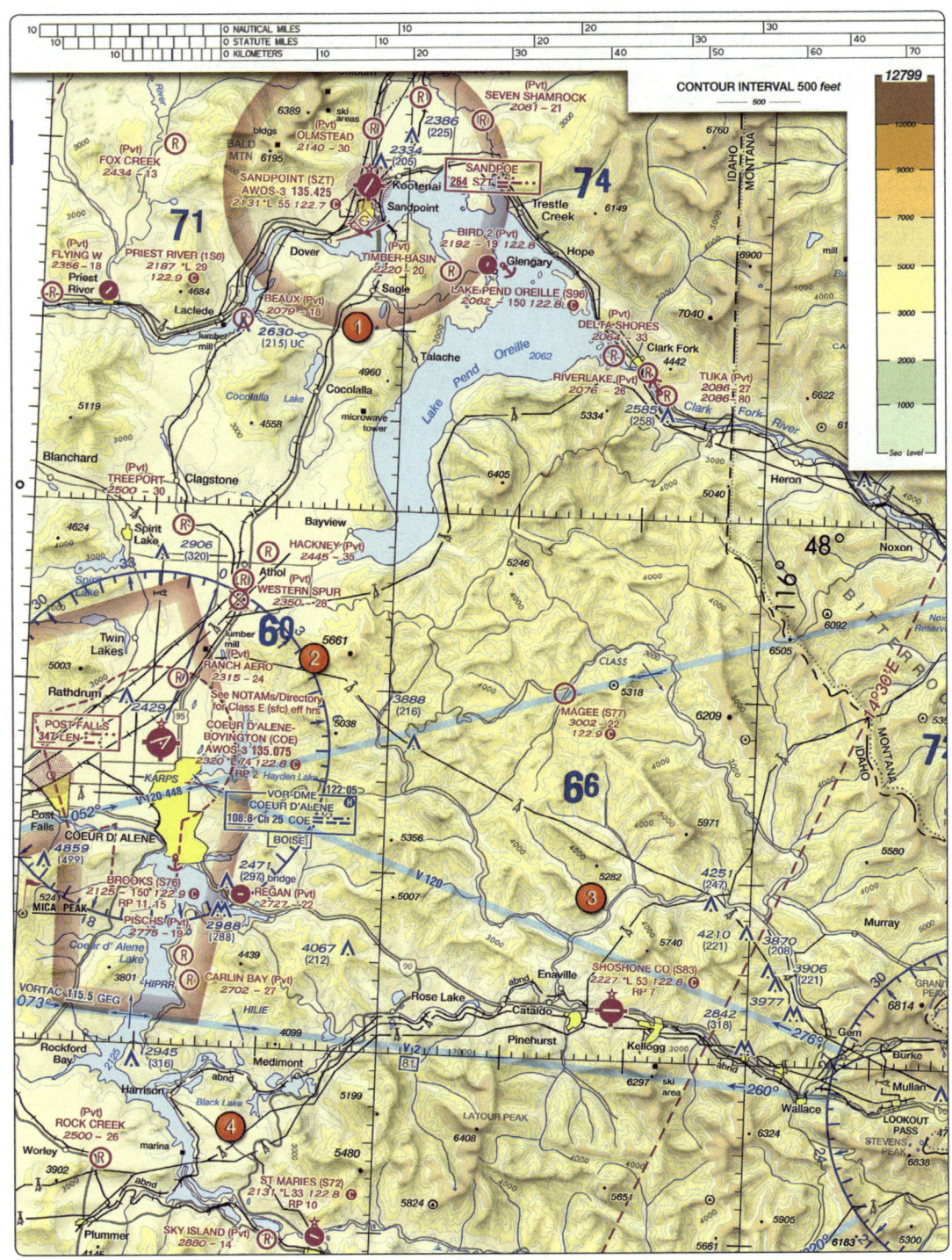

[그림6-4]

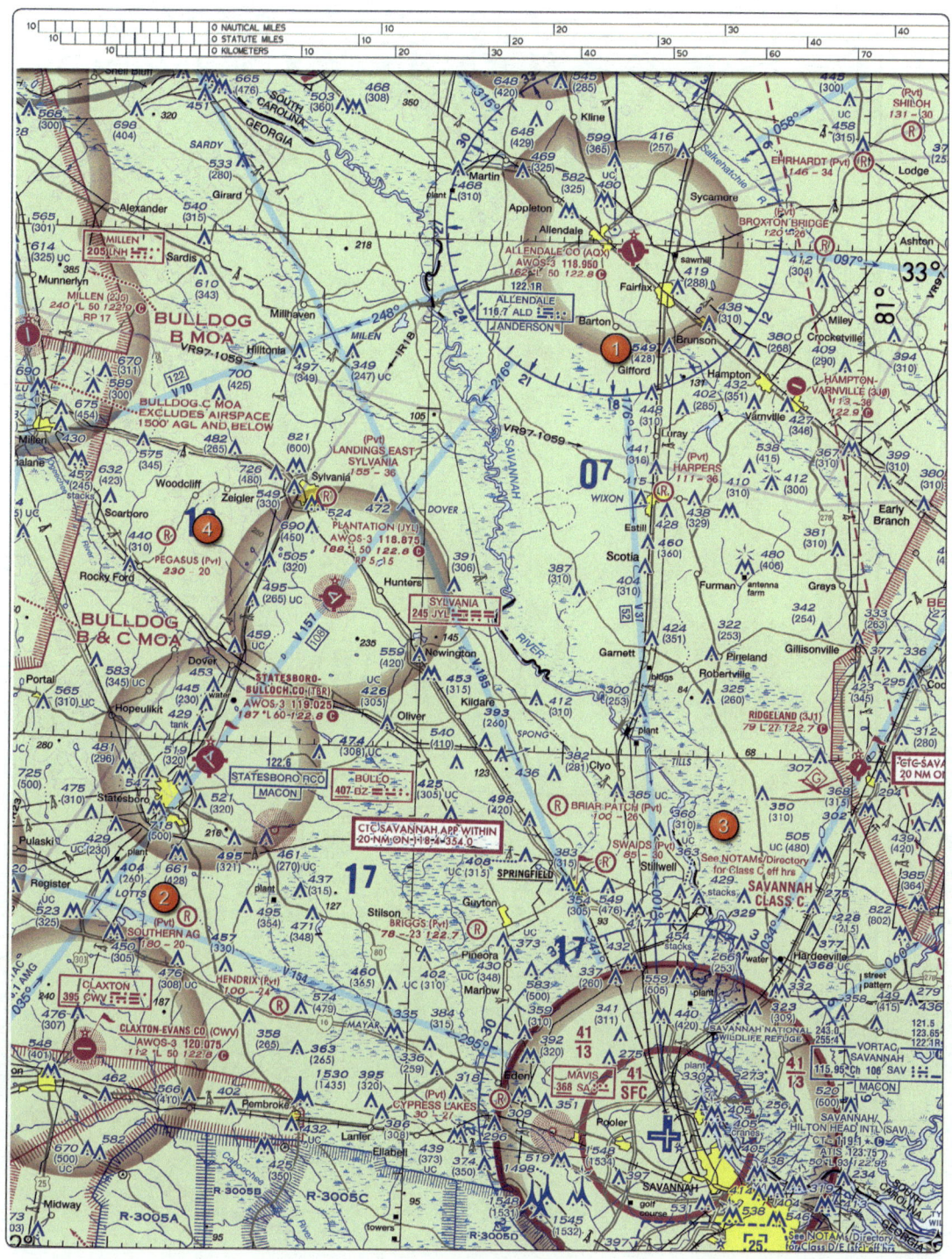

[그림6-5]

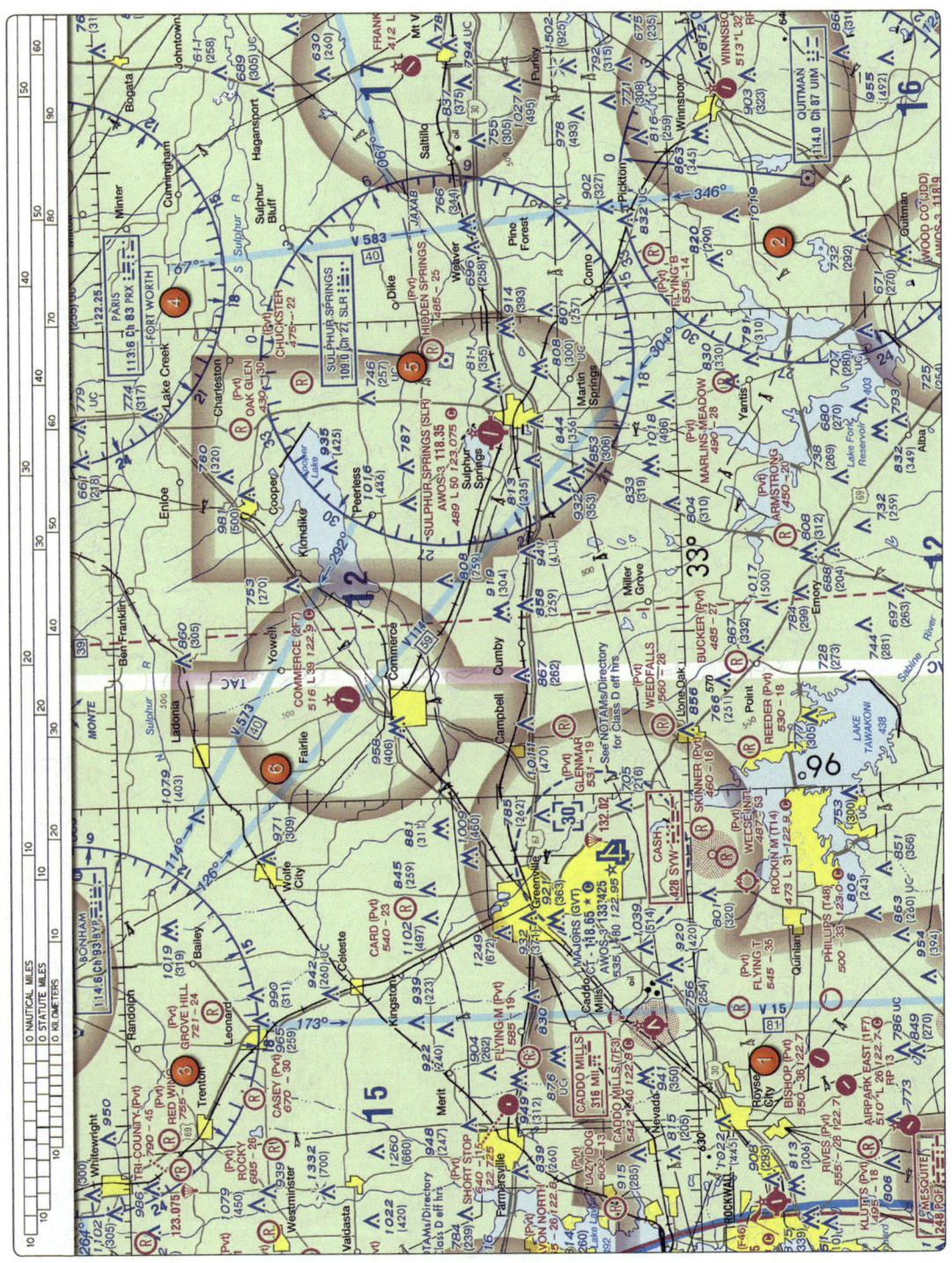

[그림6-6]

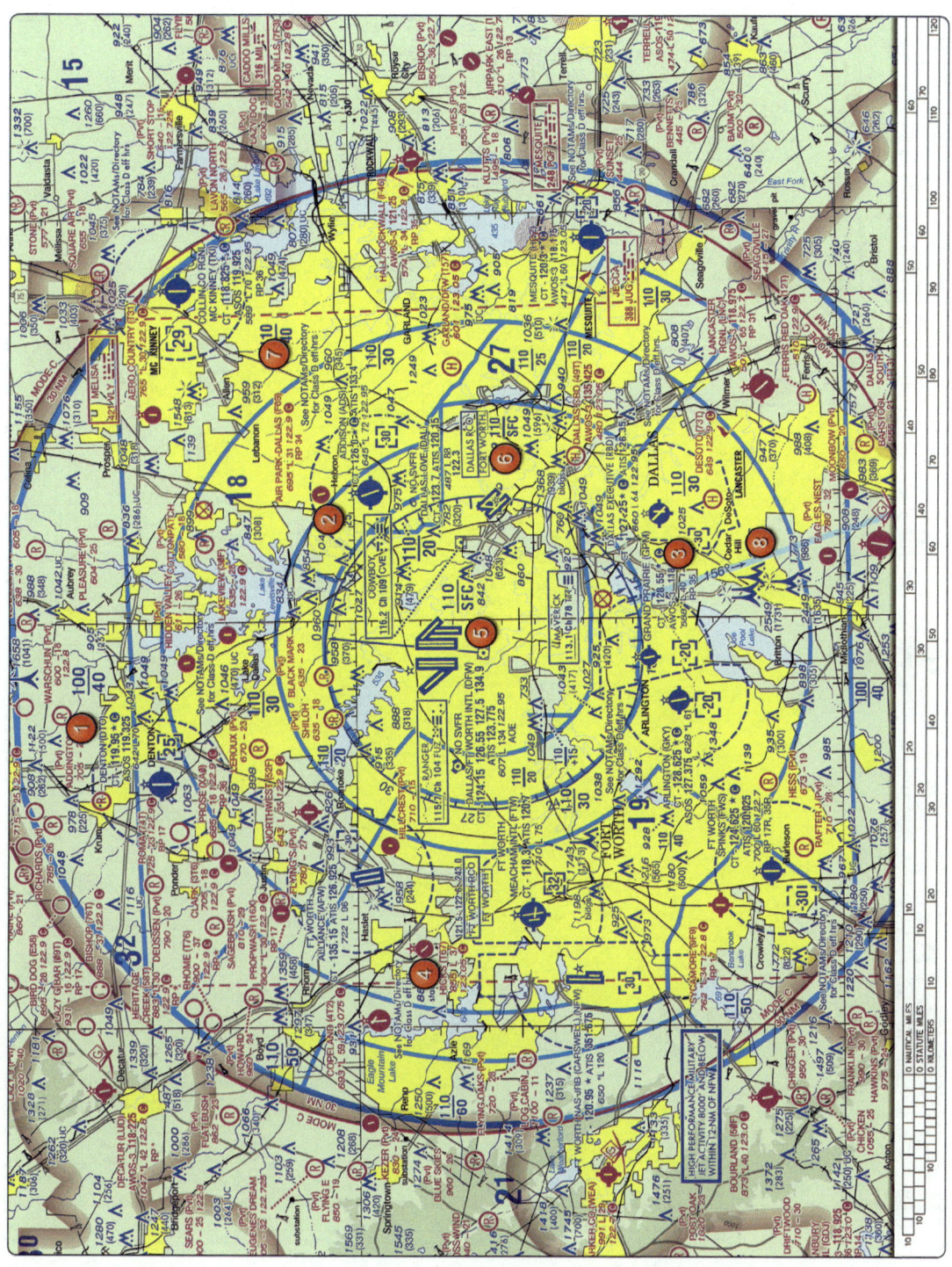

[그림6-7]

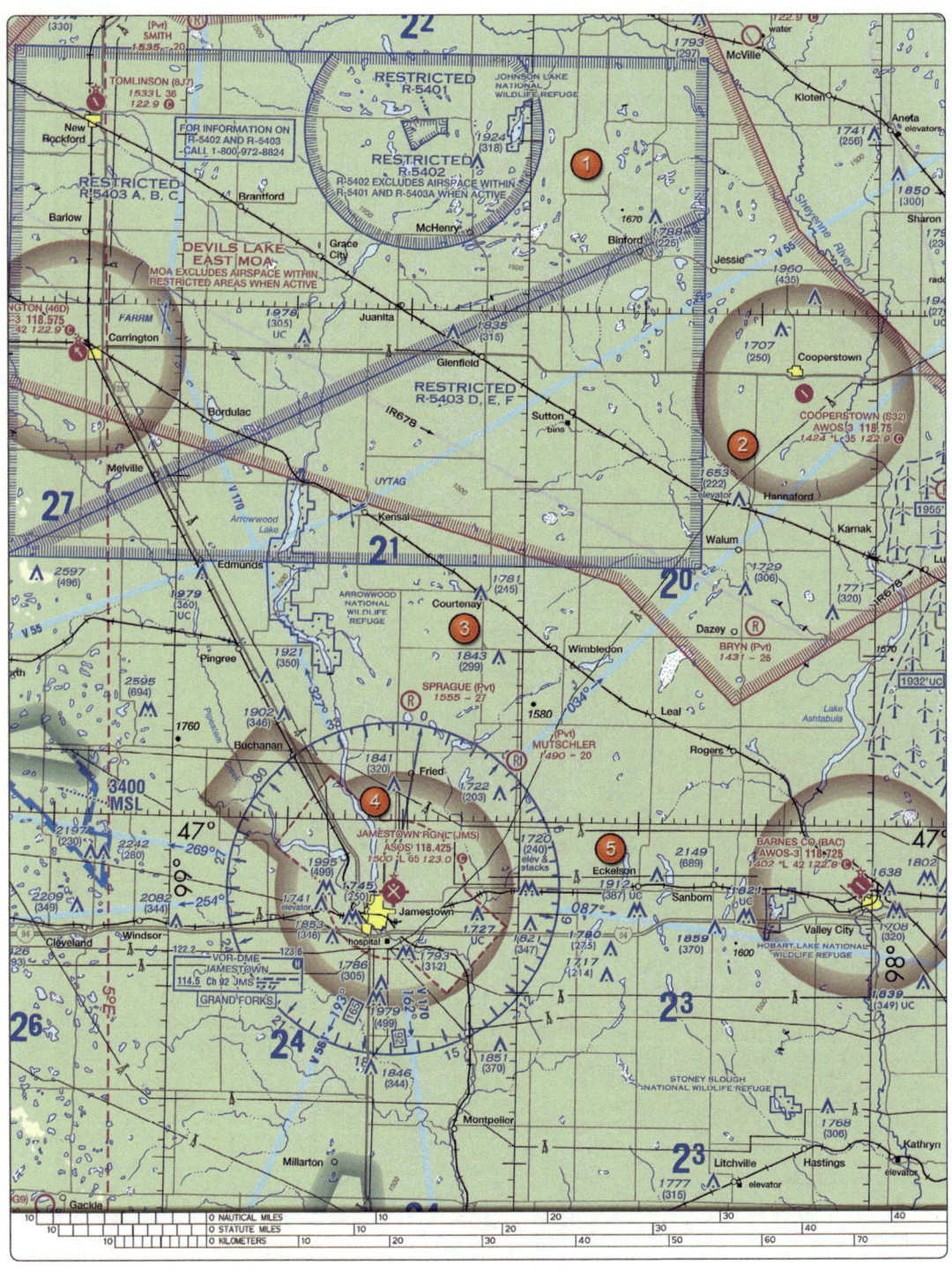

[그림6-8]

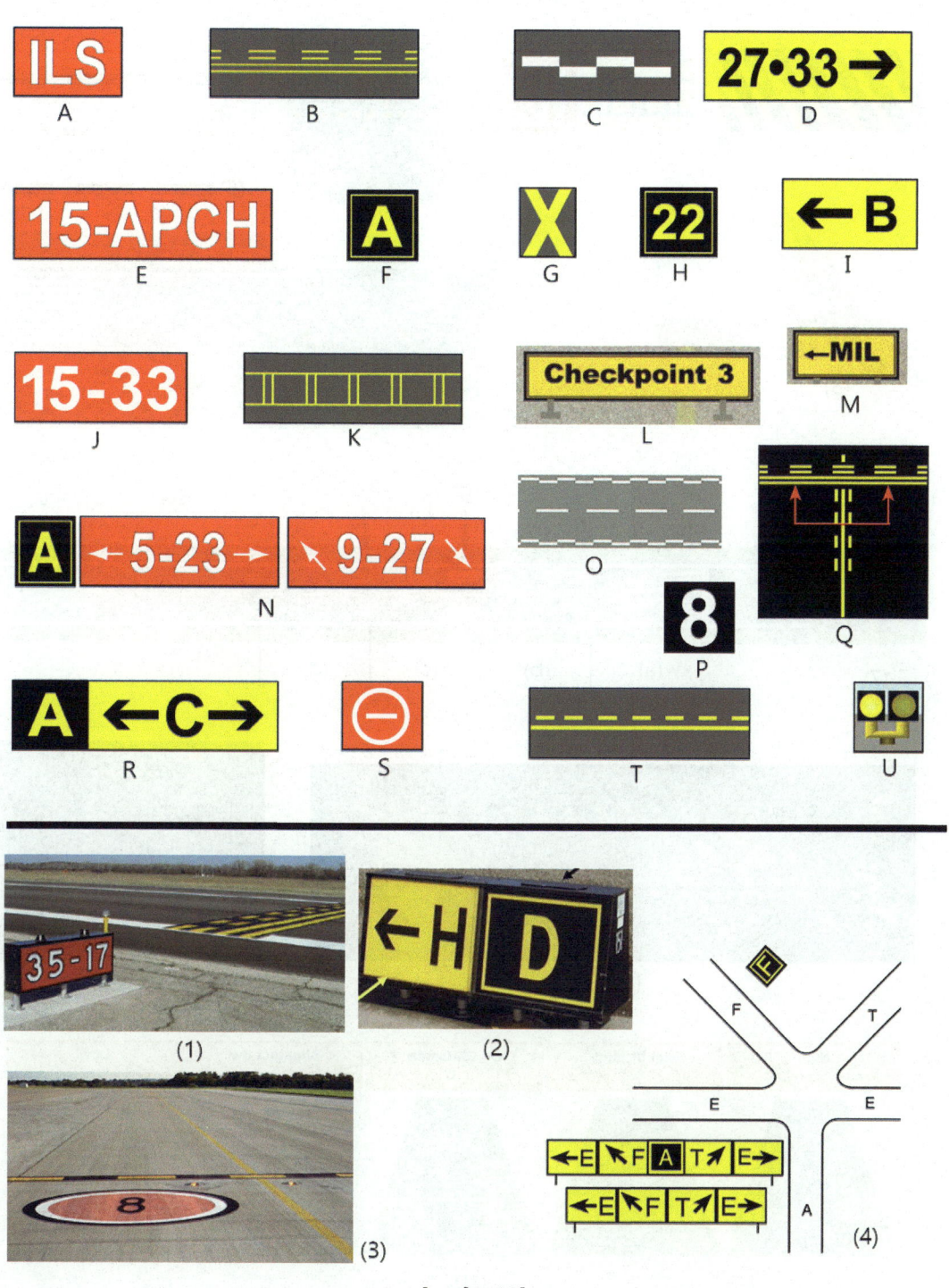

[그림6-10]

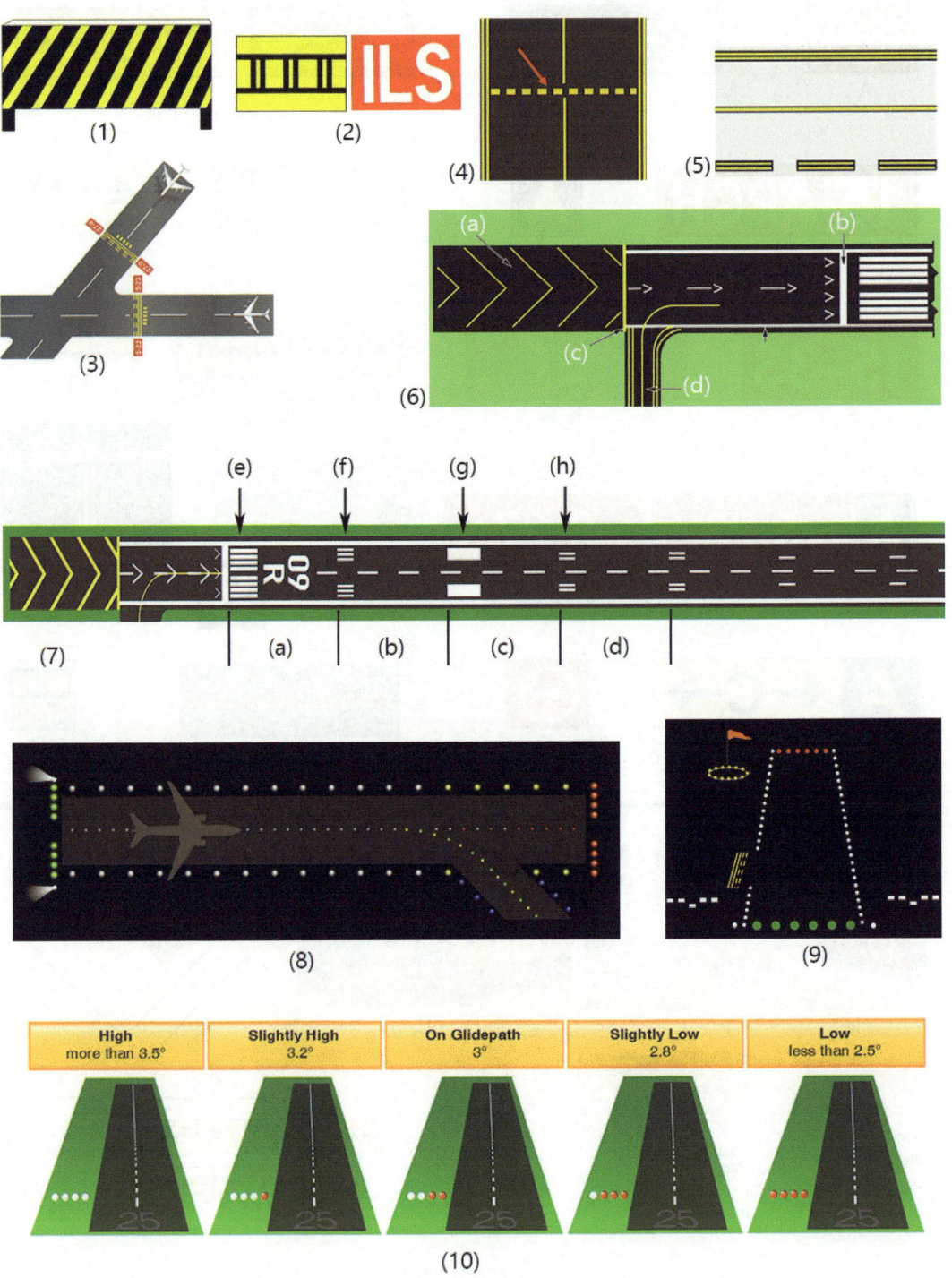

[그림6-11]

제6장 항공등화 활주로 및 등화시설 • 207

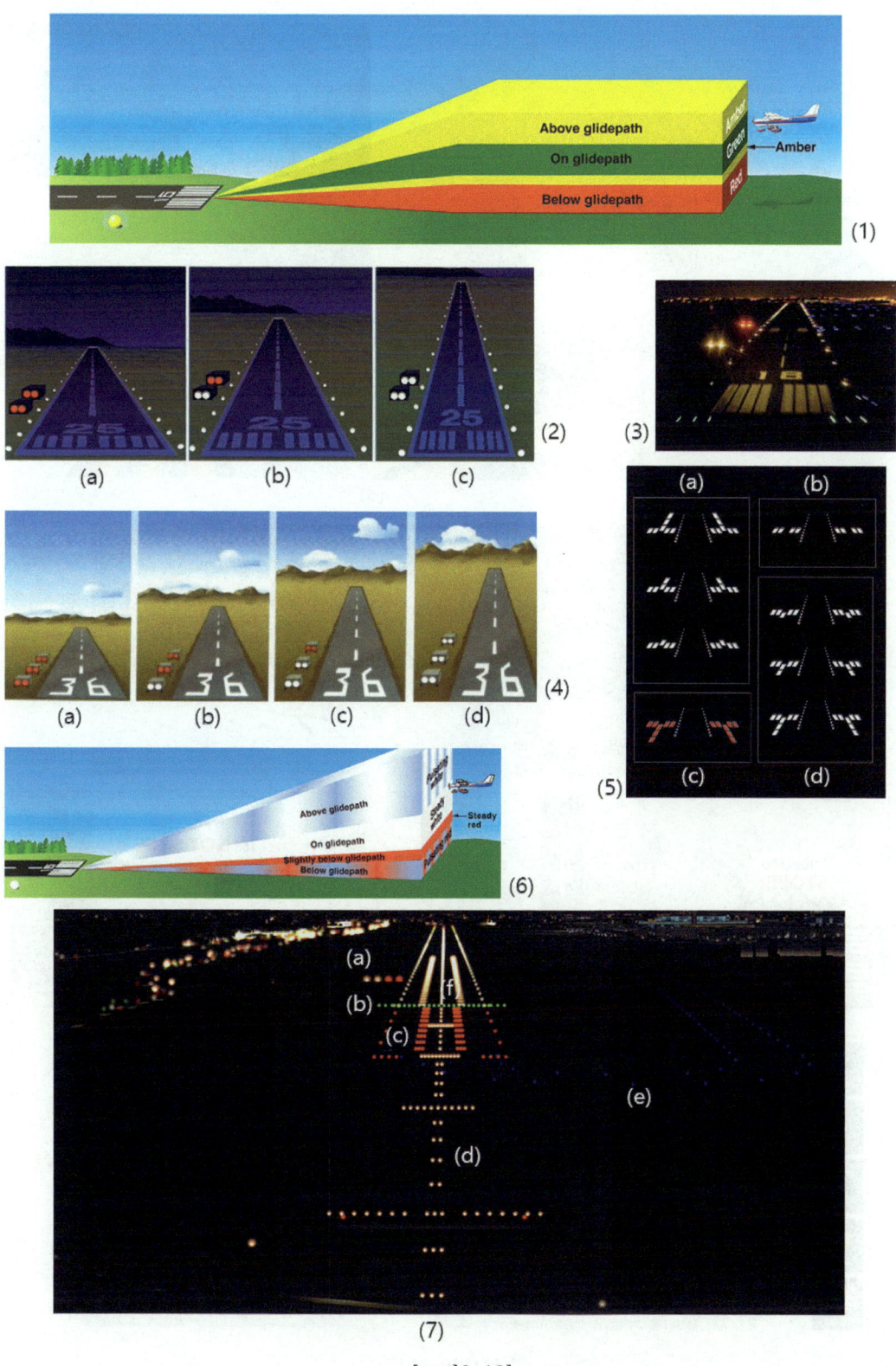

[그림6-12]

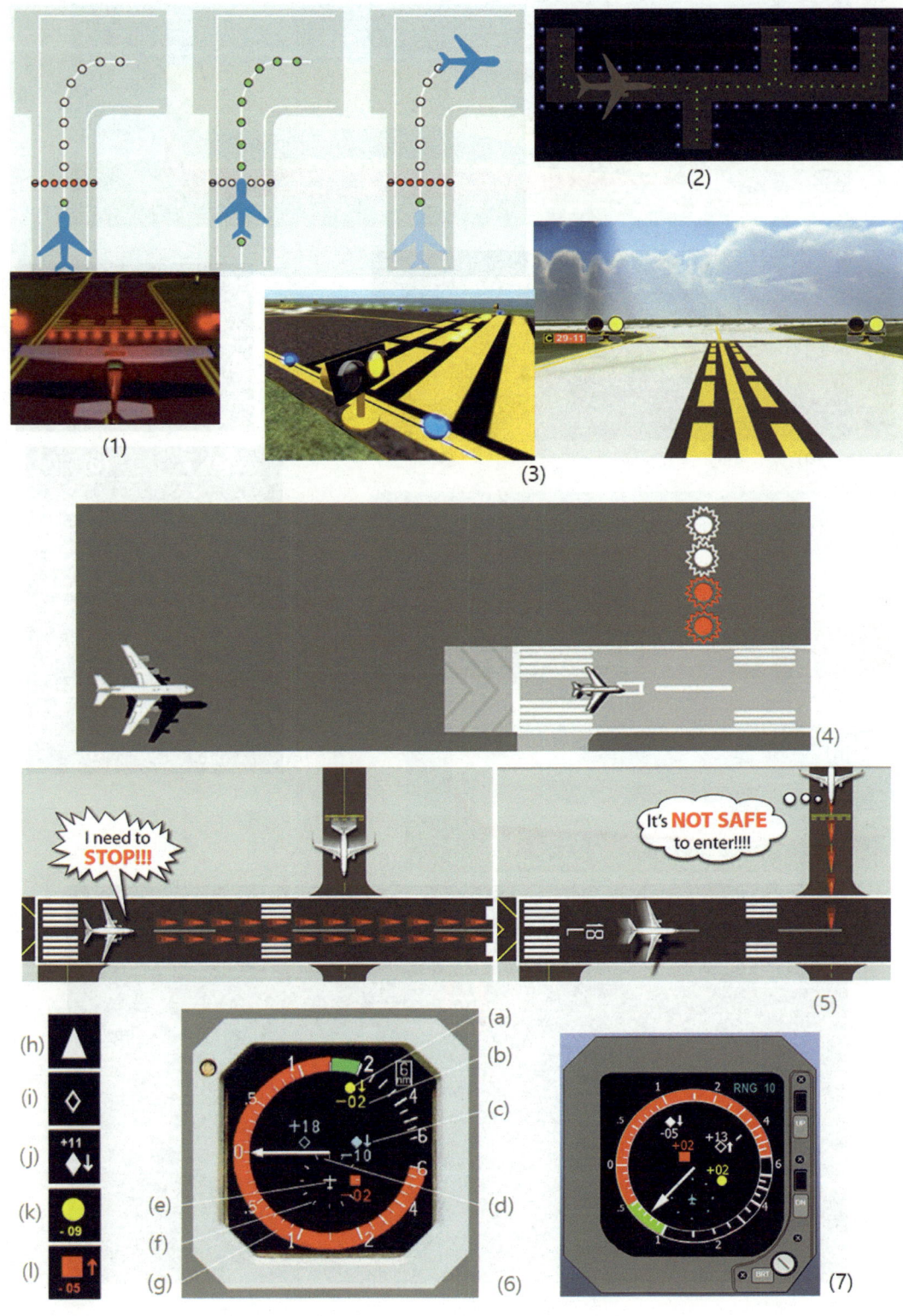

[그림6-13]

| 심화학습 문제 |

[테스트-1]

1. 공중항법에서 가시선이란 무엇인가?
① 관측자와 물체 사이에 장애물을 피해서 원호로 이어지는 가상선이다.
② 관측자와 물체 사이에 곡선 경로로 이어지는 가상선이다.
③ 관측자와 물체 사이에 장애물에 반사해서 이어지는 가상선이다.
④ 관측자와 물체 사이에 어떠한 장애물 없이 직선으로 이어지는 가상선이다.

2. 추측항법(DR) 위치를 중심으로 그려진 원으로부터 항공기가 있을 것으로 예상하는 원은 무엇인가?
① 위치원
② 가시선
③ 가상원
④ 최대 지점 원

3. 기상예보, 비행계획, 항공관제 허가 시간 그리고 지도 등에 사용되는 시각은?
① 현지 시각
② LMT
③ UTC
④ GMT

4. 시계비행 항공도에서 노란색으로 채색된 것은 무엇을 의미하는가?
① 인구밀집 지역
② 해수면 지역
③ 산악 지역
④ 국제공항 지역

5. 고도계가 30.11"Hg에서 29.96"Hg로 변화되었을 때 고도계는 어느 방향으로 얼마나 변화하겠는가?
① 고도계는 15피트 높게 지시한다.
② 고도계는 15피트 낮게 지시한다.
③ 고도계는 150피트 높게 지시한다.
④ 고도계는 150피트 낮게 지시한다.

6. 시계비행 항공도에서 비행거리, 진방위(true course)를 측정하기 위해서 코스의 중간지점 근처 자오선(meridian)을 활용해야 한다. 그 이유는 무엇인가?
① 경도선과 코스 선에 의해서 형성된 각도가 지점마다 다르기 때문이다.
② 무편각 선의 값이 지점마다 다르기 때문이다.
③ 무편각 선과 위도선으로 형성된 각도가 지점마다 다르기 때문이다.
④ 최단 비행거리를 얻을 수 있기 때문이다.

7. True heading(TH)에서 true course(TC)로 전환할 때 조종사는 어떻게 해야 하는가?
① 오른쪽 바람수정각을 더해주어야 한다.
② 왼쪽 자차 수정각을 더해주어야 한다.
③ 오른쪽 바람수정각을 빼주어야 한다.
④ 왼쪽 바람수정각을 빼주어야 한다.

8. 위성의 가시권에서 벗어났거나 위성의 정전 혹은 위성의 위치이탈 등과 같은 사고가 발생했을 때 이를 즉시 경고해 주는 장치는 무엇인가?
① RAIM   ② TCAS
③ FANS   ④ ADS-B

9. 상대방위각이란 무엇인가?
① 기수방위로부터 송신소에서 항공기를 향한 직선까지 사이의 반시계 방향 각도이다.
② 기수방위로부터 송신소에서 항공기를 향한 직선까지 사이의 시계방향 각도이다.
③ 자북으로부터 송신소에서 항공기를 향한 직선까지 사이의 반시계 방향 각도이다.
④ 자북으로부터 송신소에서 항공기를 향한 직선까지 사이의 시계방향 각도이다.

10. 비행 중 비상상황으로 인하여 교체공항으로 긴급 항로를 변경하고자 할 때 조종사의 적절한 조치는?
① 주요 항법 수단으로써 무선에만 의존해야 한다.
② 긴급 항로 변경을 하기 전에 모든 항로 도식, 측정, 그리고 계산이 완료되어야 한다.
③ 긴급 항로 변경을 하기 전에 가장 가까운 관제시설과 교신하여 레이더 유도의 가능성을 문의한다.
④ 새로운 코스에 가능한 한 빨리 전환할 수 있도록 대략적인 계산, 예측, 그리고 다른 적절한 최단거리를 적용한다.

11. GPS/GNSS 항법의 장점으로 볼 수 없는 것은?
① 기본은 TO-TO 항법이다.
② 연료 절약으로 경제적이다.
③ 고도 및 항로 활용이 제한적이다.
④ 특정 VOR 송신소 상공에 항공교통 집중을 방지한다.

12. FL 350에서 주변 기온이 표준보다 높다면 기압고도(pressure altitude)에 비교되는 밀도고도(density altitude)는 얼마인가?
① 기압고도보다 높다.
② 기압고도보다 낮다.
③ 기온역전층 정보가 없어 결정할 수 없다.
④ 항상 동일하다.

13. FL 310에서 주변 기온이 표준보다 낮다면 진고도(true altitude)와 기압고도(pressure altitude) 사이에 어떠한 관계에 있는가?
① 모두 동일하게 31,000피트이다.   ② 진고도는 31,000피트보다 낮다.
③ 기압고도는 진고도보다 낮다.   ④ 밀도고도를 먼저 구해야 한다.

14. TCAS I, II에서 TA가 발령되었을 때 상대 항공기와 대략 얼마의 고도 범위에 근접했다는 것을 나타내는가? [뒤표지 안쪽 그림 참고]
① 80피트   ② 1,000피트
③ 1,200피트 ④ 1,500피트

15. Standard datum plane에서 항공기까지 측정된 고도는 무엇인가?
① absolute altitude   ② true altitude
③ pressure altitude   ④ density altitude

16. 항공기가 고도 14,000피트(국내) 이상에서 비행할 때 적용해야 하는 적절한 보정 방법은?
① QNO   ② QFE
③ QNE   ④ QNH

17. 고도계를 국지 고도계 세팅(local altimeter setting)에 맞추었을 때 지시하는 고도는?
① absolute altitude   ② density altitude
③ true altitude   ④ pressure altitude

18. 동일 주파수를 사용하는 VOR 사이 최저 얼마의 거리가 떨어져 있어야 하는가?
① 200 NM   ② 400 NM
③ 600 NM   ④ 1,000 NM

19. 대지속도 120노트의 항공기가 NM 당 300피트로 상승할 때 예상할 수 있는 상승률(feet per minute; fpm)은?
① 300 fpm   ② 400 fpm
③ 600 fpm   ④ 900 fpm

20. 일부 항공기에 있는 받음각 지시장치가 차압을 감지할 때 공기흐름의 방향은?
① 항공기의 실제 받음각에 평행하지 않은 방향
② 항공기의 실제 피치각에 평행하지 않은 방향
③ 항공기의 실제 세로축에 평행하지 않은 방향
④ 항공기의 실제 붙임각에 평행하지 않은 방향

21. [그림6-13, (6)] (c) 부호가 나타내는 것은 무엇인가?
   ① 해당 항공기 위치에 주의할 것을 나타낸다.
   ② 항공기의 속도 추세를 나타낸다.
   ③ 위협이 되는 항공기의 방향을 나타낸다.
   ④ 항공기의 고도 수직 추세를 나타낸다.

22. TCAS에 상대방 항공기가 나타나기 시작하는 대략적인 거리는?
   ① 20 NM   ② 30 NM
   ③ 40 NM   ④ 50 NM

23. 다음 중 바람수정각(WCA; wind correction angle)에 대해서 맞는 것은?
   ① 바람수정각은 진항로(TC; true course)와 진기수방위(TH; true heading)가 이루는 각도이다.
   ② 바람수정각은 TAS가 빠르면 커진다.
   ③ 바람수정각의 적용은 오른쪽에 있을 때는 진항로(TC)에서 빼주어야 진기수방위(TH)가 된다.
   ④ 편류와 바람수정각의 절대 치는 항상 일치한다.

24. 고도계 수정치를 29.92inHg에 맞추고 비행 후 QNH가 30.16inHg이고, 필드 표고가 300피트인 공항에 고도계 수정 없이 착륙했다. 고도계는 얼마를 지시하는가?
   ① 60피트   ② 240피트
   ③ 300피트   ④ 540피트

25. 조종업무 집중규칙에서 정의하고 있는 중요 비행 단계에 해당하지 않는 것은?
   ① 지상활주
   ② 접근단계
   ③ 고도 10,000피트 미만
   ④ 순항 비행

[테스트-2]

1. 공중항법에서 대권을 가장 잘 서술하고 있는 것은?
 ① 지구의 중심을 통과하지 않고 구체의 표면과 접하는 직선이다.
 ② 지구의 중심을 통과하여 구체의 표면과 접하는 직선이다.
 ③ 지구의 중심을 통과하여 구체의 표면과 접하는 원이다.
 ④ 지구의 중심을 통과하지 않고 구체의 표면과 접하는 원이다.

2. Pressure altitude 8,000피트, 계기고도 7,000피트, 외기기온 10℃일 때 진고도(true altitude)는?
 ① 8,270피트   ② 7,270피트
 ③ 6,270피트   ④ 5,270피트

3. VHF 무선 신호는 통상 어디에서 사용되는가?
 ① ATC 통신
 ② VOR 항법
 ③ VOR 항법과 ATC 통신 모두
 ④ DME와 ILS 항법

4. VOR 장비의 VOT 점검 중 TO/FROM 지시기가 FROM을 지시하고 CDI가 356°에서 중앙이 되었다. 이 VOR 장비는
 ① 수정 카드에 4°를 기입하고 모든 VOR 코스로부터 감한다면 사용할 수 있다.
 ② 오차가 한계 내에 있으므로 IFR 비행에 사용할 수 있다.
 ③ TO/FROM 지시기가 TO를 지시하고 있으므로 IFR 비행에 사용할 수 없다.
 ④ 어느 경우도 CDI의 오차는 허용되지 않는다.

5. [그림6-15, 뒤표지 안쪽] TCAS 조언 부호 중 (B)가 의미하는 것은?
 ① 대응조언(RA), 보호 범위 내에 있음, 위협으로 고려됨, TA 음성 경고(Traffic…) 강하 중임
 ② 대응조언(RA), 보호 범위 내에 있음, 위협으로 고려됨, TA 수직 회피 경고(Traffic…) 강하 중임
 ③ 교통조언(TA), 보호 범위 내에 있음, 위협으로 고려됨, TA 음성 경고(Traffic…) 강하 중임
 ④ 교통조언(TA), 보호 범위 내에 있음, 위협으로 고려됨, TA 수직 회피(Traffic…) 강하 중임

6. 항공기의 운항이 V-항공로에서 IFR 또는 운상시계비행으로 운항할 때 복식으로 설치해야 하는 항법 장비는 어느 것인가?
 ① VOR   ② ADF
 ③ VOR과 DME   ④ ILS와 GPS

7. VOR의 작동 점검을 수행한 사람은 어떠한 사항들을 기록해야 하는가?
① 주파수, 사용된 레디얼과 시설, 그리고 방위 오차
② 마지막 점검 이후의 비행시간과 날짜 그리고 방위 오차
③ 날짜, 장소, 방위 오차 그리고 서명
④ 주파수, 레디얼, 날짜, 장소, 그리고 오차

8. GPS/GNSS 항법의 장점으로 볼 수 없는 것은?
① 직항로를 생성할 수 있어 효율적 비행이 가능하다.
② 공역을 더 효율적으로 활용하여 공중교통의 복잡성을 단순화한다.
③ 무선항법 시설을 경유하지 않고 직선 항로 비행이 가능하다.
④ 특정 VOR 시설을 전용 할당받아 활용할 수 있다.

9. EFIS의 한 구성품으로 항공기 엔진과 다른 시스템 계기 그리고 승무원 통지를 제공하기 위한 통합 시스템은?
① Flight management system
② Engine indicating and crew alerting system
③ Multi-function display
④ Primary flight display

10. 다음과 같은 조건에서 TAS는?
| Pressure altitude: 18,000 feet, OAT: -5℃, CAS 150 knots |
① 195노트   ② 203노트
③ 210노트   ④ 215노트

11. HSI에 NAV, HDG, or GS와 같은 경고기(warning flag)가 나타났을 때 이것이 지시하는 것은?
① 해당 장비의 기능 불작동
② HSI의 ILS와 연동할 것을 지시
③ 해당 장비의 정상 작동
④ 비행경로, 또는 기수방위에서 벗어나는 것에 대한 주의 경고

12. [그림6-13, (6)] (e), (h) 부호가 나타내는 것은 무엇인가?
① 현재 항공기 위치
② 영향 구역 영역에 진입한 항공기
③ 항공기 진행 방향
④ 후방에 있는 항공기

13. 국제 날짜 변경선(international date line)의 기준은?
① 180° 자오선　　② 270° 자오선
③ 90° 자오선　　④ 0° 자오선

14. 현대 대형 항공기에서 비행 변수를 모니터하고 오토파일럿 기능을 수행하는 것은 무엇인가?
① 비행관리컴퓨터　　② 트랜스폰더
③ 제어/디스플레이 장치　　④ 오토스로틀 시스템

15. 항공의사결정(ADM)은 무엇인가?
① 매 비행과 관련된 위험을 줄이기 위한 정신적 처리 과정에 대한 체계적 접근이다.
② 매 비행과 관련된 위험을 줄이기 위한 현명한 판단에 의존하는 의사결정과정이다.
③ 특정 상황에서 모든 정보를 분석하여 행동에 대한 적시 적절한 결심을 하는 정신적 과정이다.
④ 주어진 세트의 환경에서 일관되게 최상의 방책을 결정하기 위한 정신적 처리 과정에 대한 체계적 접근이다.

16. [그림6-13, (6)] 이 항공기가 공중충돌을 회피하기 위한 최소한의 분당 상승률은 얼마인가?
① 500피트　　② 1,000피트
③ 1,500피트　　④ 2,000피트

17. 전자비행계기시스템(electronic flight instrument system; EFIS)에 있는 구성품들 사이에 전송되는 데이터는 무엇으로 전환되는가?
① 디지털 신호　　② 아날로그 신호
③ 반송파 신호　　④ 전자파 신호

18. 항공기가 5NM 지점에 있다. 이 위치에서 3° 활공경로를 유지하기 위한 대략적인 높이(피트)는?
① 1,500피트　　② 2,500피트
③ 3,500피트　　④ 4,500피트

19. EFIS에 있는 부호 발생기의 기능은 무엇인가?
① 수문자 데이터와 항공기 계기를 대신해서 보여준다.
② 조종사에게 현재 비행 상황에 적절한 시스템 형상을 선택하도록 한다.
③ 항공기와 엔진 센서들로부터 입력 신호들을 수신하고 처리하여 데이터를 적절한 디스플레이로 보내준다.
④ 대기자료컴퓨터로부터 입력 신호들을 이용하여 수문자 데이터와 항공기 계기를 보여주는 아날로그 시스템이다.

20. 자동화 조종실에 대해서 주의해야 할 사항을 가장 잘 설명하고 있는 것은 무엇인가?
① 조종사의 항공 지식의 부족을 대신해 준다.
② 전자기기에 입력된 정보는 완전 무결성이다.
③ 모든 오류와 결함은 즉각 나타나도록 설계되어 있다.
④ 때로는 오류나 결함이 보이지 않을 수 있다.

21. 비행승무원과 조종실 사이의 인터페이스로 항법 시스템 업무를 자동화하는 시스템은?
① Flight management system
② Engine indicating and crew alerting system
③ Multi-function display
④ Primary flight display

22. 조종사와 항공교통 관제사 사이에 직접 데이터링크 통신을 제공하는 항공전자 시스템은 무엇인가?
① ARINC   ② ACARS
③ FANS   ④ ATIS

23. 재래식 ATIS의 표준 수신 범위에서 벗어나 있는 항공기에 유선과 데이터링크 통신을 경유해서 조종실까지 문자 메시지 형태로 전송되는 시스템은?
① T-ATIS   ② ARINC
③ ACARS   ④ D-ATIS

24. 항공기의 접근, 착륙, 출발과 지상 운용에 관한 전 단계에 향상된 서비스를 제공함으로써 주요 GNSS 배열의 국지적 증대를 공항 수준에서 지원하는 시스템은?
① GBAS   ② ABAS
③ SBAS   ④ DGPS

25. THL은 무엇인가?
① 이륙 위치에 있는 항공기에 빨간색 등화는 활주로에 다른 항공기가 진입해 있거나 진입할 예정이 있어 이륙이 불안전하다는 것을 지시한다.
② 이륙 위치에 있는 항공기에 녹색 등화는 활주로에 다른 항공기가 진입해 있거나 진입할 예정이 있어 이륙이 불안전하다는 것을 지시한다.
③ 이륙 위치에 있는 항공기에 백색 등화는 활주로에 다른 항공기가 진입해 있거나 진입할 예정이 있어 신속한 이륙을 지시한다.
④ 이륙 위치에 있는 항공기에 노란색 등화는 활주로에 다른 항공기가 진입해 있거나 진입할 예정이 있어 신속한 이륙을 지시한다.

[테스트-3]

1. 공중항법의 5대 요소로 고려되는 것을 가장 잘 서술하고 있는 것은?
① 시간, 속도, 거리, 방위, 위치
② 고도, 확인점, 출발점, 속도, 시간
③ 방위, 거리, 위치, 풍향풍속, 고도
④ 가시선, 거리, 위치, 속도, 고도

2. 자기나침반의 자기복각 현상은?
① 위도가 감소함에 따라 증가한다.
② 복각 현상은 적도에서 최대가 된다.
③ 위도가 증가함에 따라 증가한다.
④ 경도가 증가함에 따라 증가한다.

3. 지구는 지축을 중심으로 (   )에서 (   )으로 자전한다.
① 동쪽, 서쪽   ② 서쪽, 동쪽
③ 남쪽, 북쪽   ④ 북쪽, 남쪽

4. 다음 중 FMS에 관한 내용으로 볼 수 없는 것은?
① FMS는 항행 중 공중충돌 위험을 감지하고 승무원에 경고할 수 있다.
② FMS는 사용자 WP(waypoint)를 입력하고 삭제할 수 있다.
③ FMS는 현재 위치에서 목적지까지 원하는 경로를 나타낼 수 있다.
④ FMS는 비행계획 계산을 수행하며 전체 비행경로를 표시할 수 있다.

5. EFIS에 있는 디스플레이 제어기(display controller)의 기능은 무엇인가?
① 수문자 데이터와 항공기 계기를 대신해서 보여준다.
② 조종사에게 현재 비행 상태를 위한 적절한 시스템 형상을 선택하도록 한다.
③ 자동조종장치와 항법 시스템으로부터 신호를 받아 수문자 데이터를 생성한다.
④ 항공기와 엔진 센서들로부터 입력 신호들을 수신하고 처리하여 데이터를 적절한 디스플레이로 보내준다.

6. ACARS의 주요 기능을 가장 잘 서술하고 있는 것은?
① 항공기와 관제사 사이의 주요 디지털 통신망이다.
② 지상과 항공기 사이의 음성 전용 통신망이다.
③ 항공기와 항공사 사이의 주요 디지털 통신망이다.
④ 항공기와 항공기 사이의 주요 통신망이다.

7. 오토파일럿으로 비행 중 항공기의 수동 기동성을 제공하는 것은 어느 것인가?
① 서보-증폭기 ② 방향-자이로 지시기
③ 플라이트 컨트롤러 ④ 팔로우-업 장치

8. 항공기 탑재된 항법 센서를 이용해서 위치를 자체적으로 보정하는 항법 시스템은?
① WAAS ② GBAS
③ ABAS ④ SBAS

9. 오토파일럿에서 도움날개에 대한 입력 신호를 무효화하는 것은 무엇인가?
① 자세-자이로 지시기 ② 변위 신호
③ 코스 신호 ④ 팔로우-업 신호

10. 비행 중 승객이 멀미를 느끼고 있을 때 어떻게 해야 하는가?
① 멀미를 방지하기 위해서 멀미약을 복용할 것을 권장한다.
② 승객에게 머리를 낮추게 하고, 눈을 감은 후 깊은 호흡을 하도록 한다.
③ 승객에게 불필요한 머리 움직임을 피하고 눈은 항공기 외부를 주시하도록 조언한다.
④ 승객에게 시선을 항공기의 어느 한 구조에 집중하고 창문은 가급적 닫도록 조치한다.

11. 항공기가 15 NM 지점에 있다. 이 위치에서 3° 활공경로를 유지하기 위한 대략적인 높이(피트)는?
① 1,500피트 ② 2,500피트
③ 3,500피트 ④ 4,500피트

12. 조종사가 시간이나 공간에 관한 환경요소 그리고 일어나는 일에 대한 지각, 이들의 의미를 이해하고, 그리고 앞으로 일어날 수 있는 상태를 예측하는 것이다. 이것이 의미하는 것은 무엇인가?
① 상황인식 ② 조종실 집중규칙
③ 항공의사결정 ④ 항공정보 종합 인식

13. 항공기 자세가 오토파일럿 시스템에 의해서 오차와 관련된 조종면을 수정하기 위해서 변화되었고, 항공기가 정확한 위치에 도달한 시점에 유선흐름 위치로 복원하였다면 이것을 어떻게 판단해야 하는가?
① 오버슈트와 진동 ② 언더슈트와 진동
③ 정상 작동 ④ 오버슈트 후 언더슈트

14. 비행 중 효율적 위험관리와 항공의사결정(ADM)을 위한 DECIDE 모델의 첫 단계는 무엇인가?
① 탐지 ② 식별
③ 평가 ④ 행동

15. GPS의 위치정보 산출의 기준이 되는 것은 무엇인가?
① 지구-중심, 지구-고정
② 지구-중심, 지구-변동
③ 지구-표면, 지구-고정
④ 지구-표면, 지구-변동

16. 대부분의 뒤젖힘 날개 항공기에 영향을 주는 요잉과 롤링 오실레이션의 조화로 나타나는 더치 롤은 어떻게 상쇄시켜야 하는가?
① 플라이트 디렉터 시스템
② 도움날개 댐퍼 시스템
③ 피치 댐퍼 시스템
④ 요 댐퍼 시스템

17. GNSS에서 추가 위성 방송 메시지를 사용하여 광역 또는 지역적 증대 기능을 지원하는 것은?
① WAAS   ② SBAS
③ ABAS   ④ GBAS

18. 항공기가 방향, 지상 트랙, 지상 속도, 고도 등과 같은 다른 정보와 함께 자체 GPS 위치를 방송함으로써 항공교통 관제사는 이전보다 더 정밀하게 트래픽을 볼 수 있게 하는 새로운 기술은?
① GBAS   ② ACARS
③ CPDLC   ④ ADS-B

19. ELT 장착이 선호되는 위치는?
① 항공기가 비행 중 조종사 또는 다른 승무원이 쉽게 접근이 가능한 장소
② 가능한 한 후방
③ 가능한 한 후방이지만, 수직 핀의 전방
④ 항공기 동체의 가장 낮은 부분

20. 운송용 항공기의 승객 방송 시스템에서 비행 중 녹음비상방송이 자동으로 작동될 수 있는 상태는 어느 경우인가?
① 엔진 이상이 발생했을 때
② 난기류를 만났을 때
③ 객실 감압이 발생했을 때
④ 급상승과 급강하 기동할 때

21. RNAV 2 성능의 가로 항법 정밀도를 가장 잘 서술하고 있는 것은?
 ① 특정 구간 비행시간의 99%를 중앙선으로부터 ±2 NM 안에서 비행할 수 있어야 한다.
 ② 특정 구간 비행시간의 95%를 중앙선으로부터 ±2 NM 안에서 비행할 수 있어야 한다.
 ③ 총 비행시간의 95%를 중앙선으로부터 ±2 NM 안에서 비행할 수 있어야 한다.
 ④ 총 비행시간의 99%를 중앙선으로부터 ±2 NM 안에서 비행할 수 있어야 한다.

22. IAPs 그리고 기타 최신 항공도의 개정에 관한 정보를 확인하려면 어느 NOTAM을 참고해야 하는가?
 ① NOTAM(D)   ② FDC NOTAM
 ③ NOTAM(L)   ④ Pointer NOTAM

23. [그림6-13, (6)] (k) 부호가 나타내는 것은 무엇인가?
 ① 교통 조언(TA)   ② 대응 조언(RA)
 ③ 회피 조언(AA)   ④ 주의 조언(CA)

24. 신체 속에 있는 알코올에 관해서 올바르게 서술하고 있는 것은?
 ① 소량의 알코올은 시각 민감성을 향상시킨다.
 ② 고도가 증가함에 따라 알코올의 영향은 감소한다.
 ③ 소량의 알코올이라 할지라도 판단력과 의사결정 능력에 악영향을 줄 수 있다.
 ④ 피로할 때 소량의 알코올은 각성제 기능을 할 수 있다.

25. 성능기반항법(PBN; performance-based navigation)이란 무엇인가?
 ① 특정 공역 환경에서 제안된 운용에 필요한 확장성, 고고도 운항 측면에서 정의되어야 한다.
 ② 전형적인 성능기반항법은 도플러, INS이다.
 ③ 성능 필수요건을 장비 필수요건으로 대체한 항법 시스템이다.
 ④ 장비 필수요건을 성능 필수요건으로 대체한 항법 시스템이다.

[테스트-4]
1. 대권의 장단점을 잘 서술하고 있는 것은?
① 최장 거리이고, 자방위는 계속 변한다.
② 최장 거리이고, 진방위는 일정하다.
③ 최단 거리이고, 자방위는 일정하다.
④ 최단 거리이고, 진방위는 계속 변한다.

2. 고도계가 30.32"Hg에서 29.98"Hg로 변했을 때 고도계는 얼마의 변화가 발생하겠는가?
① 실제보다 340피트 낮게 지시한다.
② 실제보다 340피트 높게 지시한다.
③ 실제보다 34피트 낮게 지시한다.
④ 실제보다 34피트 높게 지시한다.

3. 항공기 트랜스폰더의 기능을 가장 잘 설명하고 있는 것은?
① 기수방위, 속도, 그리고 상승률과 강하율 등의 정보를 ATC에게 지속 전송한다.
② 항공기 속도, 기수방위, 고도, 그리고 오토파일럿 시스템이 연결되었을 때 자세를 모니터한다.
③ 지상 송신소로부터 질문 신호를 수신하여 이를 자동 코드화하여 다시 송신한다.
④ 항공기에서 지속 발사한 신호를 ATC 수신기에 자동으로 시현하도록 한다.

4. EFIS에 있는 CRT/LCD의 기능은 무엇인가?
① 조종사에게 현재 비행 상황을 위한 적절한 시스템 형상을 선택하도록 한다.
② 항공기와 엔진 센서들로부터 입력 신호들을 수신하고 처리하여 데이터를 적절한 디스플레이에 보내준다.
③ 수문자 데이터와 항공기 계기를 대신해서 보여준다.
④ 디지털 디스플레이의 고장을 대비하여 예비 비행계기의 지시를 보여준다.

5. 비상위치발신기 배터리는 최소한 몇 시간 동안 신호를 송출할 수 있어야 하는가?
① 36시간 ② 48시간
③ 72시간 ④ 82시간

6. 오토파일럿 시스템에서 사용되는 감지 장치의 작동 원리는 무엇인가?
① 자이로 회전의 방향에서 적용된 힘으로부터 90°를 지나서 작용하는 힘이다.
② 자이로와 자이로 짐벌 시스템 사이의 상대 운동이다.
③ 자이로 짐벌 링과 항공기 사이 운동의 변화율이다.
④ 자이로 회전의 방향에 적용된 지점에 작용하는 힘이다.

7. 웨이포인트에 관한 정의를 가장 잘 서술하고 있는 것은?
 ① 항법을 위해서 사전에 주요 지형지물을 확인할 수 있는 픽스(fix)이다.
 ② 항로 변경을 위해서 방위와 거리를 측정해서 지정된 픽스(fix)이다.
 ③ 출발 공항에서 목적지 공항까지 직선으로 표시한 픽스(fix)이다.
 ④ 항행시설 사이 방위와 거리를 신속하게 식별하기 위한 공간적 픽스(fix)이다.

8. GNSS가 정상 기능을 수행하기 위한 3개의 부문은 무엇인가?
 ① 위성 부문, 지상관제 부문, 사용자 부문
 ② 발신기 부문, 수신기 부문, 위성 부문
 ③ 발신기 부문, 지상관제 부문, 사용자 부문
 ④ 위성 부문, 지상관제 부문, 수신기 부문

9. 오토파일럿의 승강타는 어느 회전축에 대해서 항공기를 제어하는가?
 ① 롤 축   ② 세로축
 ③ 가로축   ④ 요 축

10. 규정된 강도와 지속성의 충격을 받는다면 ELT는 관성 스위치 또는 등가의 기계장치에 의해 작동된다. 이것은 충격이 어떻게 적용될 때 작동하는가?
 ① 항공기의 가로축에 평행하게 충격이 적용될 때
 ② 항공기의 수직축에 평행하게 충격이 적용될 때
 ③ 항공기 축에 상대적인 어느 충격이 적용될 때
 ④ 항공기의 세로축에 평행하게 충격이 적용될 때

11. 항공기의 속도 180노트로 비행하면서 경사각을 20도로 적용했을 때 대략적인 선회반경은?
 ① 6,900피트   ② 7,100피트
 ③ 7,300피트   ④ 7,900피트

12. 비상위치발신기(ELT)의 배터리 교환 날짜를 어떻게 확인해야 하는가?
 ① 사용수명이 50% 남아 있다면 배터리를 떼어내 측정된 부하 하에서 결정하기 위해 검사한다.
 ② 발신기의 외부에 압인되어 있는 배터리 교환 날짜를 확인해야 한다.
 ③ 발신기를 작동시키고 신호 강도를 측정한다.
 ④ 항공기에 발신기를 장착한 날로부터 산정하여 배터리 교환 날짜를 결정한다.

13. 지상무선국이 항공기와 통신하기를 원한다는 것을 운항 승무원들에게 알릴 수 있는 선택적 장치는?
 ① Company call   ② Emergency call
 ③ SELCAL   ④ Satellite com

14. 대륙을 운항하는 항공기 조종사의 시차에 더 큰 영향을 예상할 수 있는 비행은?
① 동쪽에서 서쪽으로 비행할 때
② 북쪽에서 남쪽으로 비행할 때
③ 남쪽에서 북쪽으로 비행할 때
④ 서쪽에서 동쪽으로 비행할 때

15. 활주로까지 최적 활공경사는 몇 도이고 이것은 NM 당 몇 피트에 상응하는가?
① 5°, 300피트
② 3°, 500피트
③ 3°, 300피트
④ 5°, 500피트

16. TCAS II에서 RA가 발령되었을 때 상대방 항공기와 대략 얼마의 고도 범위에 근접했다는 것을 나타내는가? [그림6-14, 뒤표지 안쪽]
① 850피트
② 1,050피트
③ 1,250피트
④ 1,550피트

17. 지상에서 오토파일럿 시스템의 작동을 점검할 때 항공기 주전원을 ON 시킨 후 오토파일럿은 언제 연결되어야 하는가?
① 항공기의 모든 전기계통에 전원 공급과 함께 즉시
② 자이로가 적정 속도에 도달하고 증폭기가 적절하게 가열된 후
③ 자이로가 회전하는 소리를 들었을 때
④ 전원이 켜진 것을 확인한 후 언제든지

18. GPS 오차를 발생시킬 수 있는 주요 원인을 나열한 것은?
① 가시선, 전리층 효과, 천체력 오차, 석영시계 오차
② 신호 지연, 전리층 효과, 천체력 오차, 위성시계 오차
③ 신호 확산, 전리층 효과, 성층권 오차, 석영시계 오차
④ 고도 오차, 가시선, 천체력 오차, 위성시계 오차

19. TCAS I, II에서 TA가 발령되었을 때 상대방 항공기와 대략 몇 초 이내에 근접했다는 것을 나타내는가? [그림6-14, 뒤표지 안쪽]
① 10초
② 20초
③ 30초
④ 40초

20. RNAV 모드에서 CDI의 가로 편향은 무엇을 지시하는가?
① 항로의 좌우 각도
② 항로의 좌우 SM
③ 항로의 좌우 NM
④ 항로로부터 항공기의 위치

21. Glass cockpit에 탑재된 이동지도(moving map) 사용에 따른 장점으로 볼 수 없는 것은?
① 지도판독 기술을 유지할 기회를 제공한다.
② 장비의 고장이 발생했을 때 목적지까지 안전하게 항행할 수 있도록 한다.
③ 조종사의 지속적인 상황인식을 유지하는 것을 보장한다.
④ 계기비행을 위한 자세 참고로 사용할 수 있다.

22. 어떠한 조건에서 고도계는 실제 비행고도보다 낮은 고도를 지시하는가?
① 표준보다 높은 기온   ② 표준 기온
③ 표준보다 낮은 기온   ④ 표준보다 낮은 대기압

23. 에어라인 항공기에서 비행승무원과 승객 사이의 통신은 매우 중요하다. 여기서 우선권을 갖는 방송 시스템 순서는?
① 조종사-객실 승무원-녹음방송-객실 음악
② 객실 승무원-조종사-녹음방송-객실 음악
③ 조종사-녹음방송-객실 승무원-객실 음악
④ 객실 승무원-조종사-객실 음악-녹음방송

24. 항공기의 착륙 형상에서 GPWS는 무선(레이더) 고도계, 대기자료컴퓨터, 계기착륙장치, 그리고 무엇을 모니터하는가?
① 도움날개, 방향타, 그리고 승강타 위치
② 항공기 피치와 롤, 그리고 요 자세
③ 스포일러, 슬랫, 그리고 스태빌라이저 위치
④ 착륙장치와 플랩 위치

25. 이 공항의 활주로에서 A-구역과 E-구역 표지는 어떠한 차이가 있는가?
① A-구역은 활주와 이륙을 위해서 사용할 수 있고, E-구역은 활주만으로 사용된다.
② A-구역은 중형 항공기 착륙을 제외하고 모든 운용에 사용할 수 있고, E-구역은 오직 오버런만 사용할 수 있다.
③ A-구역은 오직 활주만을 위해서 사용할 수 있고, E-구역은 착륙을 제외한 모든 운용에 사용할 수 있다.
④ A-구역은 활주와 이륙을 위해서 사용할 수 있고, E-구역은 오버런으로만 사용된다.

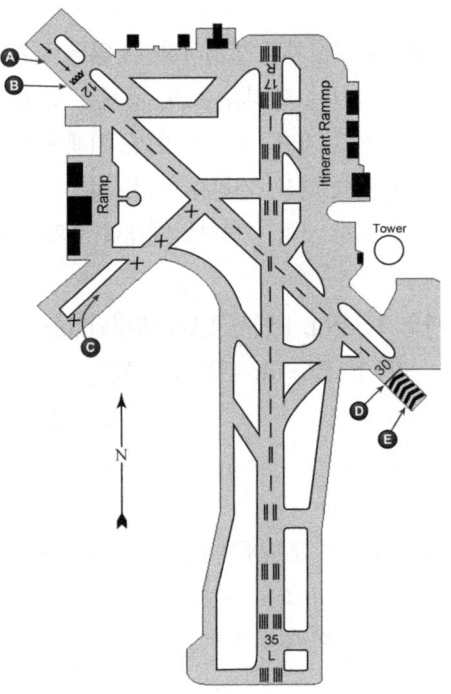

[테스트-5]

1. 대권(great circle)에 대한 설명은 어느 것인가?
① 지구상의 두 점을 연결하는 선이 자오선과 동일 각도로 교차하는 직선이다.
② 지구 중심을 통하는 평면이 지표면과 접하는 원이다.
③ 대권은 적도 하나만 존재한다.
④ 대권항로는 항정선 항로보다 최단거리로 볼 수 없다.

2. 해수면을 기준으로 그려진 가상 지구 타원체를 무엇이라 하는가?
① 지오이드   ② 평균해수면
③ 기하학적 타원체   ④ 본초자오선

3. 지구는 지축을 중심으로 몇도 기울어 있는가?
① 20.5°   ② 21.5°
③ 22.5°   ④ 23.5°

4. 북반구에서 동쪽 기수방위로 비행 중 증속했을 때 나침반 지시는 어떻게 지시할 것인가?
① 약간 북쪽을 지시하는 듯한 오차가 발생할 것이다.
② 지시침은 잠시 동쪽을 지시한 후 점차 항공기의 자기수방위(MH)를 따라붙는다.
③ 처음 왼쪽으로 빠르게 이동한 후 서서히 항공기 자기수방위(MH)를 따라붙는다.
④ 나침반은 대략 정확하게 자기수방위(MH)를 지시할 것이다.

5. 항공기의 피치 자세의 변경을 감지하는 오토파일럿 채널은?
① 승강타   ② 도움날개
③ 방향타   ④ 안정판

6. 오토파일럿에 있는 팔로우-업 신호는 무엇인가?
① 편향이 오차량과 정확하게 일치했을 때 조종면 움직임을 중지시키는 서브시스템이다.
② 편향이 최대가 되었을 때 조종면 움직임을 역회전시키는 서브시스템이다.
③ 편향이 오차량과 정확하게 일치했을 때 조종면을 움직이게 하는 힘이 적용되는 서브시스템이다.
④ 편향이 최대가 되었을 때 조종면을 움직이게 하는 힘이 적용되는 서브시스템이다.

7. FANS에 관한 내용으로 볼 수 없는 것은?
① 음성 통신에서 디지털 통신으로의 전환을 의미한다.
② 항법 성능은 GPS 위성을 이용한 관성 항법으로 전환되었다.
③ 항공기에서 관제사-조종사 데이터링크 통신(CPDLC)을 사용하게 되었다.
④ 감시 성능은 음성 보고에서 자동 디지털 보고로 전환되었다.

8. 항공사 지상국에서 비행 중인 항공기의 상태를 모니터하기 위해서 허용되는 시스템은 무엇인가?
① ACARS　　② ATIS
③ Data-link　④ SELCAL

9. 위성들 사이의 배열 각도가 좁을수록 오차의 가능성은?
① 증가한다.　　② 감소한다.
③ 영향을 받지 않는다.　④ 고도에 따라 다르다.

10. 당신은 현재 대지속도 180노트로 15,000피트에서 순항 중이다. ATC는 24 NM에 있는 보고지점까지 9,000피트로 강하할 것을 지시했다. 필수 강하율(ROD)은 얼마가 되어야 하는가?
① 350피트　　② 750피트
③ 850피트　　④ 1,000피트

11. 활주로의 상승 경사도가 3%라는 것은 수평거리 당 수직높이는 얼마의 비율인가?
① 20:1　　② 34:1
③ 40:1　　④ 50:1

12. 왼쪽 그림에서 바람이 착륙방향지시기와 같이 불고 있다면 조종사는 어느 활주로에 착륙해야 하는가?
① RWY 18, 왼쪽에서 측풍을 예상해야 한다.
② RWY 22, 바람을 정면으로 받는다.
③ RWY 36, 오른쪽에서 측풍을 예상해야 한다.
④ RWY 18, 오른쪽에서 측풍을 예상해야 한다.

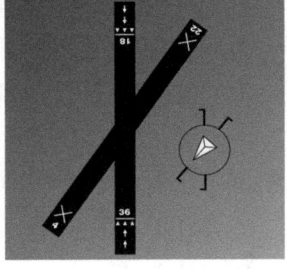

13. 관성항법장치(INS)의 항법 컴퓨터는 어떠한 구성품으로부터 정보를 받는가?
① 나침반, 대기속도, 그리고 바람과 편차 데이터의 입력
② 대지속도와 편류각을 측정하는 레이더 종류의 센서
③ 자립 자이로와 가속도계
④ 정압계통, 자이로, 그리고 대기자료컴퓨터

14. TCAS II에서 RA가 발령되었을 때 전방 근접 항공기와 대략 몇 초 이내에 근접했다는 것을 나타내는가?
① 15초　　② 25초
③ 35초　　④ 45초

15. GPS 접근을 위해서 세팅할 때 수신기자율무결성감시(RAIM)가 가용하지 않다면 조종사는 어떻게 해야 하는가?
  ① MAP까지 계속 진행하고 위성이 다시 수신될 때까지 체공한다.
  ② 허가된 IAF까지 진행하고 위성 수신이 만족할 때까지 체공한다.
  ③ 다른 항법시설을 이용해서 다른 접근을 선택해야 한다.
  ④ 어느 경우도 이 상태에서 운항이 승인되지 않기 때문에 즉시 회항해야 한다.

16. 전기기계 오토파일럿 시스템에서 감지 장치는 무엇인가?
  ① 서보(servo)
  ② 자이로(gyro)
  ③ 리미터(limiter)
  ④ 증폭기(amplifier)

17. 다음 중 FMS에 관한 내용으로 볼 수 없는 것은?
  ① FMS는 INS, GPS 데이터 탐색도 허용될 수 있다.
  ② FMS는 비행승무원과 조종실 사이의 인터페이스이다.
  ③ FMS는 항법 기능으로 한정된다.
  ④ FMS는 최신 정밀 항법장치 중 하나이다.

18. RNP와 RNAV의 주요 차이점은 무엇인가?
  ① 고도와 속도 모니터링
  ② 성능 모니터링과 경고 기능
  ③ 가로와 세로 위치 모니터링
  ④ 속도, 그리고 가로와 세로 위치 모니터링

19. INS의 회전 센서로서 공간에서 인공 수평을 제공할 수 있는 장치는 무엇인가?
  ① 자이로 짐벌   ② 자이로스코프
  ③ 가속도계   ④ 관성 센서

20. 지역항법(RNAV; area navigation)이란 무엇인가?
  ① 항행안전시설 내에서 임의 코스를 따라 비행할 수 있는 항행 방식이다.
  ② 항행안전시설 내에서 송신소를 경유해서 비행할 수 있는 항행 방식이다.
  ③ 외부 항행안전시설을 활용하지 않고 항행할 수 있는 자립항법장치이다.
  ④ 외부 항법 소스의 도움을 받아 송신소를 따라 항행할 수 있는 항법장치이다.

21. RNAV 운용상의 장점은 무엇인가?
① ATC와 무선 교신량에는 변화가 없다.
② 직선으로 송신소를 통과해야 하는 이점이 있다.
③ 레이더 벡터 수요가 크게 증가한다.
④ 고도와 속도의 자율성이 크게 증가한다.

22. TCAS에서 TA가 발령된 것을 확인했다. 이것은 무엇을 의미하는가?
① 주의해서 주변 항공기를 탐색한다.
② 보호 범위 내에 위협이 될 수 있는 항공기가 있다.
③ 보호 범위 내에 즉각 위협이 될 수 있는 항공기가 있다.
④ 조종사는 진로권 규칙에 따라 오른쪽으로 회피 기동을 한다.

23. 고공 혹은 대양에서 GPS 신호 수신이 육지보다 양호한 이유는 무엇인가?
① 고공과 대양 상공에는 바람이 일정한 방향으로 불기 때문이다.
② 양호한 가시선 효과 때문이다.
③ 위성과 가깝기 때문이다.
④ 위성 배열이 더 좁아지기 때문이다.

24. 전형적인 성능기반항법(PBN)으로 볼 수 있는 것은 무엇이 있는가?
① RNAV, RNP
② 추측항법, RNAV
③ INS, RNAV
④ 도플러 항법, LORAN

25. 인적요소를 정의한 "SHELL" 모델에서 항공종사자에 해당하는 요소는?
① software   ② hardware
③ environment ④ liveware

[테스트-6]
1. 위도선은 적도로부터 북극 또는 남극까지 최대 몇 도까지 지정되는가?
　① 45°　　　　② 90°
　③ 180°　　　④ 270°

2. 각 자오선에 동일 각도를 형성하는 수평 방향을 무엇이라 하는가?
　① 항정선　　　② 대권항로
　③ 소권항로　　④ 자오선 항로

3. 적도를 수직으로 통과하고 북극부터 남극을 연하는 선을 무엇이라 하는가?
　① 경도　　　　② 위도
　③ 자오선　　　④ 소권

4. GPS 항법 시스템에서 지시하는 거리 개념은 무엇인가?
　① 지점과 송신소를 경유하는 경사거리이다.
　② 지점과 송신소를 경유하는 직선거리이다.
　③ 지점 대 지점으로 다음 웨이포인트까지 경사거리이다.
　④ 지점 대 지점으로 다음 웨이포인트까지 직선거리이다.

5. RAIM 성능 없이 GPS의 정밀도는 어떻게 적용되어야 하는가?
　① 고도 정보는 기압계에서 제공되기 때문에 영향을 주지 않는다.
　② 고도 정보는 항공기의 고도를 결정하기 위해서 사용할 수 없다.
　③ 항공기의 위치, 고도, 시간 정보에 영향을 주지 않는다.
　④ 기상 관측소로부터 적절한 보상정보를 받아야 한다.

6. 관성항법장치(INS)에 관해서 가장 잘 서술하고 있는 것은?
　① 관성항법장치는 외부 데이터 혹은 보조 없이 자체의 컴퓨터, 가속도계, 자이로스코프를 이용한 자립항법장치이다.
　② 관성항법장치는 VORTAC과 같은 항법 소스와 자체의 컴퓨터, 가속도계, 자이로스코프를 이용한 자립항법장치이다.
　③ 관성항법장치는 GPS와 함께 자체의 컴퓨터, 가속도계, 자이로스코프를 이용한 항법장치이다.
　④ 관성항법장치는 외부 데이터 혹은 보조 없이 추측항법으로 항행 정보를 생성하는 반자립 항법장치이다.

7. INS의 동작센서로서 비행체의 속도 변화율을 측정하는 장치는 무엇인가?
　① 관성 센서　　② 속도계
　③ 자이로스코프　④ 가속도계

8. RNAV 성능은 "RNAV X"와 같이 된다. 여기서 "X"는 무엇을 의미하는가?
   ① NM 당 가로 항법 정밀도
   ② FEET 당 세로 항법 정밀도
   ③ NM 당 세로 항법 정밀도
   ④ FEET 당 가로 항법 정밀도

9. GPS NOTAMs에 다음과 같은 "Unreliable"이 지시되었다. 이것이 의미하는 것은 무엇인가?

   !SFO 12/051 SFO WAAS LNAV/VNAV AND LPV MNM UNRELBL
   WEF 0512182025-0512182049

   ① NOTAMs의 시간 변수 내에서 예상 서비스 수준은 LPV 접근을 지원하지 않을 것이다.
   ② 위성 신호는 LPV와 LNAV/VNAV 접근을 지원하기 위해서 최근 가용하지 않다.
   ③ NOTAMS의 시간 변수 내에서 예상 서비스 수준은 RNAV와 MLS 접근을 지원하지 않을 것이다.
   ④ LPV와 LNAV/VNAV 접근 외에 다른 재래식 항법 보조시설이 가용하지 않다.

10. 대지속도 300노트의 항공기가 NM 당 400피트로 상승할 때 예상할 수 있는 상승률(feet per minute; fpm)은?
   ① 1,000 fpm
   ② 1,500 fpm
   ③ 1,800 fpm
   ④ 2,000 fpm

11. RNAV를 가용하게 하는 항행안전시설의 조합은 어떠한 것이 있는가?
   ① VOR/NDB, DME/DME
   ② VOR/DME, DME/DME
   ③ VORTAC/VOR, DME/NDB
   ④ VOR/DME, NDB/PBN

12. GPWS는 어떠한 방식으로 조종사에게 위험한 상황을 경고하는가?
   ① 경고등
   ② 경고등과 경고음
   ③ 경고음
   ④ 경고 문자 시현

13. 다음과 같은 조건에서 TAS와 밀도고도(density altitude)는?
   | Pressure altitude: 10,000 feet, OAT: -20℃, CAS 150 knots |
   ① 170노트, 8,000피트
   ② 175노트, 8,500피트
   ③ 170노트, 8,500피트
   ④ 175노트, 8,000피트

14. TCAS에 관해서 가장 잘 서술하고 있는 것은?
① 항공교통관제와 무관하게 상응하는 능동형 트랜스폰더를 장착한 항공기 사이에 공중충돌 회피 시스템이다.
② 항공교통관제와 무관하게 상응하는 수동형 트랜스폰더를 장착한 항공기 사이에 지상근접경고장치이다.
③ 항공교통관제와 무관하게 수동형으로 상응하는 모든 항공기에 공중충돌 위험을 경고하는 시스템이다.
④ 항공교통관제와 무관하게 상응하는 다른 위협이 되는 항공기의 위치만 경고하는 공중충돌 회피 시스템이다.

15. 일부 항공기의 피토-정압계통에서 정압관이 2개씩 장착된 이유는 무엇인가?
① 측풍으로 인한 오차를 방지하기 위함이다.
② 더 낮은 정압을 얻기 위함이다.
③ 더 높은 정압을 얻기 위함이다.
④ 정압과 동압의 차이를 얻기 위함이다.

16. 이륙 가속한 후 이륙 포기를 결심했을 때 안전하게 정지하는 데 적합하고 가용하다고 공시된 활주로 길이 거리는 무엇인가?
① TORA　　② TODA
③ ASDA　　④ LDA

17. 운항 중인 항공기가 지상으로부터 거리에 대한 위험한 자세/형상이 있는지 결정하기 위해서 EGPWS가 모니터하는 정보들은 무엇인가?
① 기압고도계, 대기자료컴퓨터, ILS, 착륙장치, 받음각
② 무선 고도계, 대기자료컴퓨터, GPS, 착륙장치, 받음각
③ 무선 고도계, 대기자료컴퓨터, ILS, 착륙장치, 플랩
④ 기압고도계, 대기자료컴퓨터, GPS, 착륙장치, 플랩

18. 전자비행 디스플레이(Electronic Flight Display; EFD)를 갖춘 항공기의 운항에서 어떠한 위험이 증가할 수 있을 것으로 예상할 수 있는가?
① EFD를 기술과 지식의 부족을 대신해 줄 것으로 믿을 수 있다.
② 조종사 실수를 제거하는 자율비행 전자장치로 믿을 수 있다.
③ 운항 중 기능고장에 대비하기 위한 예비장비로 믿을 수 있다.
④ EFIS 시스템에서 제공하는 정보를 의심하고 있을 수 있다.

19. 오토파일럿 시스템에 있는 서보(servo)의 주요 목적은?
① 축에 대한 항공기의 변위를 수정하기 위함이다.
② 전기 에너지에 대한 위치에너지로 변화시키기 위함이다.
③ 자이로에 대한 항공기의 변위를 수정하기 위함이다.
④ 명령에 따라 조종면을 움직이기 위함이다.

20. 공항도형에 그려지는 "Hot spot"은 무엇을 나타내는가?
① 엔진 제트후류로 인해 유도로 표면이 가열될 수 있는 지점을 나타내기 위함이다.
② 이동 경로 전방에 활주로와 유도로가 교차하고 있는 지점을 주지시키기 위함이다.
③ 사고가 발생했던 장소 또는 위험한 교차로를 주지시키기 위함이다.
④ 여러 유도로가 교차하는 지점을 주지시키기 위함이다.

21. 비관제 공항에서 설치된 선분원 내의 사면체는 이착륙 방향을 어떻게 지시하는가?
① 넓은 면이 이착륙 방향을 지시한다.
② 뾰족한 면은 착륙 방향을 넓은 면은 이륙 방향을 지시한다.
③ 뾰족한 면은 이륙 방향을 넓은 면은 착륙 방향을 지시한다.
④ 뾰족한 면이 이착륙 방향을 지시한다.

22. 특별 활동 공역이 발행된 일정 시간 외에 활동이 필요할 때 발행되는 NOTAM은?
① NOTAM(D) ② FDC NOTAM
③ SAA NOTAM ④ Pointer NOTAM

23. 이륙과 착륙단계 중 조종실에서 사소한 실수 또는 잡담 등으로 인한 주의력 집중에 방해가 되지 않도록 규정한 규칙은?
① 전방주시 규칙 ② 조종업무 집중규칙
③ 주의력 분배 규칙 ④ 무선통신 집중규칙

24. 당신은 이륙 후 대지속도 240노트로 32 NM 지점에 있는 보고지점에 12,000피트 또는 그 이상으로 통과해야 한다면 필수 상승률은 얼마가 되어야 하는가?
① 500피트 ② 800피트
③ 1,000피트 ④ 1,500피트

25. 특별히 항공교통과 일반운용규칙에 관한 주제가 포함된 Advisory Circular의 주제번호는?
① 60 ② 70
③ 90 ④ 120

[테스트-7]

1. 항정선이 직선으로 그려지는 투영 방법은?
① Lambert projection(람베르트 투영)
② Mercator projection(메르카토르 투영)
③ Gnomonic projection(심사 투영)
④ Cylindrical projection(원통 투영)

2. 대한민국 표준시의 기준은?
① 서경 135°   ② 동경 180°
③ 서경 180°   ④ 동경 135°

3. 경도와 위도에 관해서 맞게 설명하고 있는 것은 어느 것인가?
① 경도선은 적도에 평행하다.
② 경도선은 적도를 수직(직각)으로 통과한다.
③ 위도 0° 선은 그리니치를 통과한다.
④ 위도와 경도는 항상 수직으로 교차한다.

4. 경도 1°의 거리가 "0"이 되는 지점은?
① 적도   ② 양극
③ 북위 45°, 남위 45°   ④ 적도와 북극

5. 평행 위도는 극으로 갈수록 두 자오선 사이의 거리는 증가 또는 감소하는가? 그 원인을 가장 잘 서술하고 있는 것은?
① 감소, 모든 자오선은 극에서 합류되기 때문이다.
② 증가, 모든 자오선은 극에서 합류되기 때문이다.
③ 감소, 모든 자오선은 적도에서 합류되기 때문이다.
④ 증가, 모든 자오선은 적도에서 합류되기 때문이다.

6. GPS 항법 시스템이 지시하는 ATD를 가장 잘 서술하고 있는 것은?
① RNAV에 의해 측정된 공간의 한 지점으로부터 경사거리이다.
② 경사 범위 오류의 영향을 받지 않는 RNAV에 의해 측정된 공간의 한 지점에서의 거리이다.
③ RNAV에 의해 측정된 공간의 한 지점으로부터 직선거리이다.
④ 경사 범위 오류를 적용한 RNAV에 의해 측정된 공간의 한 지점으로부터의 거리이다.

7. TCF 기능이 없는 GPWS의 치명적 단점은 무엇인가?
　① 착륙 형상에서 경고를 울리지 않는다.
　② 경고 발생 시간이 늦다.
　③ 허위 경고가 자주 발생한다.
　④ 항공기 자세의 변화를 감지하지 못한다.

8. TCAS II 장비에서 제공하는 경고 유형은 무엇이 있는가?
　① EA, RA, Clear of conflict　② EA, TA, Clear of conflict
　③ TA, RA, Clear of conflict　④ TA, RA, Emergency

9. 시간당 연료소모율을 결정하기 위해서 410파운드의 연료를 적재하고 대지속도(GS) 160노트로 280NM을 비행했다면 시간당 연료소모율은 얼마인가?
　① 180파운드　② 210파운드
　③ 220파운드　④ 234파운드

10. GPS가 주변의 인공 및 자연 장애물의 영향을 받아 신호가 굴절 또는 반사되면서 전파의 이동 경로가 왜곡되어 발생하는 오차는?
　① 위성시계 오차　② 대류권 오차
　③ 전리층 오차　④ 다중경로 오차

11. [그림6-13, (6)] (i) 부호가 나타내는 것은 무엇인가?
　① 기타 위협이 되지 않는 항공기　② 근접한 위치에 있는 항공기
　③ 위협이 되는 위치에 있는 항공기　④ 자신의 항공기

12. 연료소모율이 시간당 15.3갤런이고 대지속도가 167노트이다. 항공기가 620NM을 비행하는데 필요한 연료량은?
　① 63갤런　② 60갤런
　③ 57갤런　④ 55갤런

13. 이륙활주를 포함한 이륙에 적합하고 가용하다고 공시된 활주로 거리는?
　① TORA　② TODA
　③ ASDA　④ LDA

14. 조종사와 ATC 시설과 전용 통신망으로 사용되는 디지털 전용 시스템은?
　① ARINC　② ACARS
　③ FANS　④ CPDLC

15. [그림6-13, (7)] 공중충돌을 피하기 위한 즉각 대응이 필요한 상대방 항공기에 관한 정보와 가장 적절한 회피 기동은?
① 200피트 위, 분당 500피트 이상의 강하율
② 200피트 아래, 분당 500피트 이상의 상승률
③ 20피트 위, 분당 500피트 이상의 강하율
④ 20피트 아래, 분당 500피트 이상의 상승률

16. VOR 항행안전시설의 주파수 하단에 밑줄이 그어진 것(118.5)과 없는 것은(119.5) 어떠한 차이가 있는가?
① VOR 시설의 시간제 운용 여부
② 음성식별의 제공 여부
③ 주파수의 신뢰성 정도
④ VOR의 등급 여부

17. 천체 운동에서 천체가 관측자 자오선을 통과한 후 다시 원래의 위치에 도달하는 시간 길이를 무엇이라 하는가?
① 항성일
② 트랜싯
③ 춘분점
④ 추분점

18. 세계표준시로 사용되는 것은 (UTC/GMT)라 하고 이것은 무엇을 기준으로 하는가?
① UTC, 원자 시간
② GMT, 원자 시간
③ GMT, 전자 시간
④ UTC, 전자 시간

19. FDC or NOTAM(D)과 같이 다른 NOTAM을 강조하거나 언급하고자 할 때 발행되는 NOTAM은?
① NOTAM(D)
② FDC NOTAM
③ SAA NOTAM
④ Pointer NOTAM

20. 자세계는 오토파일럿의 어느 조종 엘리먼트인가?
① 명령
② 감지
③ 입력
④ 수신

21. 비행 중 RAIM 기능의 상실에 관해서 올바르게 서술하고 있는 것은?
① 조종사는 여전히 GPS에서 지시하는 수직 고도를 신뢰할 수 있다.
② RAIM 기능이 상실되었을 때 최소한 30분 동안 정상적인 위치 정보를 제공한다.
③ GPS 위치 정보는 최소한 3개의 위성이 가용할 때 신뢰할 수 있다.
④ 조종사는 GPS 위치 정보의 정밀도를 보장받을 수 없다.

22. 항공기가 40 NM 지점에 있다. 이 위치에서 3° 활공경로를 유지하기 위한 대략적인 높이(피트)는 얼마인가?
① 9,000피트　　② 12,000피트
③ 15,000피트　　④ 18,000피트

23. 출발 항공기가 대지속도 300노트로 25NM 지점에서 고도 12,000피트까지 상승하고자 할 때 대략적인 상승률(ROC)?
① 1,500피트　　② 2,400피트
③ 3,400피트　　④ 4,500피트

24. 항공기의 속도 120노트로 비행하면서 경사각을 30도로 적용했을 때 대략적인 선회반경은?
① 2,215피트　　② 2,235피트
③ 2,285피트　　④ 2,300피트

25. 만성 피로는 무엇인가?
① 일시적 피로가 완전히 회복될 때까지 시간이 충분하지 않을 때 발생한다.
② 장시간 신체적 정신적 긴장과 수면 부족의 결과로 나타난다.
③ 부실한 성과와 능력이지만 판단력은 아니다.
④ 훈련 성과의 부족은 만성 피로의 한 원인이다.

[테스트-8]

1. 위도가 높아지면 대권항로와 항정선 항로의 거리 차이는?
  ① 증가한다.   ② 증가한 후 감소한다.
  ③ 감소한다.   ④ 변함이 없다.

2. 다음 중 항정선 항로(rhumb line route)에 대해서 틀린 것은?
  ① 각 자오선과 같은 각도로 교차하는 항로이다.
  ② 지구상 임의의 두 지점을 연결하여 항정선 항로는 대권항로보다 거리가 멀다.
  ③ 정확히 동쪽을 향하여 비행을 계속하면 항적은 나선으로 되며 무한히 극에 가까워진다.
  ④ 약 2,000마일 이내의 항법에 사용된다.

3. 항공기 속도 정의에서 마하수(Mach number)는?
  ① 지시대기속도(IAS)와 해수면 음속의 비율이다.
  ② 수정대기속도(CAS)와 국지음속(LSS)의 비율이다.
  ③ 등가대기속도(EAS)와 해수면 음속의 비율이다.
  ④ 진대기속도(TAS)와 국지음속(LSS)의 비율이다.

4. 시계기상조건(VMC)에서 비행 중 통신두절 절차에 관해서 틀린 것은?
  ① 가장 신속한 수단으로 해당 ATC 기관에 착륙을 알린다.
  ② 가장 가깝고 착륙에 적합한 공항에 착륙한다.
  ③ VMC 하에서 계속 비행한다.
  ④ VMC 또는 IMC와 관계없이 계획된 코스로 계속 비행한다.

5. 공항 장주권에 진입하는 방법으로 올바른 것은?
  ① 정풍경로(upwind leg)에 90° 방향으로 진입한다.
  ② 측풍경로(crosswind leg)에 45° 방향으로 진입한다.
  ③ 기초경로(base leg)에 90° 방향으로 진입한다.
  ④ 배풍경로(downwind leg)에 45° 방향으로 진입한다.

6. 고도 15,000피트에서 기온이 -21℃를 지시하고 있을 때 고도계와 관련해서 이를 어떻게 판단해야 하는가?
  ① 고도계는 자동으로 기온변화를 보상한다.
  ② 고도계는 진고도보다 높게 지시한다.
  ③ 고도계는 진고도보다 낮게 지시한다.
  ④ 고도계는 진고도와 동일하게 지시한다.

7. [그림6-13, (6)] (I) 부호가 나타내는 것은 무엇인가?
① 교통 조언(TA) ② 대응 조언(TA)
③ 회피 조언(AA) ④ 주의 조언(CA)

8. [그림6-13, (7)] TCAS에서 대응 조언(RA) 항공기의 위치는?
① 200피트 아래 ② 200피트 위
③ 2,000피트 아래 ④ 2,000피트 위

9. 다음 NOTAM에서 관련 공항 식별자와 영향 공항 식별자는?

!PDX 11/049 PDX SVC PCL RWY 10R PAPI OUT OF SERVICE
1511240644-1512022100 EST

① !PDX-SVC ② !PDX-PCL
③ !PDX-EST ④ !PDX-PDX

10. 위의 문제에서 본문의 내용으로 적절한 것은?
① RWY 10R PAPI가 작동되지 않는다.
② RWY 10R PAPI가 설치되어 있지 않다.
③ RWY 10R PAPI의 조종사 제어등화시설이 고장 났다.
④ RWY 10R PAPI의 조종사 제어등화시설이 가용하다.

11. 비행계획 수립 중 대지속도(GS) 80노트로 200NM을 비행하는데 250파운드의 연료가 소요될 것으로 판단된다면 시간당 연료 소모량은 얼마인가?
① 100파운드 ② 120파운드
③ 126파운드 ④ 130파운드

12. 왼쪽 활주로 공시거리에서 (a)가 지시하는 거리는?
① TORA ② TODA
③ ASDA ④ LDA

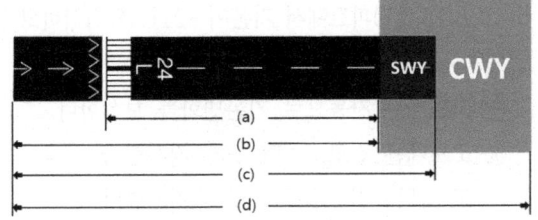

13. 다음과 같은 조건에서 송신소까지 비행하는 데 걸리는 시간, 거리, 연료량은?
- 날개끝 방위각 변화량   10°
- 두 방위각 경과시간   15분
- TAS   120노트
- 연료소모율   11.5갤런/시간

① 1:25분, 170NM, 15.3갤런   ② 1:30분, 190NM, 17.3갤런
③ 1:25분, 160NM, 15.3갤런   ④ 1:30분, 180NM, 17.3갤런

14. [그림6-15, 뒤표지 안쪽] TCAS 조언 부호 중 (A)가 나타내고 있는 의미는?
① 근거리 항공기, 위협 있음, 보호 거리와 고도 범위 안에 있음, 3,000피트 위에 있음, 상승 중임
② 원거리 항공기, 위협 있음, 보호 거리와 고도 범위 안에 있음, 3,000피트 위에 있음, 상승 중임
③ 근거리 항공기, 위협 없음, 보호 거리와 고도 범위 밖에 있음, 3,000피트 위에 있음, 강하 중임
④ 원거리 항공기, 위협 없음, 보호 거리와 고도 범위 밖에 있음, 3,000피트 위에 있음, 강하 중임

15. 항공기가 시간당 91파운드의 연료를 소모하고 대지속도가 168노트일 때 457NM을 비행하는데 필요한 연료량은?
① 291파운드   ② 265파운드
③ 248파운드   ④ 238파운드

16. 항공기의 속도 140노트로 비행하면서 경사각을 30도로 적용했을 때 대략적인 선회반경은?
① 2,900피트   ② 3,014피트
③ 3,114피트   ④ 3,314피트

17. 항공기가 TAS 240노트에서 경사각 30°를 적용했을 때 선회율(rate of turn)은?
(tan 30°=0.5773, tan 20°=0.3639)
① 초당 2.62°   ② 초당 2.12°
③ 초당 3.62°   ④ 초당 3°

18. 항공기 표준율 선회는 초당 몇 도를 의미하는가?
① 초당 2.5°   ② 초당 3°
③ 초당 3.25°   ④ 초당 3.50

19. 조종실 업무에 적용되는 "cross check" 개념이 인적요소에서 중요하게 다루어지는 것은?
① software-hardware   ② liveware-hardware
③ liveware-environment   ④ liveware-liveware

20. 관제탑이 없는 공항에서 정확한 장주 패턴 출발 절차는?
① 공항 경계를 통과한 후 안전하게 어느 방향으로나 출발할 수 있다.
② 모든 선회는 왼쪽으로 수행해야 한다.
③ 공항을 위해서 설정된 장주 패턴에 따라야 한다.
④ 모든 선회는 오른쪽으로 수행해야 한다.

21. TCAS에서 RA가 발령된 것을 확인했다. 이것은 무엇을 의미하는가?
① 주의해서 주변 항공기를 탐색한다.
② 보호 범위 내에 위협이 될 수 있는 항공기가 있다.
③ 보호 범위 내에 즉각 위협이 될 수 있는 항공기가 있다.
④ 조종사는 진로권 규칙에 따라 오른쪽으로 회피 기동을 한다.

22. 오른쪽 공항정보에서 검은색 원안에 문자 "**C**"는 무엇을 의미하는가?
① MULTICOM   ② UNICOM
③ CTAF   ④ Tower 주파수

```
REPUBLIC (FRG)
CT-118.8*   C
ATIS 126.65
82 *L 68 122.65
RP  1  32
```

【해설】 이 부호는 CTAF를 나타내고, 122.65는 UNICOM 주파수이다.

23. 다음과 같은 상황에서 57NM을 비행하는 데 걸리는 시간은 얼마인가? 상승을 위해서 2분을 더하라.
| True course(TC): 212°, Wind: 090°/16, TAS: 90 knots |
① 30분   ② 35분
③ 41분   ④ 45분

24. 승무원자원관리(crew resource management ; CRM)의 핵심 요소로 볼 수 없는 것은?
① 상황인식(situational awareness)   ② 마초이즘(macho)
③ 의사소통(communication)   ④ 의사결정(decision-making)

25. 항공기 TAS 120노트에서 경사각 30°를 적용했을 때 선회율(rate of turn)은?
(tan 30°=0.5773, tan 20°=0.3639)
① 초당 3.25° 0   ② 초당 4.25°
③ 초당 5.25°   ④ 초당 5.25°

| 심화학습 문제 정답 |

[테스트-1]

1. ④ 【해설】 가시선(line of sight)은 관측자와 물체 사이에 어떠한 장애물 없이 직선으로 이어지는 가상선이다. 항공기는 지상과 달리 공중에서 물체를 더 멀리 관측할 수 있고 고도가 높을수록 유리하다.
2. ① 【해설】 추측항법(Dead Reckoning) 위치를 중심으로 그려진 원으로부터 항공기가 있을 것으로 예상하는 원을 위치원(position circle)이라 한다.
3. ③ 【해설】 기상예보, 비행계획, 항공관제 허가 시간 그리고 지도 등에는 모두 UTC를 사용한다.
4. ①
5. ④
6. ① 【해설】 항공도에서 모든 자오선(meridian)은 평행이 아니고 극(poles)에서 합쳐진다. 따라서 장거리 비행을 계획할 때 평균 진방위(average true course)를 얻기 위해서 중간-자오선으로부터 진방위(true course)를 측정해야 한다.
7. ③ 【해설】 진기수방위(TH)에서 진방위(TC)로 전환할 때 왼쪽 바람수정각(wind correction angle; WCA)은 더해주고 오른쪽 바람수정각은 빼주어야 한다. (TH=TC±WCA)
8. ① 【해설】 RAIM(receiver autonomous integrity monitoring)은 GPS 수신기 시스템에서 GPS 신호의 무결성(integrity)을 평가하기 위해 개발된 기술이다. RAIM은 중복 신호를 사용하여 여러 개의 GPS 위치 수정을 생성하고 이를 비교하며, 통계 함수에 따라 결함이 신호와 연관될 수 있는지를 결정한다.
9. ② 【해설】 상대방위각(relative bearing)은 항공기 기수방위로부터 송신소에서 항공기를 향한 직선까지 사이의 시계방향 각도이다. 이것은 항공기 기수방위로부터 시계방향으로 지시침 사이의 방위각이다.
10. ④ 【해설】 비행 중 교체공항(alternate airport)으로 긴급 항로 변경(diversion)은 즉각 가장 적절한 교체공항까지 자방위(magnetic heading)를 결정하고 이 코스에 진입하기 위한 기수방위로 선회한다. 일단 새 코스에 진입한 후 편류 수정(drift correction)을 적용하여 실제 거리, 예상시간, 그리고 연료량을 계산한다.

11. ③ 【해설】 GPS의 기본은 TO-TO 항법이다. 출발지에서 원하는 목적지까지 직선으로 비행로를 선정할 수 있어 매우 효율적인 비행을 할 수 있다. 전형적인 VOR 또는 NDB를 이용한 비행로와 GPS를 이용한 비행로를 비교하면 직선 경로를 이용할 수 있다. 무선항법 시설을 경유하지 않고 비행함으로써 다음과 같은 장점들을 제공한다.
    - 비행시간 단축
    - 연료 절약
    - 공역의 효율적 활용
    - 특정 VOR 송신소 상공에 항공교통 집중 회피
    - 항공교통관제의 효율성 향상
12. ① 【해설】 밀도고도(density altitude)는 비표준 기온을 수정한 기압고도(pressure altitude)이다. 표준 기온보다 높다면 기압고도보다 높은 밀도고도가 나타난다.
13. ② 【해설】 진고도(true altitude)는 비표준 기온이 비표준 기압감률(lapse rate)을 초래할 수 있는 요소를 수정한 지시고도(indicated altitude)이다. 온난 공기(warm air)에서 당신은 계기에 지시하고 있는 것보다 높은 실제 고도에서 비행하고 있지만, 한랭 공기(cold air)에서 당신은 계기에 지시하고 있는 것보다 낮은 실제 고도에서 비행하고 있다. 기압고도는 고도계 세팅(altimeter setting)을 표준 해수면 고도(29.92"Hg)에 맞추었을 때 지시하는 고도이다. 고도 18,000피트(MSL) 또는 그 이상에서 고도계는 29.92"Hg에 맞추고 운항해야 한다.
14. ③
15. ③ 【해설】 기압고도(pressure altitude)는 표준 기지면(standard datum plane)에서 항공기까지 측정된 고도이다. 표준 기압고도는 29.92"Hg이다.
16. ③ 【해설】 고도계를 세팅하는 방법은 다음과 같다.
    - QNE; 기압고도, 29.92"Hg
    - QNH; 진고도, 국지 고도계 세팅
    - QFE; 고도계 지시를 "0"에 맞춤
17. ③

18. ③ 【해설】 동일 주파수로 운용되는 항행안전시설은 600NM(1,100km) 이내에서 중복으로 사용되어서는 안 된다.
19. ③ 【해설】 대지속도가 주어졌을 때 상승률(rate of climb)은 다음과 같은 공식을 적용하여 구한다.
$$Rate\ of\ climb = Climb\ gradient(ft/NM) \times \frac{Ground\ speed}{60}$$
$$= 300 \times \frac{120}{60} = 600\ fpm$$
20. ① 【해설】 일부 항공기에 설치된 받음각 지시장치(angle of attack indicating system)는 공기흐름이 항공기의 실제 받음각(true angle of attack)과 평행하지 않은 방향에서 흐르는 지점의 차압(differential pressure)을 측정하도록 설치되어야 한다.
21. ④ 【해설】 다이아몬드 부호 옆에 화살표는 상대방 항공기의 상승 혹은 강하와 같은 수직 추세(vertical trend)를 지시한다. 이 사례에서 상대방 항공기는 강하 중이다.
22. ① 【해설】 TCAS I, II에 상대방 항공기가 대략 20NM(백색 또는 청록색 다이아몬드 부호)에 근접했을 때 나타나기 시작한다. 상대방 항공기가 대략 3.3NM까지 근접했을 때 TA(노란색 원)가 발령되고, 2.1 NM까지 근접했을 때 RA(TCAS II, 빨간색 사각형)가 발령된다. TCAS가 작동할 때 수직 위치는 TA(TCAS I, II) 범위는 항공기로부터 상하로 1,200피트, 그리고 RA(TCAS II) 범위는 850피트 위치를 나타낸다. [뒤표지 안쪽] 참고
23. ① 【해설】 편류는 진대기속도(TAS)가 빠를수록 감소한다. 바람수정각의 적용은 오른쪽은 "+" 왼쪽은 "-"를 해 주어야 진기수방위(true heading)를 구할 수 있다. 편류와 바람수정각의 값은 일치하지 않는다. 이것은 편류 중일 때와 편류 수정 중일 때의 진기수방위(TH)에 대한 바람 방향이 다르기 때문이다.
24. ① 【해설】 표준 대기압은 29.92inHg이므로, 기압 차이는 29.92-30.16=-0.24inHg이다.
 • 1inHg의 기압 차이는 1,000ft의 고도 차이를 발생시키므로, 고도 차이는 240피트(0.24×1,000)이다.
 • 고도계는 실제 활주로 표고보다 240피트 낮게 지시하므로, 고도계가 지시하는 고도는 60피트(300-240)이다.
25. ④ 【해설】 조종업무 집중규칙(sterile cockpit rule)에 따른 중요한 비행 단계(critical phases of flight)란 지상활주, 접근단계 그리고 10,000피트 미만 고도 비행 기동이 포함된다.

[테스트-2]
1. ③ 【해설】 지구의 중심을 통과하여 구체의 표면과 접하는 원을 대권(great circle)이라 하고 구체의 중심을 통과하지 않는 원을 소권(small circle)이라 한다.
2. ②
3. ③ 【해설】 초단파 무선 송신(very high frequency radio transmission)은 주파수 범위 118.000에서부터 135.975 MHz에서 운용된다. 이 범위의 주파수는 VOR 항법과 ATC 통신 모두에서 사용된다.
4. ②
5. ③
6. ① 【해설】 IFR 또는 운상시계비행(VFR-on-top)을 하는 항공기는 항로 운항을 위한 필수 무선장비를 갖추어야 하고, 순항 항로와 접근 항법 시설로부터 무선항법 신호를 만족하게 수신할 수 있는 두 항법 시스템이 독립적으로 사용할 수 있어야 한다.
7. ③
8. ④
9. ②
10. ②
11. ① 【해설】 수평상태지시계(HSI)에 경고기가 나타나는 것은 해당 장비의 불작동을 지시한다. HSI에 지시되는 이들 경고기는 항법(NAV), 자이로(HDG), 그리고 활공경사(GS) 회로가 있다.
12. ① 【해설】 삼각형 또는 비행기 부호는 현재 자신의 항공기 위치를 나타낸다. 현재 위치로부터 주변의 다른 항공기의 상대적 위치를 결정할 수 있다. 이 부호는 백색 또는 청록색으로 표시된다.
13. ①
14. ① 【해설】 비행관리컴퓨터(flight management computer)는 비행 변수들을 모니터하고 자동조종 기능을 수행한다. 이것은 스태빌라이저, 승강타, 방향타, 속도 브레이크, 그리고 스포일러를 제어하는 조종면 작동기의 움직임을 제어한다. 대형 항공기는 복잡하고 정교한 전자제어장치를 갖추고 있다.

59. ④【해설】항공의사결정(aeronautical decision marking; ADM)이란 주어진 세트의 환경에서 일관되게 최상의 방책을 결정하기 위한 정신적 처리 과정에 대한 체계적 접근이다. 위험관리(risk management; RM)는 매 비행과 관련된 위험을 감소시키기 위해서 상황인식, 문제 인식, 그리고 현명한 판단력에 의존하는 항공의사결정의 한 부분이다. 판단력(judgment)은 특정 상황에서 관련된 모든 정보를 인식하고 분석하여 대체 행동을 합리적으로 평가하고 취해야 하는 행동을 적시에 결정하는 과정이다.

16. ③【해설】TCAS 계기에는 상승 및 강하를 지시하는 지시침이 있다. 녹색 원호(green arc)는 공중충돌을 회피할 수 있는 상승률 또는 강하율 범위를 나타낸다.

17. ①【해설】EFIS에 있는 구성품들 사이에 모든 데이터의 전송은 디지털 신호(digital signal)로 전환되고 시간-분할 기준(time-sharing basis)을 이용한 항공전자 표준 통신 버스를 경유해서 전송된다.

18. ①

19. ③【해설】EFIS는 비행 데이터를 전자적으로 표시하는 조종실 디스플레이 시스템이다.
    - 주비행 디스플레이(primary flight display; PFD)
    - 다기능 디스플레이(multi-function display; MFD)
    - 엔진 지시와 승무원경고장치 디스플레이(engine indicating and crew alerting system; EICAS)

    PDS(pilot's display system), CDS는 동일하고 각각은 2개의 CRT/LCD 디스플레이, 부호 발생기(symbol generator), 디스플레이 제어기, 그리고 소스-선택 패널을 갖추고 있다. 부호 발생기는 항공기와 엔진 센서들로부터 입력 신호를 받아 이 정보를 처리하고 이를 적절한 디스플레이로 보낸다.

20. ④【해설】자동화는 대부분 오류를 더욱 확실하게 드러내게 하지만 일부는 보이지 않게 할 수 있음에 유의해야 한다.

21. ①【해설】비행관리시스템(FMS)은 그 자체로는 항법 시스템이 아니고, 탑재 항법 시스템 관리업무를 자동화하는 시스템이다. FMS는 비행승무원과 조종실 사이의 인터페이스이다. FMS는 공항과 NAVAIDs 위치의 대용량 데이터베이스와 관련 데이터, 항공기 성능 데이터, 항공로, 교차점, DP 및 STAR를 갖춘 컴퓨터라고 할 수 있다.

22. ③【해설】FANS(future air navigation system)는 조종사와 항공교통 관제사 사이에 직접 데이터링크 통신(data link communication)을 제공하는 항공전자 시스템이다. 통신에는 항공교통 관제 허가, 조종사 요청과 위치 보고가 포함된다.

23. ④【해설】D-ATIS(digital)는 항공기, 항공사(airline), 그리고 재래식 ATIS의 표준 수신 범위(standard reception range)에서 벗어나 있는 다른 사용자에게 유선과 데이터링크 통신(data link communication)을 경유해서 조종실까지 문자 메시지(text message) 형태로 전송되는 시스템이다.

24. ①【해설】지상 기반 증강 시스템(GBAS; ground based augmentation system)은 접근, 착륙, 출발과 지상 운용에 관한 전 단계를 지원하는 향상된 서비스를 제공함으로써 주요 GNSS 배열의 국지적 증대를 공항 수준에서 지원하는 민간항공 안전 중요 시스템(civil-aviation safety-critical system)이다.

25. ①【해설】이륙대기등(takeoff hold lights; THL)은 활주로 중앙선등의 양쪽에 2줄로 배열된 단방향성 등화이다. THL은 이륙 위치와 대기지점을 향해서 초점이 맞추어져 있고, 대기 중인 항공기의 전면으로 1,500피트까지 연장되어 있다. 이륙을 위한 항공기에 빨간색 등화는 활주로에 다른 항공기 또는 지상 차량이 들어와 있거나 들어올 예정이 있어 이륙이 불안전하다는 것을 지시한다. 두 항공기, 또는 지상 차량과 항공기에 비추기 위한 등화가 필요하다. 출발 중인 항공기 이륙 또는 이륙활주를 시작하기 위한 위치에 있어야 한다. 다른 항공기 또는 지상 차량은 활주로 위 또는 가로지르기 직전에 있어야 한다. [그림 6-13, (5)]

[테스트-3]

1. ①【해설】공중항법(air navigation)에서 시간(time), 속도(speed), 거리(distance), 방위(bearing), 위치(position)는 조종사가 고려해야 하는 5대 요소라고 한다.

2. ③【해설】적도 지방에서 자기(magnetic) 지침은 거의 수평을 이루고 극지방으로 접근할수록 자기 지침의 기울기는 증가한다.

3. ② 【해설】 지구는 지축을 중심으로 서쪽에서 동쪽으로 자전(rotation)한다.
4. ①
5. ② 【해설】 디스플레이 제어기(display controller)는 조종사가 현재 비행 상황에 적절한 시스템 형상을 선택할 수 있도록 한다.
6. ③ 【해설】 ACARS(aircraft communications addressing and reporting system)는 디지털 데이터링크이다. FMC를 제어하는 동일 장치인 제어 디스플레이 장치를 통해 액세스되며, 메시지를 인쇄할 수 있다. ACARS 주로 항공사 커뮤니케이션(항공사와 조종사 사이)을 위한 시스템이다.
7. ③ 【해설】 플라이트 컨트롤러(flight controller)는 항공기가 오토파일럿 모드(autopilot mode)에 있는 동안 조종사에게 수동 기동성(manual maneuverability)을 제공할 수 있도록 허용한다. 조종사는 언제든지 비행 제어장치를 통해서 명령 신호를 끼워 넣을 수 있다.
8. ③ 【해설】 ABAS(aircraft-based augmentation system)는 항공기에 탑재된 항법 센서들로부터 사용 가능한 정보를 기반으로 수신된 GNSS 정보를 증강하기 위해 도입되었다. ABAS의 주요 형태는 수신기 자율 무결성 모니터링(RAIM)으로 중복 GPS 신호를 사용하여 위치 솔루션의 무결성을 보장하고 결함 있는 신호를 감지한다. 이외에도 다음과 같은 센서들이 포함될 수 있다.
    - eLORAN 수신기
    - 자동화 천체 항법(celestial navigation systems)
    - INS
    - DME/DME, DME/DME/INS
    - DR(자이로 컴퍼스와 DME)
9. ④ 【해설】 오토파일럿(autopilot)에서 팔로우-업 신호(follow-up signal)는 조종면에 대한 정확한 양의 변위에 도달했을 때 입력 신호를 무효화시킨다.
10. ③ 【해설】 비행 중 멀미(motion sickness)를 이겨내기 위해서 시선은 외부로 향하게 하면서 환기구(air vents)를 열어 신선한 공기를 받아들이고 옷을 헐렁하게 하거나 혹은 보충산소를 사용할 것을 권장한다. 또한 불필요한 머리의 움직임을 피하고 비행을 취소하거나 가까운 공항에 착륙한다.
11. ④
12. ① 【해설】 상황인식(situational awareness or situation awareness; SA)은 최근 들어 항공기 사고원인으로 등장하는 용어 중 하나이다. 상황인식이란 "시간이나 공간에 관한 환경요소 그리고 일어나는 일에 대한 지각, 이들의 의미를 이해하고, 그리고 앞으로 일어날 수 있는 상태를 예측하는 것이다." 이 정의를 간단하게 분석해 보면 지각(perception), 이해(comprehension), 그리고 예측(projection)하여 결심(decision)을 내리고 행동(action)을 하는 것으로 요약할 수 있다.
13. ③ 【해설】 오토파일럿에 있는 변위 팔로우-업(follow-up)은 감지된 오차의 크기에 비례하는 신호를 생산한다. 이것은 충분한 변위(displace)에 도달했을 때 조종면 움직임을 중지시킨다. 만약 왼쪽 날개가 낮아졌다면 자이로는 오차를 감지하고 신호를 도움날개 서보(aileron servo)에 보내어 왼쪽 도움날개가 내려가도록 한다. 도움날개는 날개가 내려간 양에 비례한 양까지 움직였을 때 팔로우-업 시스템이 동등한 크기의 신호를 발생시키지만, 오차 신호에 대한 반대 극성이므로 이를 상쇄시킨다. 왼쪽 날개는 여전히 내려가 있고 도움날개도 아래로 변위되어 있다. 신호가 상쇄되었기 때문에 오토파일럿은 더 이상 도움날개 변위를 요구하지 않는다. 공기역학적 힘이 날개를 다시 수평비행 상태로 복원함에 따라 오차 신호는 반응이 시작되었던 것에 반대가 된다. 이 신호는 점진적으로 상쇄된다. 날개가 수평이 되는 시점에서 도움날개는 유선흐름(stream flow) 위치가 되고 오버슈팅과 오실레이션(overshoot and oscillation)이 없다.
    ※ oscillation; 날개가 수평 위치 위아래로 반복해서 오르내리는 현상
    ※ overshoot; 날개가 수평 위치를 지나쳐 더 올라가는 현상 ≠ undershoot
14. ① 【해설】 DECIDE 모델은 조종사에게 논리적 방법으로 접근할 수 있도록 6개의 단계로 구성되어 있다. 이 모델은 탐지(detect)-예측(estimate)-선택(choose)-식별(identify)-행동(do)-평가(evaluate)로 구성된다.
15. ① 【해설】 GPS는 위성기반 항행시설로 지구-중심, 지구-고정(earth-centered, earth-fixed)이라는 지

리적 좌표계를 활용한다.
16. ④ 【해설】 요 댐퍼(yaw damper)는 대부분의 뒤젖힘 날개(swept wing) 항공기에 설치되어 더치 롤(Dutch roll) 현상을 상쇄시킨다. 더치 롤은 요와 롤 축 모두에 대한 낮은 진폭 오실레이션(undesirable low-amplitude oscillation)으로 비행기에 결코 바람직한 현상이 아니다. 이들 오실레이션은 비율 자이로(rate gyro)로 감지된다. 신호는 이들 오실레이션을 상쇄시키기에 충분한 러더 움직임을 제공하는 러더 신호에 보낸다.
17. ② 【해설】 SBAS(satellite-based augmentation systems)는 추가 위성 방송 메시지를 사용하여 광역 또는 지역적 증대 기능을 지원하여 GNSS의 정밀도를 높이는 시스템이다. WAAS(미국), EGNOS(유럽), MSAS(일본), GAGAN(인도), GLONASS(러시아), SNAS(중국)에서 운용하는 시스템이다.
18. ④ 【해설】 ADS-B(Automatic Dependent Surveillance Broadcast)는 항공교통 관제사가 이전보다 더 정밀하게 트래픽을 볼 수 있게 하는 항공교통 감시를 위한 시스템이다. ADS-B는 레이더 대신 정밀한 GPS 신호를 사용한다. 결과적으로 ADS-B는 원거리 또는 산악 지형과 같이 레이더 운용 범위를 벗어난 지역에서도 작동한다.
19. ③ 【해설】 ELT는 항공기가 지상에 충돌했을 때 최소한으로 파손될 수 있는 장소에 설치해야 한다. 이 장소로 가능한 한 후방(as far aft as possible)이지만 수직 핀(vertical fin) 전방이 되어야 한다.
20. ③ 【해설】 운송용 항공기의 승객 방송 시스템에서 비행 중 녹음비상방송(prerecorded emergency announcement)이 자동으로 작동될 수 있는 상태는 객실 감압(cabin depressurization)이다.
21. ③ 【해설】 RNAV 2 항법장비는 총 비행시간의 95%를 중앙선으로부터 ±2 NM 안에서 비행할 수 있어야 한다.
22. ② 【해설】 발행된 IAPs 그리고 기타 최신 항공도의 개정(amendments)과 같은 것을 포함한다. 또는 FDC NOTAM은 항공교통 혼잡을 초래할 수 있는 국가적 재난(national disaster) 또는 대규모 공공 행사 등으로 인하여 임시비행제한(temperary flight restrictions; TFRs)을 공시하기 위해서 발행된다.
23. ① 【해설】 노란색 또는 주황색 원은 교통 조언(traffic advisory; TA)을 나타낸다. 상대방 항공기는 900피트 아래에서 수평비행하고 있다.
24. ③ 【해설】 1온스의 주류(liquor), 12온스의 맥주, 또는 4온스의 와인(한 병) 정도의 소량이라 할지라도 비행 기량에 영향을 줄 수 있고, 이들 알코올 성분은 최소한 3시간 동안 호흡과 혈액 속에 감지될 수 있다.
25. ④ 【해설】 ICAO 성능 기반 항법(performance based navigation; PBN)은 장비 필수요건을 성능 필수요건으로 대체한 항법 시스템이다. PBN은 필수항법성능(required navigation performance; RNP)과 지역항법(area navigation; RNAV) 시스템 성능 요건이 특정 공역 환경에서 제안된 운용에 필요한 정밀도(accuracy), 무결성(integrity), 가용성(availability), 연속성(continuity), 그리고 기능성(functionality) 측면에서 정의되어야 한다고 규정하고 있다.

[테스트-4]
1. ④ 【해설】 대권(great circle)은 최단 거리를 제공하지만, 진방위(true bearing)가 계속 변한다.
2. ①
3. ③ 【해설】 ATC 트랜스폰더(transponder)는 ATC 레이더로부터 질문 신호(interrogation signal)를 수신하여 자동으로 코드화 신호(coded signal)로 다시 전송하는 특수 송수신기(special radio transceiver)이다. 지상 송신소 질문에 대한 코드화 응답은 관제사가 항공기를 식별할 수 있도록 한다.
4. ③ 【해설】 음극선관(CRT; cathode-ray tube)은 EFIS와 함께 사용되는 디스플레이다. CRT는 조종사에게 수문자 데이터와 항공기 계기를 보여주는 그래픽 디스플레이다. 초기 EFIS 모델은 음극선관(CRT) 디스플레이를 사용했지만, 현재는 액정표시장치(liquid crystal display; LCD)가 보편화되었다.
5. ② 【해설】 ELT에 설치된 배터리(battery)가 작동할 때 최소한 48시간 동안 신호를 송출할 수 있어야 한다.
6. ② 【해설】 비행계기에 있는 자이로(gyro)는 공간 강체의 특성이 있고 항공기는 자이로에 대해서 회전한다. 오토파일럿에서 자이로는 자이로와 이를 지지하는 시스템(gimbal) 사이의 상대 운동(relative motion)을 감지하는 기준 장치(reference system)로써 사용된다.

7. ④ 【해설】 웨이포인트(waypoint)는 항행시설 사이 방위와 거리를 신속 정확하게 식별하기 위한 공간적 혹은 지리적 픽스(fixes)이다. 항공에서 웨이포인트는 통상 좌표로 지정되는 공간 및 시간의 3차원 공중 확인점(air checkpoint)이다. 웨이포인트는 GPS의 발달로 더욱 정밀하게 선정할 수 있게 되었다.

8. ① 【해설】 GPS는 크게 3개의 부문으로 구성된다.
   - 우주 또는 위성 부문(space segment)
   - 지상관제 부문(control segment)
   - 사용자 부문(user segment)

9. ③ 【해설】 오토파일럿의 승강타 채널은 피치 축(pitch axis)에 대한 항공기의 회전을 제어한다. 완전 통합 오토파일럿은 항공기의 3개의 축(롤, 피치, 요) 주변 모두에서 항공기의 움직임을 제어한다. 소형 항공기를 위한 자동화는 3-수준으로 분류한다.
   ① 1-축 제어 오토파일럿: 이 시스템의 자동조종은 오직 롤(roll) 축만 제어할 수 있도록 설계되어 있었고 이를 윙-레벨러(wing levellers)라고도 한다.
   ② 2-축 제어 오토파일럿: 항공기는 피치와 롤 축을 제어하여 날개 수평은 물론이고 피치 진동을 제어할 수 있다. 또는 탑재 무선 항법장치로부터 입력을 수신하여 항공기가 이륙부터 착륙 직전까지 자동비행 유도를 제공한다.
   ③ 3-축 제어 오토파일럿: 항공기는 피치와 롤 그리고 요 축의 제어까지 가능한 것으로 대부분의 소형 항공기에는 필요하지 않다.

10. ④ 【해설】 ELT는 항공기의 세로축(longitudinal axis)에 평행하게 작용하는 충격(impact force)을 감지하는 관성 스위치에 의해 작동된다.

11. ④

12. ②

13. ③ 【해설】 선택호출장치(selective calling system; SELCAL or SelCal)은 지상무선국이 항공기와 통신하기를 원한다는 것을 운항 승무원들에게 알릴 수 있는 선택적 무선통신시스템이다. SELCAL은 항공기에 있는 디코더(decoder)와 수신기가 포착할 수 있는 오디오 신호를 방송하기 위한 지상-기반 인코더(encoder)와 송신기를 사용한다. SELCAL을 사용하면 항공기의 무선이 음소거(muted) 되었을 때도 조종사는 수신되는 신호를 통지받을 수 있다. 따라서 운항 승무원들은 지속적인 무선 청취에 주의를 기울일 필요가 없다.

14. ④ 【해설】 대륙을 횡단하는 비행에서 서쪽 시간대에서 동쪽 시간대로 비행할 때 더 심한 피로를 느끼게 된다.

15. ③ 【해설】 활주로까지 최적 활공경사는 3°이고 이것은 NM 당 300피트에 해당한다.

16. ①

17. ② 【해설】 지상에서 오토파일럿 시스템의 작동을 점검할 때 자이로가 정상 속도에 도달하고 증폭기가 적절하게 열이 올랐을 때까지 연결해서는 안 된다.

18. ② 【해설】 GPS는 정밀한 항법 신호를 제공하지만, 오차가 발생할 수 있다. GPS 오차의 주요 원인 신호 지연, 전리층 효과, 천체력 오차, 궤도오차, 위성시계 오차, 대류권 오차 등이다.

19. ④

20. ③ 【해설】 RNAV 모드는 VOR과 거의 동일하게 작동하나 CDI는 웨이포인트까지의 유도 정보를 제공한다. CDI는 항로로부터 좌우로 NM로 나타낸다.

21. ④ 【해설】 글라스 칵핏의 이동지도 디스플레이(moving map display)는 모든 비행 단계에서 조종사의 위치인식(awareness of position)과 주변 상황을 관찰하는 데 도움이 되는 다양한 활용성이 있다.

22. ①

23. ① 【해설】 에어라인 항공기에서 비행승무원과 승객 사이의 통신은 매우 중요하다. 승객 방송 시스템은 우선순위(priority)에 따라 4단계로 구분되어 있다.
   - 조종사(pilot)
   - 객실 승무원(flight attendants)
   - 녹음방송(prerecorded announcement)
   - 객실 음악(boarding music)

24. ④ 【해설】 지상근접경고장치(ground proximity warning system; GPWS)는 항공기가 착륙 형상(landing configuration)에 있지 않을 때 지상에 근접하는 비율을 감지하여 항공기 지상에 너무 근접을 계속할 때 조종사에게 경고를 제공한다. 이 장치는 지상으로부터 실제 높이를 측정하기 위해서 레이더 고도계를 모니터하여 수행된다. 또한, 이것은 대기자료컴퓨터(air data computer; ADC), 계기착륙장치(instrument landing system), 그리고 착륙장치와

플랩 위치를 모니터한다. 항공기가 지상으로부터 위치와 형상이 지상에 너무 근접하고 있을 때 이를 조종사에게 경고한다.

25. ④

[테스트-5]
1. ② 【해설】 대권은 지구 중심을 통과하는 평면이 지표면과 만나는 원이고 무수히 존재하며 최단거리 비행을 할 수 있는 항로이다.
2. ① 【해설】 지오이드(geoid)는 평균해수면을 이용하여 지구의 모양을 나타낸 것이다. 지구 모양을 지표면을 그대로 나타내는 방법과 지구를 단순히 회전타원체로 나타내는 방법이 있다. 그러나 지표면을 실제로 나타내기란 매우 어렵고, 지구 타원체를 이용하는 방법은 지표면의 요철을 나타낼 수 없다는 단점이 있다. 따라서 지표면보다 단순하면서도 회전타원체보다는 실제에 가깝게 지구의 모양을 나타낸 것이 지오이드이다. 지오이드는 지표면의 70%를 차지하는 해수면의 평균을 선정해서 육지까지 연장한 것으로 어디에서나 중력 방향에 수직이다.
3. ④ 【해설】 지축(earth axis)은 지구의 자전축(rotation axis)이고, 23.5° 기울어 있다.
4. ① 【해설】 북반구에서 항공기가 기수방위를 동쪽 또는 서쪽을 유지하던 중에 북쪽 또는 남쪽으로 선회할 때 유연하게 선회했다면 나침반은 정확한 자기 기수방위를 지시할 것이나 증속할 때는 북쪽을 지시하는 듯한 오차가 발생할 것이다. 반대로 감속할 때는 남쪽을 지시하는 듯한 오차가 발생할 것이다.
5. ① 【해설】 오토파일럿은 승강타 제어 채널이 있는 피치 자세에서 변화를 감지한다.
6. ① 【해설】 자동조종장치에 있는 팔로우-업(follow-up) 신호는 편향이 오차량과 정확하게 일치해졌을 때 조종면 움직임을 중지시키는 서브시스템(subsystem)이다.
7. ② 【해설】 FANS는 통신, 항법과 감시시스템이 크게 개선되었다. 음성 통신에서 디지털 통신으로, GPS 위성을 이용한 관성 항법에서 위성항법으로 전환되었다. 항공기에서 관제사-조종사 데이터링크 통신(CPDLC)을 사용하고, 감시 성능은 음성 보고에서 자동 디지털 보고로 전환되었다.
8. ① 【해설】 ACARS(aircraft communication addressing and reporting system)는 항공 대역 무선 또는 위성을 통해 항공기와 지상국 간에 짧은 메시지를 전송하기 위한 디지털 데이터링크 시스템이다. 지상으로부터 응답(reply)은 프린터로 인쇄되기 때문에 관련 승무원은 응답 내용을 종이에 인쇄(hard copy) 상태로 받아 볼 수 있다.
9. ① 【해설】 위성들 사이의 배열 각도가 좁을수록 오차의 가능성은 증가한다.
10. ② 【해설】 • 대지속도 60 - 지수는 3이다.
    • 1분 동안 비행거리는 약 3 NM이다.
    • 보고지점 24 NM까지 약 8분이 예상된다.
    • 필수 강하율(ROD)은 약 750피트(fpm)이다.
11. ② 【해설】 경사도는 20:1(5%), 34:1(3%), 40:1(2.5%), 50:1(2%)과 같이 나타낸다. 정밀접근 경사도는 50:1~40:1이고, 비정밀접근 경사도는 20:1 혹은 34:1, 그리고 시계접근의 장애물식별표면 경사도는 20:1이 적용된다.
12. ④ 【해설】 RWY 22-4는 폐쇄되었다. 사면체(tetrahedron)의 뾰쪽한 부분이 바람이 불어오는 방향이 되고 착륙 방향이 된다. 이것을 기수로 연상하면 쉽다. 사면체 지시에 적합한 활주로는 RWY 18이 가장 적절하고 이때 바람은 오른쪽에 불어오게 될 것으로 예상해야 한다.
13. ③ 【해설】 INS(inertial navigation system)는 자이로, 가속도계 그리고 항법 컴퓨터로 구성되어 있고 시스템 구성품의 관성효과로부터 초래된 신호에 반응하여 항공기 위치와 항법 정보를 제공하는 완전자립 항법장치(self-contained navigation system)이다. 관성항법장치(INS)는 컴퓨터, 동작센서(가속도계) 및 회전 센서(자이로스코프)를 사용하여 외부 참조 없이 움직이는 비행체의 위치, 방향, 속도를 연속 추측항법(dead reckoning)으로 계산하는 항법 시스템이다.
14. ②
15. ③ 【해설】 RAIM(receiver autonomous integrity monitoring)이 가용하지 않다면 다른 항법시설을 이용하거나 다른 목적지 또는 도착했을 때 RAIM이 가용할 때까지 연기한다. 무결성(integrity)이란 항공전자 또는 GPS와 같은 정밀성, 완전성, 유효성의 의미로 사용되며, 데이터베이스의 정밀도를 보장하는

것이다.
16. ② 【해설】 대부분 전기기계 그리고 전자 오토파일럿은 항공기의 피치, 롤, 그리고 요에 대한 항공기의 운동을 감지하기 위해서 자이로(gyroscope)를 사용한다.
17. ④ 【해설】 FMS는 VOR, DME, LOC NAVAIDs를 선택한 이들 시설로부터 항법 데이터를 수신할 수 있다. 또한, INS, GPS 탐색 데이터도 FMS 컴퓨터에 의해 허용될 수 있다. 비행관리시스템(FMS)은 항법 기능으로 국한된다. FMS는 많은 사용자-지정 WP(waypoint), 출발, WP, 도착, 접근, 교체 등으로 구성된 비행경로를 수용하고 저장할 수 있다. FMS는 항공기의 현재 위치에서 세계의 어떤 지점까지 원하는 경로를 신속하게 지정하고, 비행계획 계산을 수행하며, 승무원까지의 비행경로의 전체 그림을 표시할 수 있다.
18. ② 【해설】 RNAV와 RNP는 대부분 기능이 유사하지만, 큰 차이점은 탑재 성능 모니터링과 경고(on-board performance monitoring and alerting; OPMA)를 갖추었는가에 따라 구분된다.
19. ② 【해설】 자이로스코프(gyroscope)는 임의 축을 중심으로 자유롭게 회전할 수 있는 일정한 틀 속에서 고속 회전하는 휠 또는 디스크(wheel or disk) 장치다.
20. ① 【해설】 지역항법(area navigation; RNAV)은 항행안전시설 내에서 임의 코스를 따라서 비행할 수 있는 항법 시설이고, 송신소를 통과하지 않고 비행할 수 있는 장점이 있다.
21. ④ 【해설】 시간과 연료 절약, 공역의 효율적 활용, ATC 무선 교신의 필요성을 감소, 레이더 벡터 감소, 고도 그리고 속도의 자율성이 증가 증가한다.
22. ② 【해설】 TA는 보호 범위 내에 위협이 될 수 있는 항공기가 들어와 있음을 경고한다. TCAS는 "…traffic…traffic…traffic…"과 같은 음성 경고(aural warning)를 발령한다.
23. ② 【해설】 고공 혹은 대양에서 GPS 신호 수신이 육지보다 양호한 이유는 장애물이 없이 양호한 가시선을 제공하기 때문이다.
24. ①
25. ④ 【해설】 • S-소프트웨어(software): 절차, 매뉴얼, 체크리스트, 그리고 문자 소프트웨어(literal software)

• H-하드웨어(hardware): 물리적 시스템(항공기, 선박, 수술실과 구성요소)
• E-환경(environment): 작업조건, 날씨, 조직 구조(organizational structure), 그리고 날씨를 포함한 다른 요소(L, H, S)들이 운용되는 상황(situation)
• L-L 종사자(liveware-liveware): 관련 분야에 종사하는 사람들(조종사, 승무원, 정비사 등)

[테스트-6]
1. ② 【해설】 위도선(line of latitude)은 적도로부터 북극 또는 남극까지 90°까지 지정된다.
2. ① 【해설】 각 자오선에 동일 각도를 형성하는 수평방향을 항정선(rhumb line)이라 한다. 항정선 항로는 일정한 진방위(true bearing)로 항행할 수 있지만, 항적은 곡선이 된다.
3. ① 【해설】 적도(equator)를 수직으로 통과하고 북극에서부터 남극을 연하는 선은 경도(longitude)이다.
4. ④ 【해설】 지점 대 지점(point to point)으로 다음 웨이포인트까지 직선항적거리(along track distance; ATD)이다.
5. ② 【해설】 위성에서 신뢰할 수 없는 정보를 제공하고 있다면 GPS 수신기는 RAIM을 통해서 GPS 배열(constellation)로부터 수신된 신호의 보전성을 확인한다. 따라서 RAIM 능력이 없이 조종사는 GPS 위치의 정밀도(accuracy)를 보장받을 수 없다.
6. ① 【해설】 관성항법장치(INS)는 외부 데이터 혹은 보조 없이 자체의 컴퓨터, 가속도계, 자이로스코프를 이용한 자립항법장치이다.
7. ④ 【해설】 가속도계(accelerometer)는 적절한 가속도를 측정하는 장치다.
8. ① 【해설】 RNAV 성능은 "RNAV X"와 같이 된다. 이것은 NM 당 가로 항법 정밀도(lateral navigation accuracy)를 나타낸다.
9. ② 【해설】 GPS NOTAMs과 관련해서 사용된 "unreliable" 용어는 조종사에게 예상된 서비스 수준이 가용하지 않다는 것을 조언하는 것이다. GPS 운용은 시험 또는 근접이각 때문에 신뢰할 수 없어 노탐(notice to airmen)이 발행될 것이다.
10. ④ 【해설】 대지속도가 주어졌을 때 상승률(rate of climb)은 다음과 같은 공식을 적용하여 구한다.

$$\begin{aligned}
&Rate\ of\ climb \\
&= Climb\ gradient(ft/NM) \times \frac{Ground\ speed}{60} \\
&= 400 \times \frac{300}{60} = 2{,}000\ fpm
\end{aligned}$$

11. ② 【해설】 RNAV를 가용하게 하는 항행안전시설의 조합은 VOR/DME, DME/DME, GNSS/GPS, INS/IRS가 있다.

12. ② 【해설】 시각(visual)과 청각(aural), 인간의 목소리는 경고등 혹은 다른 시각 지시보다 더 주의를 쉽게 끌 수 있다는 것이 입증되면서 지상근접경고장치(ground proximity warning system)는 항공기가 지상에 대해서 위험한 위치에 있을 때 시각 경고등과 함께 청각 경고(aural warning) 시스템을 갖추고 있다.

13. ① 【해설】 계산반의 진대기속도(TAS) 계산면을 활용한다. 기온 -20과 기압고도 10,000을 일치시키고 회전판 눈금의 CAS 150과 일치하는 고정판 눈금 170이 진대기속도(TAS)이고 중앙의 밀도고도 눈금은 약 8,000피트를 지시한다. [계산기] 메뉴 "PLAN TAS"를 선택하여 기압고도-기온-CAS 순으로 입력하면 TAS, 밀도고도, 마하수가 출력된다.

14. ① 【해설】 공중충돌 회피 시스템(mid-air collision avoidance system) 또는 교통 경보와 충돌 회피 시스템(TCAS)은 항공기 간 공중충돌(mid-air collisions) 발생을 방지하기 위해서 개발된 항공기 충돌 회피 시스템이다. 항공교통 관제와는 무관하게 상응하는 능동형 트랜스폰더(active transponder)가 장착된 다른 항공기에 대해 항공기 주변의 공역을 감시하고, 조종사에게 공중충돌(mid-air collision; MAC) 위협을 제공할 수 있는 다른 트랜스폰더가 장착된 항공기의 존재를 경고한다.

15. ① 【해설】 일부 항공기의 피토-정압계통에서 정압관(static port)을 2개씩 장착하고 있는 것은 정압관 위치로 인한 오차를 최소화하기 위함이다.

16. ③ 【해설】 ASDA(accelerate-stop distance available)는 이륙 가속한 후 이륙 포기를 결심했을 때 안전하게 정지하는 데 적합하고 가용하다고 공시된 활주로 길이다. 정지로(stopway)가 지정되어 있다면 이 거리를 포함한 거리이다.

17. ③ 【해설】 EGPWS(enhanced advanced ground proximity warning system)는 항공기가 지상 장애물을 향하고 있음을 경고하기 위해 설계된 시스템이다. 이를 위해서 EGPWS는 무선 고도계, 대기자료컴퓨터, ILS, 착륙장치, 플랩 위치를 모니터한다.

18. ① 【해설】 자동화(automation)는 조종사의 숙련도를 지속적으로 유지하지 못했을 때 일부 비행 기량을 퇴화시킬 수 있다.

19. ④ 【해설】 서보(servo)는 조종면(control surfaces)을 작동시키기 위해서 힘을 적용하는 자동조종장치에 있는 구성품으로 조종 계통의 명령(command)에 따라 조종면을 움직이는 장치이다.

20. ③ 【해설】 공항지역 혹은 유도로에서 사고가 빈번하게 발생했던 장소, 위험한 교차로 그리고 상당한 주의가 필요한 지점에 사고주의구역(hot spot; HS)이 표기된다. 이 구역을 지나는 조종사는 주의하면서 통과해야 한다. 공항도형에 "Hot spot"은 갈색 사각형(오각형)과 숫자를 "HS 00"와 같이 표기된다.

21. ④

22. ③ 【해설】 SAA NOTAM은 특별 활동 공역이 발행된 일정 시간 외에 활동이 필요할 때 그리고 발행된 일정에 의해 필요할 때 발행된다. 조종사와 다른 사용자는 여전히 해당 공역에 대한 NOTAM과 함께 특별 활동 공역을 위해서 발행된 날짜와 일시를 확인할 책임이 있다.

23. ② 【해설】 조종업무 집중규칙(sterile cockpit rule)은 항공기가 중요 비행 단계(critical phase of flight)에 있을 때 불필요한 행동을 삼갈 것을 지정한 규칙이다. 항공전자의 발달로 항공교통이 매우 복잡한 공항에서 비행 승무원들은 조종업무에만 집중할 것을 요구하고 있다.

24. ④ 【해설】
- 대지속도 60 - 지수는 4이다.
- 1분 동안 비행거리는 4 NM이다.
- 총 비행거리 32 NM까지 약 8분이 소요된다.
- 상승해야 할 총 고도는 12,000피트이고, 8분 동안 상승해야 한다.
- 필수 상승률(ROC)은 약 1,500피트(fpm)이다.

25. ③ 【해설】 조언 회보(Advisory Circular; AC)는 주제별로 구분하기 위해서 다음과 같이 3개의 숫자 체계로 발행된다.
- 60-공중근무자(airmen)
- 70-공역(airspace)

- 90-항공교통과 일반운용절차(air traffic and general operating rules)

[테스트-7]
1. ②
2. ④【해설】우리나라에서 적용하고 있는 표준시의 기준은 동경 135°이다.
3. ②【해설】경도는 북극(north pole)과 남극(south pole)을 연하는 선이다. 모든 경도선은 적도(equator)와 수직으로 교차한다.
4. ②
5. ①【해설】등위도/평행위도(parallel latitude)는 극으로 갈수록 두 자오선 사이의 거리는 감소한다. 이것은 모든 자오선은 극에서 합류되기 때문이다.
6. ②【해설】직선항적거리(along track distance; ATD)는 경사 범위 오류(slant range errors)의 영향을 받지 않는 지역 항법 참조(area navigation reference) 기능을 사용하는 시스템에 의해 측정된 공간의 한 지점으로부터의 거리이다.
7. ①【해설】GPWS는 착륙장치가 내려가고 착륙 플랩이 전개되면 비행기가 착륙할 것으로 예상하여 경고를 발령하지 않는다. EGPWS는 착륙 형상(landing configuration)에서도 GPWS 보호를 제공하는 지형통과높이최저치(terrain clearance floor; TCF) 기능을 도입했다.
8. ③【해설】TCAS II는 다음과 같은 유형의 음성 경고(aural annunciations)를 발령한다.
   - 교통 조언(TA; traffic advisory)
   - 대응 조언(RA; resolution advisory)
   - 충돌 위험 없음(clear of conflict)
   TCAS II는 대부분의 상업용 항공기에 장착하고 있다.
9. ④
10. ④【해설】GPS가 주변의 인공 및 자연 장애물의 영향을 받아 신호가 굴절 또는 반사되어 전파의 이동 경로가 왜곡될 수 있고, 이것은 다중경로 오차(multipath errors)의 원인이 된다.
11. ①【해설】공백 다이아몬드 부호는 기타 위협이 되지 않는 항공기 위치를 나타낸다. 이 부호는 백색이나 청록색(cyan)이다.
12. ③【해설】• 대지속도(GS) 167노트로 620NM을 비행하는 데 3:40분이 소요되고 이것은 약 3.7시간이다. • 연료량은 시간과 시간당 연료량을 곱해서 구한다. 3.7×15.3 = 56.6갤런
13. ①【해설】TORA(takeoff run available distance)는 이륙활주(takeoff roll)를 포함한 이륙에 적합하고 가용하다고 공시된 활주로 거리이다.
14. ④【해설】CPDLC(controller-pilot data link communications)는 관제사-조종사 데이터링크 통신(CPDLC or CPDL)은 항공 교통 관제사가 데이터링크 시스템을 통해 조종사와 통신할 수 있는 시스템이다.
15. ①【해설】TCAS 정보에 따르면 즉각 위협이 되는 항공기는 200피트 위에 있으므로 조종사는 즉각 500피트 이상의 강하율을 적용하여 회피 기동해야 한다.
16. ②
17. ②【해설】천체(celestial)가 관측자 자오선을 통과한 후 다시 원래의 위치에 도달하는 시간 길이를 트랜싯(transit)이라 한다.
18. ①【해설】세계표준시로 사용되는 것을 UTC(universal time coordinated)라 하고 원자 시간을 기준으로 한다. 실무적으로 UTC(Zuru; Z)와 GMT는 같다.
19. ④【해설】FDC or NOTAM(D)과 같이 다른 NOTAM을 강조하거나 언급하고자 할 때 Pointer NOTAM이 발행된다. Pointer NOTAM의 목적은 조종사들이 긴 설명이 필요할 수 있는 상태나 관련 행사의 존재를 인지하게 하고 더욱 상세한 정보의 위치를 지시하는 것이다. 이것은 표준 브리핑에서 제공되는 NOTAM 정보의 양을 줄이는 데 도움이 되도록 하기 위한 것이다.
20. ②【해설】항공기의 수평비행 자세로부터 변위(displacement)를 감지하는 자세계는 오토파일럿의 감지 계통이다.
21. ④【해설】수신기자율무결성감시(Receiver Autonomous Integrity Monitoring; RAIM) 기능이 있다면 이 기능의 정상 작동 여부를 항상 확인해야 한다. 비행 중 RAIM 기능이 상실되었다면 항공기의 위치 정보를 신뢰할 수 없으므로 다른 무선항법장비 혹은 지문항법이나 추측항법으로 이용해서 확인해야 한다. GPS

항법을 위해서 최소한 4개의 위성이 필요하고 RAIM 기능을 위한 한 개의 위성(총 5개의 위성) 혹은 기압 고도계가 필요하다.

22. ② 【해설】 활주로까지 최적 비행경로는 활공경사(glideslope) 3°를 적용하는 것으로 이것은 NM 당 300피트에 상응한다. 따라서 원하는 비행경로를 결정하기 위한 적정 고도는 다음과 같은 공식을 적용한다. • 거리(NM)×300=고도(피트)

23. ② 【해설】 대지속도 300노트로 비행하고 있을 때 60 - 지수는 5이고 1분 동안 비행거리는 5 NM이 된다. 비행해야 할 수평거리는 25 NM이고 걸리는 시간은 5분이다. 이것은 고도 12,000피트를 5분 동안에 상승해야 한다는 것을 의미한다. 따라서 이 항공기의 분당 필수 상승률(rate of climb; ROC)은 2,400피트(fpm)가 되어야 한다.

24. ① 【해설】 선회반경(radius of turn)은 다음과 같은 공식을 적용해서 산출한다.

$$R = \frac{V^2}{11.26 \times tangent\ of\ the\ bank\ (30°)}$$
$$= \frac{120^2}{11.26 \times 0.5773}$$
$$= \frac{14,400}{6.50096} = 2,215$$

25. ① 【해설】 만성 피로(chronic fatigue)는 급성 피로가 쌓였을 때 이를 회복하기 위한 충분한 휴식을 취하지 못했을 때 발생한다. 따라서 만성 피로의 주요 원인은 휴식과 관련이 있고 근본 원인은 더욱 복잡할 수 있기 때문에 충분한 휴식만으로 회복되기 어렵다. 장시간 신체적 정신적 긴장과 수면 부족의 결과는 급성 피로의 원인이다. 만성 피로는 결국 조종사의 판단력과 의사결정(judgement and decision-making) 능력에 영향을 줄 수 있다.

[테스트-8]

1. ① 【해설】 위도가 높아지면 대권항로와 항정선 항로의 거리 차이는 점차 증가한다.
2. ③
3. ④
4. ④
5. ④
6. ② 【해설】 고도 15,000피트에서 ISA(International Standard Atmosphere)는 -15℃이다. 따라서 주변 기온이 표준보다 낮기 때문에 고도계는 진고도(true altitude)보다 높게 지시할 것이다.
7. ② 【해설】 빨간색 사각은 대응 조언(resolution advisory; RA)을 나타낸다. 상대방 항공기는 500피트 아래에서 상승 중이다.
8. ② 【해설】 빨간색 사각은 대응 조언(resolution advisory; RA)을 나타낸다. 상대방 항공기는 200피트 위에서 수평비행 중이다.
9. ④
10. ③ 【해설】 본문(body)은 RWY 10R PAPI의 조종사 제어등화시설(PCL)이 고장(out of service) 났음을 알리고 있다. 이 NOTAM은 11월 49번째로 발행되었다.
11. ① 【해설】 비행거리와 대지속도를 이용해서 비행시간을 구하고 총사용 연료량을 비행시간으로 나누면 시간당 연료 소모량을 구할 수 있다. 사례에서 비행시간은 2.5시간(200 ÷ 80 = 2.5)이다. 총소모 연료량이 250파운드이고 시간당 연료량은 100파운드(250 ÷ 2.5 = 100)이다.
12. ④ 【해설】 LDA(landing distance available)는 착륙활주(landing roll)를 포함하여 착륙에 적합하고 가용하다고 공시된 활주로 길이다. 공항 활주로를 위한 공시 거리(declared distance)는 다음과 같다.
    • 이륙활주가용거리(TORA; Take-off Run Available)
    • 이륙가용거리(TODA; Take-off Distance Available)
    • 가속정지가용거리(ASDA; Accelerate-Stop Distance Available)
    • 착륙가용거리(LDA; Landing Distance Available)
13. ④ 【해설】 • 송신소까지의 시간 = {(60×두 방위각 경과시간(분)} ÷ 방위각 변화량
    • 송신소까지의 거리 = {(TAS×두 방위각 경과시간(분)} ÷ 방위각 변화량
    • 총연료량 = 비행시간 × 시간당 연료 소모량
14. ④ 【해설】 (A): 원거리 항공기, 위협 없음(non-threat traffic), 보호 거리와 고도 범위 밖에 있음, 3,000피트 위에 있음, 강하 중임
    (B): 교통조언(TA), 보호 범위 내에 있고 위협으로 고려됨, TA 음성 경고(Traffic... Traffic...), 2,500피트 위에 있음, 강하 중임

(C): 근접 항공기, 보호 거리와 고도 범위 안에 있지만, 아직은 위협이 되지 않음, 1,200피트 아래 있음, 상승 중임

(D): 대응조언(RA), 위협 항공기, 보호 범위 내에 있고 임박한 위협으로 고려됨, RA 수직 회피 경고(Climb… Climb…), 1,300피트 위에 있음, 상승 중임

(E): 위협 항공기, 아직 조언 정보 없음, 200피트 위에 있음, 상승 중임

15. ③ 【해설】• 대지속도(GS) 168노트로 457NM을 비행하는 데는 2:43분이 소요되고 약 2.72시간
 • 연료량은 시간과 시간당 연료량을 곱해서 구한다. 2.72×91 = 247.5파운드

16. ②

17. ① 【해설】 선회율(rate of turn; ROT) 공식은 다음과 같다.
$$ROT = \frac{1,091 \times tangent\ of\ the\ bank}{TAS}$$
$$= \frac{1,091 \times 0.5773}{240}$$
$$= 2.62\ degrees\ per\ second$$

18. ②

19. ④

20. ③ 【해설】 관제탑이 없는 공항으로 착륙하고자 하는 항공기의 조종사는 모든 선회를 왼쪽으로 수행해야 한다. 그러나 빛총 또는 다른 시각 지시기가 우선회(right traffic pattern)를 지시하고 있다면 이에 따라 우선회한다. 또한, 출발하는 항공기 조종사는 공항을 위해서 설정된 장주 패턴에 따라야 한다.

21. ③ 【해설】 RA는 보호 범위 내에 위협이 될 수 있는 항공기와 충돌 위험이 임박한 상태를 경고한다. TCAS는 "…climb…climb…climb…"과 같은 음성 경고(aural warning)를 발령한다. TCAS 계기에는 상승 및 강하를 지시하는 지시침이 있다. 빨간색 원호(red arc)는 피해야 하는 상승 또는 강하율을 지시한다. [그림6-13, (6)] 사례에서 상대방 항공기는 200피트 아래에 있으므로 회피하기 위해서 상승해야 하고, TCAS 지시에 따라 최소한 분당 1,500피트로 상승해야 안전 구역에 진입할 수 있다. [그림6-15, 뒤표지 안쪽 참고]

22. ③ 【해설】 이 부호는 CTAF를 나타내고, 122.65는 UNICOM 주파수이다.

23. ② 【해설】 주어진 조건에서 대지속도(GS)를 먼저 구한다.
 • 바람 면의 index에 바람 방향 090을 맞춘다.
 • 투명판 중심의 원을 기준으로 바람 속도 16이 되는 지점에 연필로 표시한다.
 • index에 true course 212를 일치시킨다.
 • 미끄럼판을 움직여 연필로 표시한 점과 TAS 90을 일치시킨다.
 • 투명판의 중심 원이 지시하는 숫자가 대지속도(GS) 97노트이다.

따라서 대지속도 97노트로 57NM을 비행하는 데는 약 35분이 소요된다.

24. ② 【해설】 CRM의 핵심은 다음과 같다.
 • 상황인식(situational awareness)
 • 협업(coordination)
 • 의사소통(communication)
 • 의사결정(decision-making)
 • 팀 관리(team management)
 • 임무 계획(mission planning)

25. ④